手で解く
量子化学
III

第二量子化・ダイアグラム 編

中井 浩巳／吉川 武司
著

丸善出版

はじめに

今日，量子化学計算は化学分野のみならず様々な学問分野の研究において用いられている．量子化学計算は，多電子系に対する Schrödinger 方程式を数値的に解く方法であるが，近似の仕方・程度によって解くべき作業方程式（working equation）も異なり，結果として計算の精度も異なる．『手で解く量子化学 I』で解説した Hartree-Fock（HF）法は，電子間の相互作用を平均場として取り扱う量子化学の最も基本的な近似法である．『手で解く量子化学 II』では平均場で取り込めない電子相関の効果を取り込む方法を解説した．密度汎関数理論（density functional theory：DFT）は HF 法と同様の手続きにより効率的に電子相関の効果を取り込める利点があるが，必ずしも系統的に計算の精度を改善できるわけではない．配置間相互作用（configuration interaction：CI）法，結合クラスター（coupled cluster：CC）法，多体摂動論（many-body perturbation theory：MBPT）などの電子相関法は，励起のレベルや摂動の次元を上げることで系統的に計算の精度を向上できる．

しかし，励起のレベルや摂動の次元を上げると解くべき作業方程式が複雑になり，数値計算を行うための演算量が増え，結果として計算時間も長くなる．また，それらの計算を行うためのプログラムの行数も増えるため，プログラムの実装自体が困難となる．CC 法を例にとると，2 体のクラスター演算子のみを考慮する CCD 法では，作業方程式に現れる項数は 11 項，プログラム行数は約 3200 行である．1 体のクラスター演算子を追加した CCSD 法では 48 項で約 13 200 行となる．さらに 3 体，4 体，5 体のクラスター演算子までを考慮した CCSDT，CCSDTQ，CCSDTQP 法では，それぞれ {102 項，約 33 900 行}，{183 項，約 79 900 行}，{289 項，—} と急激に増加する（CCSDTQP 法のプログラム行数は非公開）．これらの方法が論文発表された年は，CCD，CCSD，CCSDT，CCSDTQ，CCSDTQP 法がそれぞれ 1978，1982，1988，1992，2002 年である．CCSDTQ 法から CCSDTQP 法の発表まで実に 10 年の歳月を要した．膨大な項数を間違いなく導出し，それをプログラムとして人間の手で実装する労力を考えると 10 年の歳月も理解できる．

作業方程式の導出は，基本的には多電子波動関数を構成する Slater 行列間のハミルトニアン行列要素を求めるという作業である．『手で解く量子化学 I』で紹介した Slater–Condon 則を用いればハミルトニアン行列要素の導出が可能であり，実際『手で解く量子化学 II』では 2 電子励起まで考慮した CISD 法に対してハミルトニアン行列要素を求める演習問題を与えた．実はもう少し効率的に導出する方法がある．それが本書で取り扱う第二量子化の手法であり，さらに図形的に考えるダイアグラムである．2003 年に平田聡博士によって発表されたテンソル縮約エンジン（tensor contraction engine：TCE）は，第二量子化の規則に従って自動的にハミルトニアン行列要素の導出を行い，さらに導出した作業方程式に基づいて並列化プログラムを実装するという画期的な方法であった．つまり，プログラムの実行によりプログラムの実装を行うことができる．

本書のスタンスは，作業方程式がどのように数値的に解かれるかを理解することを目的とした『手で解く量子化学 I・II』と多少異なる．本書では，作業方程式が第二量子化やダイアグラムによりどのように効率的に求められるかに重点を置く．ただ，このことは TCE というプログラムが行う作業を手で解くことに相当する．実際，「手で解く課題 4.1」には CISD 法，「手で解く課題 5.1」には CCD 法，「手で解く課題 6.1」には三次 Møller–Plesset 摂動（MP3）法の作業方程式をそれぞれ求める課題を与える．読者は，決められた手続きに従い実際に手を動かして課題を解くことにより，理解が確実なものとなるであろう．さらに複雑な CCSD 法と MP4 法に対するダイアグラムによる作業方程式の導出は補遺に記載した．『手で解く量子化学 I・II』と同様，本書で現れる式の導出に対する「演習問題」とその解答も用意した．理論の理解に役立ててもらいたい．

近年注目を集めている量子コンピュータを用いて量子化学計算を行うためには，専用のプログラムが必要となる．そこでは，個々の分子軌道を量子ビット（qubit）に対応させ，量子ゲート（quantum gate）による演算により量子化学計算が行われるが，これらはすべて第二量子化に基づく．第1章と第2章のコラムでは，それぞれ「量子ビット」と「量子ゲート」について解説する．第3章のコラム「変分結合クラスター法とユニタリー結合クラスター法」では，実際にUCCD（unitary coupled cluster doubles）法に対応する量子回路を紹介する．古典コンピュータを用いる従来型の量子化学計算から，量子コンピュータを用いるこれからの量子化学計算をシームレスにつないで理解することに役立ててもらいたい．

本書で解説する第二量子化は，場の量子論（場の正準量子化）の考えを量子化学に特化して体系づけたものである．場の量子論では，電子（electron）だけでなく光子（photon）や原子振動（phonon）なども同様の取扱いが可能となる．そこでもそれらの量子状態に対する生成・消滅演算子が基本であり，電子のようなFermi粒子の場合，生成・消滅演算子が反交換関係を満たす．Bose粒子の場合には，生成・消滅演算子の交換関係に置き換えればよい．さらに，縮約の概念やWickの定理などの有用性は変わらない．本書で紹介したダイアグラムの基本は，場の量子論で用いられるFeynmanダイアグラムである．不確定性原理（uncertainty principle），重ね合わせの原理（superposition principle），絡み合った状態（entanglement）などの量子力学的な揺らぎに対して，制御や検出を目指す量子光学（quantum optics），積極的に利用する量子暗号（quantum cryptography）や量子コンピューティング（quantum computing）はいずれも第二量子化に基づいて研究される．本書を通して第二量子化に興味をもった読者は，さらに場の量子論を勉強するのもよいであろう．

本書の第1～3章は中井が主に担当し，長年にわたる大学院での量子化学の講義内容をまとめ，執筆した．第4～6章は吉川が主に担当し，自身の研究の基礎として学び，研究室内での大学院生の教育に用いた資料をもとに執筆した．大学院で専門的な量子化学の講義を行う先生方に，本書を『手で解く量子化学 I・II』とともに教科書として活用いただければ幸いである．また，理論化学の研究室に配属された学生が学ぶ専門教育の参考書としても是非利用していただきたい．量子化学の計算プログラムに触れる機会がある研究者には，本書を読み，プログラムに実装されている作業方程式がどのように導かれたかを理解していただきたい．場の量子論との関連で量子化学における第二量子化に興味をもった方にも手に取ってもらいたい．期待に応えられる内容であると確信している．

最後に，本書の執筆にあたって有益な助言をいただいた北海道大学大学院理学研究院 小林正人准教授に厚く御礼申し上げます．また，『手で解く量子化学Ⅰ・Ⅱ』に続いて本書の出版に際しても，一方ならぬお世話をいただきました丸善出版 熊谷現氏に心より感謝申し上げます．本書の出版からお世話いただきました丸善出版 針山梓氏にも御礼申し上げます．

令和 6 年 12 月

中井浩巳
吉川武司

目　次

1

第二量子化の基礎

量子化学で用いられる第二量子化は，1 電子波動関数の占有状態で表される場が基本となり，これを表現するために生成・消滅演算子が導入される．本章では生成・消滅演算子の基本的な性質を紹介し，多電子波動関数が満たすべき反対称性原理の要請から，生成・消滅演算子の反交換関係を導く．一般的な生成・消滅演算子の積を正規順序積に変換する際に便利な縮約という概念と Wick の定理についても紹介する．

1.1　第一量子化と第二量子化

19 世紀末から 20 世紀初頭にかけて，Newton（ニュートン）の古典力学や Maxwell（マックスウェル）の電磁気のような決定論的な理論で説明できない種々の現象が発見された．その特徴は，粒子の波動性と光の粒子性である．Schrödinger（シュレディンガー）は，de Broglie（ド・ブロイ）の**物質波**（matter wave）の概念を用いることで，量子力学的な基礎方程式，すなわち，**Schrödinger 方程式**（Schrödinger equation）を導出した．1 粒子系に対する時間に依存しない一次元の Schrödinger 方程式は，次式で与えられる．

$$\left[-\frac{h^2}{8\pi^2 m}\frac{\mathrm{d}^2}{\mathrm{d}x^2}+V(x)\right]\psi(x)=E\psi(x) \tag{1.1}$$

ここで，h は **Planck（プランク）定数**（Planck constant）である．式(1.1)左辺の括弧［　］の第 1 項は運動エネルギー，第 2 項はポテンシャルエネルギーを表す演算子である．Newton 力学では物理量が関数で表されていたが，量子力学では物理量が演算子として表される．つまり，古典的な力学変数 $\{x, p_x\}$ は，次式のように対

応する演算子 $\{\hat{x}, \hat{p}_x\}$ として置き換えられる（『手で解く量子化学 I』1.2 節参照）.

$$x \to \hat{x} = x, \qquad p_x \to \hat{p}_x = -\mathrm{i}\frac{h}{2\pi}\frac{\mathrm{d}}{\mathrm{d}x} \tag{1.2}$$

Schrödinger 方程式を解いて得られるのが，エネルギー E と状態を表す波動関数 $\psi(x)$ である．箱の中の粒子のような場合では，エネルギーはとびとびの値となり，量子化される．波動関数の 2 乗 $|\psi(x)|^2$ は位置 x に粒子を見出す確率を表す．このように物理量を演算子化し，状態を確率的な関数で表す方法を**第一量子化**（first quantization）という．

しかしながら，第一量子化では光の粒子性を考慮しておらず，光と電子の相互作用によりそれらが生成したり消滅したりする現象を取り扱うことができない．そのためには，波動性をもつ光がつくる電磁場を量子化する必要がある．量子化された電磁場は**フォトン**（photon）（あるいは**光子**）と呼ばれる．このような電磁場を量子化する方法を**第二量子化**（second quantization）という．同様に，振動も量子化した**フォノン**（phonon）（あるいは**音子**）として扱われる．第二量子化は**場の量子化**（field quantization）とも呼ばれ，それを扱う理論が**場の量子論**（quantum field theory：QFT）である．

場の量子論では様々な場を取り扱うことができるが，本書では Schrödinger 方程式から得られる波動関数の表す場，すなわち，**Schrödinger 場**（Schrödinger field）を取り扱う．上記の通り，もともとはフォトンやフォノンの生成や消滅という実際の物理的な問題を取り扱うために導入された第二量子化であるが，通常のエネルギーでは電子は生成したり消滅したりしない．第二量子化を導入することで，反対称性を考慮した多粒子系の定式化に必要な計算が系統的かつ効率的に行えるという側面に焦点を当てる．

1.2　真の真空状態と生成・消滅演算子

第二量子化により波動関数がどのように表されるかを説明する．最初に，**真の真空状態**（real vacuum state）という概念を導入する．この真空状態は，電子がまったく存在しない抽象的な状態であり，そのケット状態は $|\rangle$，ブラ状態は $\langle|$ と表す．ただし，この真空状態は規格化条件，

$$\langle|\rangle = 1 \tag{1.3}$$

を満たし，また，他の任意の状態と直交する．

$$\langle|\Psi_n\rangle = 0, \quad \langle\Psi_n|\rangle = 0 \tag{1.4}$$

$\langle|$ と $|\rangle$ とは，他の任意のブラ・ケット状態と同様，エルミート共役の関係にある．

$$(|\rangle)^{\dagger}=\langle|,\ (\langle|)^{\dagger}=|\rangle \tag{1.5}$$

次に，**生成演算子**（creation operator）および**消滅演算子**（annihilation operator）を導入する．生成演算子 $\hat{a}_p^+$ があるケット状態に作用すると，1電子波動関数，つまり，スピン軌道 ψ_p に電子が生成される．

$$\hat{a}_p^+|\psi_q\cdots\psi_r\rangle=|\psi_p\psi_q\cdots\psi_r\rangle \tag{1.6}$$

ただし，元の状態が既に ψ_p を含んでいる場合，生成演算子 $\hat{a}_p^+$ が作用すると，

$$\hat{a}_p^+|\psi_p\psi_q\cdots\psi_r\rangle=0 \tag{1.7}$$

となる．真空状態への作用は，次のようになる．

$$\hat{a}_p^+|\rangle=|\psi_p\rangle \tag{1.8}$$

結局，多電子波動関数は，真空状態に生成演算子を順次作用させることにより得られる．

$$\hat{a}_p^+\hat{a}_q^+\cdots\hat{a}_r^+|\rangle=\hat{a}_p^+\hat{a}_q^+\cdots|\psi_r\rangle=\cdots=\hat{a}_p^+|\psi_q\cdots\psi_r\rangle=|\psi_p\psi_q\cdots\psi_r\rangle \tag{1.9}$$

消滅演算子 $\hat{a}_p$ があるケット状態に作用すると，ψ_p の電子が消滅する．

$$\hat{a}_p|\psi_p\psi_q\cdots\psi_r\rangle=|\psi_q\cdots\psi_r\rangle \tag{1.10}$$

元の状態が ψ_p を含んでいない場合，消滅演算子 $\hat{a}_p$ が作用すると，

$$\hat{a}_p|\psi_q\cdots\psi_r\rangle=0 \tag{1.11}$$

となる．真空状態への作用も，同様に次のようになる．

$$\hat{a}_p|\rangle=0 \tag{1.12}$$

生成・消滅演算子のブラ状態への作用は，エルミート共役を考慮することにより理解される．ただし，生成・消滅演算子が互いにエルミート共役の関係であることに注意する．

$$(\hat{a}_p^+)^{\dagger}=\hat{a}_p,\quad (\hat{a}_p)^{\dagger}=\hat{a}_p^+ \tag{1.13}$$

式(1.13)の関係をあらわに示すために，生成演算子を＋（プラス）ではなく，†（ダガー）を用いて，$\hat{a}_p^{\dagger}$ と表す場合もある．

式(1.6)のエルミート共役から，次の関係が得られる．

$$\langle\psi_r\cdots\psi_q|\hat{a}_p=\langle\psi_r\cdots\psi_q\psi_p| \tag{1.14}$$

これは消滅演算子 $\hat{a}_p$ がブラ状態に作用すると，ψ_p に電子が生成されることを意味している．逆に，式(1.10)のエルミート共役から，

$$\langle\psi_r\cdots\psi_q\psi_p|\hat{a}_p^+=\langle\psi_r\cdots\psi_q| \tag{1.15}$$

が得られ，生成演算子 $\hat{a}_p^+$ がブラ状態に作用すると，ψ_p の電子が消滅することを意味している．

1.3　反 交 換 関 係

多電子波動関数が満たすべき条件として，**反対称性原理**（anti-symmetry principle）（『手で解く量子化学 I』1.10 節参照）がある．生成・消滅演算子により導かれた波動関数もこれを満たす必要がある．ケット状態における電子の交換から，

$$\hat{a}_p^+\hat{a}_q^+|\,\rangle=|\psi_p\psi_q\rangle=-|\psi_q\psi_p\rangle=-\hat{a}_q^+\hat{a}_p^+|\,\rangle \tag{1.16}$$

となり，生成演算子の**反交換関係**（anticommutation relation）

$$\hat{a}_p^+\hat{a}_q^++\hat{a}_q^+\hat{a}_p^+=0 \tag{1.17}$$

が導かれる．本書では，反交換関係を $[\quad]_+$ という記号を用いて表す．すなわち，

$$[\hat{a}_p^+,\hat{a}_q^+]_+\equiv\hat{a}_p^+\hat{a}_q^++\hat{a}_q^+\hat{a}_p^+=0 \tag{1.18}$$

となる．

反対称性原理により導かれた式(1.17)は，電子にのみ成り立つ関係ではなく，半整数スピンをもつ **Fermi（フェルミ）粒子**（Fermion）に対して一般に成り立つ．一方，整数スピンを有する **Bose（ボース）粒子**（Boson）の場合，粒子の交換に対して波動関数は対称でなければならない．その場合，式(1.18)の代わりに，次の $[\quad]_-$ という記号で表される**交換関係**（commutation relation）が成立する．

$$[\hat{a}_p^+,\hat{a}_q^+]_-\equiv\hat{a}_p^+\hat{a}_q^+-\hat{a}_q^+\hat{a}_p^+=0 \tag{1.19}$$

式(1.18)は，Fermi 粒子である電子が満たすべき重要な性質を表している．すなわち，$p=q$ のとき，

$$\hat{a}_p^+\hat{a}_p^+=0 \tag{1.20}$$

となる．これは，ケット状態に同じ 1 電子波動関数 ψ_p の電子を二つ生成しようとすると，ゼロになることに対応している．

$$\hat{a}_p^+\hat{a}_p^+|\psi_q\cdots\psi_r\rangle=\hat{a}_p^+|\psi_p\psi_q\cdots\psi_r\rangle=0 \tag{1.21}$$

式(1.21)の最後の関係は，生成演算子の規則として先に示した式(1.7)である．つまり，反対称性原理の要請から導かれた生成・消滅演算子の反交換関係により，**Pauli（パウリ）の排他原理**（Pauli's exclusion principle）（『手で解く量子化学 I』1.10 節参照）も満たすことがわかる．

消滅演算子の反交換関係はブラ状態における電子の交換から，

$$\langle\,|\hat{a}_p\hat{a}_q=\langle\psi_p\psi_q|=-\langle\psi_q\psi_p|=-\langle\,|\hat{a}_q\hat{a}_p \tag{1.22}$$

となり，結果として，

$$[\hat{a}_p,\hat{a}_q]_+\equiv\hat{a}_p\hat{a}_q+\hat{a}_q\hat{a}_p=0 \tag{1.23}$$

が得られる．結局，生成演算子あるいは消滅演算子の対で順序を交換する場合，符

号を逆転させる必要がある．$p=q$ のとき，

$$\hat{a}_p \hat{a}_p = 0 \tag{1.24}$$

であるから，ケット状態に同じ 1 電子波動関数 ψ_p から電子を二つ消滅しようとすると，ゼロになることを示している．

$$\hat{a}_p \hat{a}_p |\psi_p \psi_q \cdots \psi_r\rangle = \hat{a}_p |\psi_q \cdots \psi_r\rangle = 0 \tag{1.25}$$

これは，消滅演算子の規則として先に示した式(1.11)に相当する．ブラ状態に対する作用は，生成・消滅演算子ではそれぞれ逆となる．そのことは，式(1.7)と式(1.11)のエルミート共役をとることにより理解される．

最後に，生成演算子 $\hat{a}_p^+$ と消滅演算子 $\hat{a}_q$ の反交換関係はどうであるか見てみよう．生成・消滅演算子の組を真の真空状態 $|\,\rangle$ へ作用する場合を考える．$p \neq q$ のとき，

$$(\hat{a}_p^+ \hat{a}_q + \hat{a}_q \hat{a}_p^+)|\,\rangle = \hat{a}_q |\psi_p\rangle = 0 \tag{1.26}$$

となる．一方，$p=q$ のとき，

$$(\hat{a}_p^+ \hat{a}_p + \hat{a}_p \hat{a}_p^+)|\,\rangle = \hat{a}_p |\psi_p\rangle = |\,\rangle \tag{1.27}$$

となる．これより次の関係が成り立つことがわかる．

$$[\hat{a}_p^+, \hat{a}_q]_+ \equiv \hat{a}_p^+ \hat{a}_q + \hat{a}_q \hat{a}_p^+ = \delta_{pq} \tag{1.28}$$

ここで，δ_{pq} は Kronecker（クロネッカー）のデルタ（Kronecker's delta）

$$\delta_{pq} = \begin{cases} 0 & (p \neq q) \\ 1 & (p = q) \end{cases} \tag{1.29}$$

である．真の真空状態以外への作用については，演習問題 1.1 を参照されたい．

【演習問題 1.1】 生成・消滅演算子の対 $(\hat{a}_p^+ \hat{a}_q + \hat{a}_q \hat{a}_p^+)$ を，それぞれ，次のケット状態に作用させ，式(1.28)の結果に適合することを確かめよ．

［1］ $|\psi_p\rangle$ ［2］ $|\psi_q\rangle$ ［3］ $|\psi_p \psi_q\rangle$

1.4 占 有 数 表 示

多電子波動関数において興味のある情報は，どの 1 電子波動関数を電子が占有しているかである．これを表すのに**占有数表示**（particle number representation）を用いると便利である．Fermi 粒子では，非占有（$n_p=0$）または占有（$n_p=1$）の二つの状態しか取りえない．そこで，多電子波動関数を占有数のみを用いて，

$$|n_p n_q n_r n_s \cdots\rangle \tag{1.30}$$

と表す．真空状態は，

$$|\ \rangle = |0000\cdots\rangle \tag{1.31}$$

である．1 電子状態は，たとえば，

$$|\psi_p\rangle = \hat{a}_p^+|0000\cdots\rangle = |1000\cdots\rangle \tag{1.32}$$

と表される．2 電子状態も同様に，

$$|\psi_p\psi_r\rangle = \hat{a}_p^+\hat{a}_r^+|0000\cdots\rangle = |1010\cdots\rangle \tag{1.33}$$

となる．

スピン軌道 ψ_p の占有数を与える演算子，つまり，**占有数演算子**（occupation number operator）は次のように定義される．

$$\hat{N}_p = \hat{a}_p^+\hat{a}_p \tag{1.34}$$

この演算子を多電子波動関数に作用させると，占有数が容易に得られる．

$$\hat{N}_p|n_pn_qn_rn_s\cdots\rangle = n_p|n_pn_qn_rn_s\cdots\rangle \tag{1.35}$$

占有数演算子は次の関係を満たすのでエルミート演算子である．

$$\hat{N}_p^\dagger = (\hat{a}_p^+\hat{a}_p)^\dagger = \hat{a}_p^+\hat{a}_p = \hat{N}_p \tag{1.36}$$

また，占有数演算子同士は可換である．

$$\hat{N}_p\hat{N}_q = \hat{a}_p^+\hat{a}_p\hat{a}_q^+\hat{a}_q = \hat{a}_q^+\hat{a}_q\hat{a}_p^+\hat{a}_p = \hat{N}_q\hat{N}_p \tag{1.37}$$

多電子波動関数に含まれる全電子数はすべての占有数を足し合わせると得られるので，全電子数を求める**数演算子**（number operator）は次のように定義される．

$$\hat{N} = \sum_p \hat{N}_p \tag{1.38}$$

コラム　量子ビット

私たちが普段使用しているパソコンやスマートフォンなどの古典コンピュータは，情報を「0」か「1」の 2 進数情報を基本単位とする（古典）ビット（binary unit：bit）に保存し，演算を行っている．2 個の古典ビットでは 00, 01, 10, 11 の 4（$=2^2$）通りの情報，n 個の古典ビットでは 2^n 通りの情報を表現することができるが，一度に保存できる情報は 1 通りである．一方，Feynman（ファ

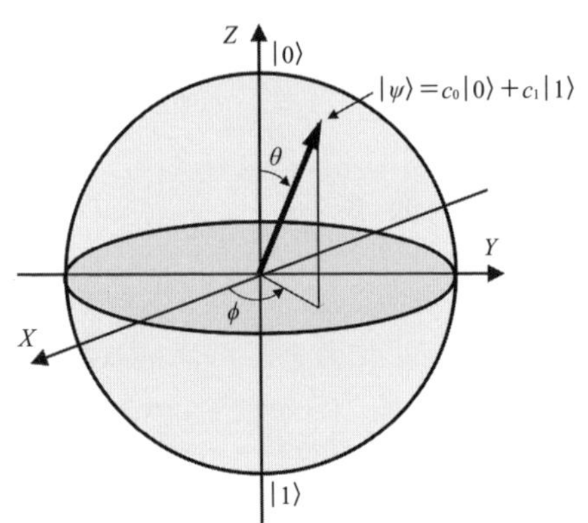

図 1.1　Bloch 球による量子ビットの量子状態の表現

インマン）が 1982 年に提唱した**量子コンピュータ**（quantum computer）は，状態 $|0\rangle$ と $|1\rangle$ が任意の確率で重ね合わされた情報 $|\psi\rangle$ を基本単位とする**量子ビット**（quantum binary unit：qubit）に保存し，演算を行う．量子ビットの量子状態は Bloch（ブロッホ）球（Bloch sphere）上の点として表現することができる（図 1.1）．2 個の量子ビットでは $|00\rangle$，$|01\rangle$，$|10\rangle$，$|11\rangle$ の $4(=2^2)$ 個の状態が重なり合った情報，n 個の量子ビットでは 2^n 個の状態がすべて重なり合った情報として保存される．

1.5 正規順序積

第二量子化では，複数の生成・消滅演算子の積が現れ，さらに，ある配置に対する期待値や配置間の行列要素を求めることが行われる．その場合，すべての生成演算子の右側にすべての消滅演算子を並べることで見通しがよくなる．このような生成・消滅演算子の並びを，**正規順序積**（normal-ordered product）あるいは単に**N 積**（N product）という．量子力学の教科書の多くは，演算子の積という意味で product を用いることが一般的である．一方，量子化学の分野では，演算子の（文字）列という意味で string という表現もしばしば用いられる．つまり，**正規順序列**（normal-ordered string）などと表現される．

生成・消滅演算子の積は必ずしも N 積ではない．しかし，式(1.28)の生成・消滅演算子の反交換関係を用いれば，常に N 積に変形することができる．四つの生成・消滅演算子の積 $\hat{A}=\hat{a}_p\hat{a}_q^+\hat{a}_r\hat{a}_s^+$ の場合，反交換関係を用いると次のように N 積に変形できる．

$$
\begin{aligned}
\hat{A}&=\hat{a}_p\hat{a}_q^+\hat{a}_r\hat{a}_s^+\\
&=(\delta_{pq}-\hat{a}_q^+\hat{a}_p)(\delta_{rs}-\hat{a}_s^+\hat{a}_r)\\
&=\delta_{pq}\delta_{rs}-\delta_{pq}\hat{a}_s^+\hat{a}_r-\delta_{rs}\hat{a}_q^+\hat{a}_p+\hat{a}_q^+\hat{a}_p\hat{a}_s^+\hat{a}_r\\
&=\delta_{pq}\delta_{rs}-\delta_{pq}\hat{a}_s^+\hat{a}_r-\delta_{rs}\hat{a}_q^+\hat{a}_p+\hat{a}_q^+(\delta_{ps}-\hat{a}_s^+\hat{a}_p)\hat{a}_r\\
&=\delta_{pq}\delta_{rs}-\delta_{pq}\hat{a}_s^+\hat{a}_r-\delta_{rs}\hat{a}_q^+\hat{a}_p+\delta_{ps}\hat{a}_q^+\hat{a}_r-\hat{a}_q^+\hat{a}_s^+\hat{a}_p\hat{a}_r
\end{aligned}
\tag{1.39}
$$

式(1.39)最終行の第 1 項は，Kronecker のデルタのみからなり，単なる数字である．第 2 項から第 4 項は，Kronecker のデルタと生成・消滅演算子を一つずつ含んだ形である．第 5 項は元の積と同じく生成・消滅演算子を二つずつ含んでいる．

次に真空状態に対する期待値を考える．N 積で表された生成・消滅演算子の期待値は，最初に消滅演算子が真空状態 $|\,\rangle$ に作用するため必ずゼロとなる．式(1.39)

の $\hat{A}$ の場合，真空状態に対する期待値は次のように計算される．

$$\langle|\hat{A}|\rangle = \delta_{pq}\delta_{rs} \tag{1.40}$$

【演習問題 1.2】　次の四つの生成・消滅演算子の積について，それぞれN積に変換し，さらに真の真空状態に対する期待値を求めよ．

[1]　$\hat{a}_p^+\hat{a}_q\hat{a}_r^+\hat{a}_s$　　[2]　$\hat{a}_p^+\hat{a}_q\hat{a}_r\hat{a}_s^+$　　[3]　$\hat{a}_p\hat{a}_q^+\hat{a}_r^+\hat{a}_s$　　[4]　$\hat{a}_p\hat{a}_q\hat{a}_r^+\hat{a}_s^+$

さらに生成・消滅演算子の積に対して，ある配置における期待値，あるいは，配置間の行列要素を求めることを考える．配置も生成・消滅演算子と真空状態を用いて表すことができるので，最終的には真空状態に対する生成・消滅演算子の積の期待値として求めることができる．式(1.39)の $\hat{A}$ に対して，ブラ状態 $\langle\psi_i|$ およびケット状態 $|\psi_j\rangle$ という 1 電子状態間の行列要素は，次の手順で計算される．まず，真空状態に対する期待値の形に変形する．

$$\langle\psi_i|\hat{A}|\psi_j\rangle = \langle\psi_i|\hat{a}_p\hat{a}_q^+\hat{a}_r\hat{a}_s^+|\psi_j\rangle = \langle|\hat{a}_i\hat{a}_p\hat{a}_q^+\hat{a}_r\hat{a}_s^+\hat{a}_j^+|\rangle \tag{1.41}$$

ここで，6 個の生成・消滅演算子の積で表される演算子 $\hat{B}$ を定義する．

$$\hat{B} = \hat{a}_i\hat{a}_p\hat{a}_q^+\hat{a}_r\hat{a}_s^+\hat{a}_j^+ \tag{1.42}$$

式(1.39)と同様に $\hat{B}$ をN積に変形し，その結果を用いると，式(1.40)と同様に真の真空状態に対する期待値が求められる．

$$\langle|\hat{B}|\rangle = \delta_{pq}\delta_{rs}\delta_{ij} - \delta_{pq}\delta_{is}\delta_{rj} - \delta_{pj}\delta_{rs}\delta_{qi} + \delta_{ps}\delta_{qi}\delta_{rj} \tag{1.43}$$

【演習問題 1.3】　式(1.42)の演算子 $\hat{B}$ をN積に変形し，その結果を用いて，真の真空状態に対する期待値を求めることにより，式(1.43)を導出せよ．

1.6　縮約と Wick の定理

上記のように，生成・消滅演算子の反交換関係からN積を求め，さらに真空状態に対する期待値を計算するという作業は，比較的少ない生成・消滅演算子の積であっても，式変形において誤りが生じる可能性も少なくない．この作業をもう少し効率化できないであろうか．これまでの説明から，次のことに気づいている読者も少なくないであろう．任意の生成・消滅演算子の積は，反交換関係を用いることにより，生成・消滅演算子のN積にいくつかの Kronecker のデルタが掛かったものの線形結合になる．さらに，Kronecker のデルタの分だけ，生成・消滅演算子の対が少なくなる．

この生成・消滅演算子の対を効率よく減らすために，縮約（contraction）という概念を導入する．任意の二つの生成・消滅演算子の積 AB に対する縮約は，その積と対応するN積との差で定義される．

$$\overbrace{AB} \equiv AB - n[AB] \tag{1.44}$$

$n[\cdots]$ はN積を表す記号である．二つの生成・消滅演算子の 4 通りの演算子の積について縮約を求めると，それぞれ次のようになる．

縮約（contraction）

生成・生成：$\overbrace{\hat{a}_p^+ \hat{a}_q^+} \equiv \hat{a}_p^+ \hat{a}_q^+ - n[\hat{a}_p^+ \hat{a}_q^+] = \hat{a}_p^+ \hat{a}_q^+ - \hat{a}_p^+ \hat{a}_q^+ = 0$ (1.45)

消滅・消滅：$\overbrace{\hat{a}_p \hat{a}_q} \equiv \hat{a}_p \hat{a}_q - n[\hat{a}_p \hat{a}_q] = \hat{a}_p \hat{a}_q - \hat{a}_p \hat{a}_q = 0$ (1.46)

生成・消滅：$\overbrace{\hat{a}_p^+ \hat{a}_q} \equiv \hat{a}_p^+ \hat{a}_q - n[\hat{a}_p^+ \hat{a}_q] = \hat{a}_p^+ \hat{a}_q - \hat{a}_p^+ \hat{a}_q = 0$ (1.47)

消滅・生成：$\overbrace{\hat{a}_p \hat{a}_q^+} \equiv \hat{a}_p \hat{a}_q^+ - n[\hat{a}_p \hat{a}_q^+] = \hat{a}_p \hat{a}_q^+ - \hat{a}_q^+ \hat{a}_p = \delta_{pq}$ (1.48)

式(1.45)～(1.48)からわかるように，縮約は演算子ではなく数である．とくに，縮約がゼロでないのは式(1.48)の消滅演算子と生成演算子という順の積の場合だけである．次に任意の生成・消滅演算子の積からN積を導く際に非常に便利な定理を紹介する．

Wick（ウィック）の定理（Wick's theorem）

任意の生成・消滅演算子の積は，何組かの演算子の縮約と残りの演算子のN積の線形結合で表される．

$$ABC\cdots XYZ = n[ABC\cdots XYZ] + \sum_{\text{singles}} n[\overbrace{AB}C\cdots XYZ] + \sum_{\text{doubles}} n[\overbrace{AB}C\cdots XYZ] + \cdots \tag{1.49}$$

ここで，$n[\cdots]$ の括弧内の演算子は，以下に示す例のように反交換関係を満たす．

$$n[\overbrace{ABC}D] = -n[\overbrace{AC}BD] \tag{1.50}$$

$$n[\overbrace{ABCD}] = n[\overbrace{AD}BC] \tag{1.51}$$

演算子 $\hat{A} = \hat{a}_p \hat{a}_q^+ \hat{a}_r \hat{a}_s^+$ に対して，Wick の定理を用いて，縮約とN積に展開すると次のようになる．

$$
\begin{aligned}
\hat{A}&=\hat{a}_p\hat{a}_q^+\hat{a}_r\hat{a}_s^+\\
&=n[\hat{a}_p\hat{a}_q^+\hat{a}_r\hat{a}_s^+]+n[\overbracket{\hat{a}_p\hat{a}_q^+}\hat{a}_r\hat{a}_s^+]+n[\hat{a}_p\hat{a}_q^+\overbracket{\hat{a}_r\hat{a}_s^+}]+n[\overbracket{\hat{a}_p\hat{a}_q^+\hat{a}_r\hat{a}_s^+}]+n[\overbracket{\hat{a}_p\hat{a}_q^+}\,\overbracket{\hat{a}_r\hat{a}_s^+}]\\
&=n[\hat{a}_p\hat{a}_q^+\hat{a}_r\hat{a}_s^+]+\delta_{pq}n[\hat{a}_r\hat{a}_s^+]+\delta_{rs}n[\hat{a}_p\hat{a}_q^+]+\delta_{ps}n[\hat{a}_q^+\hat{a}_r]+\delta_{pq}\delta_{rs}\\
&=-n[\hat{a}_q^+\hat{a}_s^+\hat{a}_p\hat{a}_r]-\delta_{pq}n[\hat{a}_s^+\hat{a}_r]-\delta_{rs}n[\hat{a}_q^+\hat{a}_p]+\delta_{ps}n[\hat{a}_q^+\hat{a}_r]+\delta_{pq}\delta_{rs}
\end{aligned}
\tag{1.52}
$$

式(1.52) 2 行目では Wick の定理に基づいて，第 1 項の縮約なし，第 2～4 項の一つの縮約，第 5 項の二つの縮約という五つの項に展開される．ただし，式(1.45)～(1.48)により消滅演算子と生成演算子という順の縮約のみ非ゼロであることを用いた． 3 行目では縮約を Kronecker のデルタに変換している．第 4 項では，式(1.51)の関係式を用いていることに注意が必要である．最後に，N 積の記号 $n[\cdots]$ の中の生成・消滅演算子を適宜交換して N 積になるように変形している．最終的に得られた結果は，式(1.39)の右辺と等しいことがわかる．

上述のように N 積で表された生成・消滅演算子は，真の真空状態に対する期待値がゼロとなる．したがって，Wick の定理に基づき展開された項のうち，すべての生成・消滅演算子が縮約された項のみ，真空状態に対する期待値が値をもつ．このような項を完全縮約（full contraction）という．完全縮約にはいくつかのパターンがある．式(1.52)に現れた場合は，隣同士の消滅演算子と生成演算子に対して縮約をとるので，そのまま Kronecker のデルタに変換できる．

$$
n[\overbracket{\hat{a}_p\hat{a}_q^+}\,\overbracket{\hat{a}_r\hat{a}_s^+}]=\delta_{pq}\delta_{rs}
\tag{1.53}
$$

一方，次のような場合には，縮約が隣同士の消滅演算子と生成演算子になるように N 積の記号 $n[\cdots]$ の中の生成・消滅演算子を適宜交換する必要がある．

$$
n[\hat{a}_p\hat{a}_q\hat{a}_r^+\hat{a}_s^+]=-n[\overbracket{\hat{a}_p\hat{a}_r^+}\,\overbracket{\hat{a}_q\hat{a}_s^+}]=-\delta_{pr}\delta_{qs}
\tag{1.54}
$$

$$
n[\overbracket{\hat{a}_p\overbracket{\hat{a}_q\hat{a}_r^+}\hat{a}_s^+}]=-n[\hat{a}_p\hat{a}_q\hat{a}_s^+\hat{a}_r^+]=n[\overbracket{\hat{a}_p\hat{a}_s^+}\,\overbracket{\hat{a}_q\hat{a}_r^+}]=\delta_{ps}\delta_{qr}
\tag{1.55}
$$

しかし，多数の縮約が存在する場合このような交換を考慮することは面倒である．式(1.53)～(1.55)の結果から，完全縮約では縮約線の交差数だけパリティがあることがわかる．つまり，交差の個数だけ（-1）を乗じて，離れた縮約もそのまま Kronecker のデルタに変換すればよいことになる．

【演習問題 1.4】 次の四つの生成・消滅演算子の積について，それぞれ Wick の定理を用いて N 積に変換し，さらに真の真空状態に対する期待値を求めよ．

[1]　$\hat{a}_p^+\hat{a}_q\hat{a}_r^+\hat{a}_s$　　[2]　$\hat{a}_p^+\hat{a}_q\hat{a}_r\hat{a}_s^+$　　[3]　$\hat{a}_p\hat{a}_q^+\hat{a}_r^+\hat{a}_s$　　[4]　$\hat{a}_p\hat{a}_q\hat{a}_r^+\hat{a}_s^+$

最後に，Wick の定理を用いて，生成・消滅演算子の積に対する状態間の行列要素を求めてみよう．式(1.41)の行列要素に対して完全縮約を考えると，次のようになる．

$$
\begin{aligned}
\langle \psi_i | \hat{A} | \psi_j \rangle &= \langle \, | \hat{a}_i \hat{a}_p \hat{a}_q^+ \hat{a}_r \hat{a}_s^+ \hat{a}_j^+ | \, \rangle \\
&= n[\hat{a}_i \hat{a}_p \hat{a}_q^+ \hat{a}_r \hat{a}_s^+ \hat{a}_j^+] + n[\hat{a}_i \hat{a}_p \hat{a}_q^+ \hat{a}_r \hat{a}_s^+ \hat{a}_j^+] + n[\hat{a}_i \hat{a}_p \hat{a}_q^+ \hat{a}_r \hat{a}_s^+ \hat{a}_j^+] \\
&\quad + n[\hat{a}_i \hat{a}_p \hat{a}_q^+ \hat{a}_r \hat{a}_s^+ \hat{a}_j^+] \\
&= \delta_{pq} \delta_{rs} \delta_{ij} - \delta_{pq} \delta_{is} \delta_{rj} - \delta_{pj} \delta_{rs} \delta_{qi} + \delta_{ps} \delta_{qi} \delta_{rj}
\end{aligned}
\tag{1.56}
$$

式(1.56) 4 行目の変形では，縮約線の交差数に対するパリティを考慮している．このように Wick の定理を用いると，式(1.43)の右辺と等しい結果が，随分簡単に導かれることを理解できるであろう．

2

第二量子化による Hartree-Fock 法

Hartree-Fock（HF）法は多電子波動関数を近似的に求める最も基礎的な方法である．また，HF 波動関数は電子相関法の参照関数としても用いられる．本章では，HF エネルギーが第二量子化を用いてどのように導かれるかを解説する．さらに参照関数としての HF 波動関数を表すために Fermi 真空という概念を導入し，ハミルトニアンと Fock 演算子の関係を説明する．

2.1　第二量子化のハミルトニアン

量子化学計算は，原子や分子，あるいはその集合体に対して，時間に依存しない Schrödinger 方程式の近似解を求める方法である．通常は，Born-Oppenheimer（ボルン-オッペンハイマー）近似（BO 近似）により，原子核と電子の運動を区別して取り扱い，固定された原子核の配置に対する電子状態を求める．N 個の電子と M 個の原子核からなる系に対するハミルトニアンは，**原子単位系**（atomic units）を用いて次のように表される．

$$\begin{aligned}\hat{H}&=\left(-\sum_{i=1}^{N}\frac{1}{2}\nabla_i^2-\sum_{i=1}^{N}\sum_{A=1}^{M}\frac{Z_A}{r_{iA}}\right)+\sum_{i=1}^{N}\sum_{j>i}^{N}\frac{1}{r_{ij}}+\sum_{A=1}^{M}\sum_{B>A}^{M}\frac{Z_AZ_B}{R_{AB}}\\&=\sum_{i=1}^{N}\hat{h}(i)+\sum_{i=1}^{N}\sum_{j>i}^{N}\hat{g}(i,j)+V_{\text{nuc}}\end{aligned}\tag{2.1}$$

ここで，Z_A は原子核 A の電荷である．r_{iA}，r_{ij}，R_{AB} は，それぞれ電子 i と原子核 A の距離，電子 i と電子 j の距離，原子核 A と原子核 B の距離であり，$r_{iA}=|\boldsymbol{r}_{iA}|=|\boldsymbol{r}_i-\boldsymbol{R}_A|$，$r_{ij}=|\boldsymbol{r}_{ij}|=|\boldsymbol{r}_i-\boldsymbol{r}_j|$，$R_{AB}=|\boldsymbol{R}_{AB}|=|\boldsymbol{R}_A-\boldsymbol{R}_B|$ で計算される．式(2.1)の 1 行目右辺第 1 項は電子の運動エネルギー項，第 2 項は電子と原子核の Coulomb（クーロン）引力，第 3 項は電子間の Coulomb 斥力，第 4 項は原子核間の Coulomb 斥力で

ある．ただし，BO 近似の下では原子核の座標は変数ではないので，第 4 項は定数となる．2 行目では 1 電子演算子 $\hat{h}(i)$，2 電子演算子 $\hat{g}(i,j)$，そして，定数項 V_{nuc} を用いて表している．このように，式(2.1)の第一量子化のハミルトニアンは，その系に含まれる電子数に依存する．したがって，原子核の位置が等しい場合でも電子数の異なる HeH と HeH^+ では異なるハミルトニアンが必要となる．

第二量子化のハミルトニアンは次式で表される．

$$\begin{aligned}\hat{H}&=\sum_{p,q}\langle\psi_p|\hat{h}|\psi_q\rangle\hat{a}_p^+\hat{a}_q+\frac{1}{4}\sum_{p,q,r,s}\langle\psi_p\psi_q||\psi_r\psi_s\rangle\hat{a}_p^+\hat{a}_q^+\hat{a}_s\hat{a}_r\\&=\sum_{p,q}h_q^p\hat{a}_p^+\hat{a}_q+\frac{1}{4}\sum_{p,q,r,s}v_{rs}^{pq}\hat{a}_p^+\hat{a}_q^+\hat{a}_s\hat{a}_r\end{aligned}\tag{2.2}$$

ここで，h_q^p は 1 電子演算子 $\hat{h}$ のスピン軌道 ψ_p と ψ_q に対する 1 電子積分であり，『手で解く量子化学 I』の式(3.21)と同じである．ただし，ここでの添え字はブラ状態とケット状態を区別するために，それぞれ上付き文字と下付き文字を使用している．v_{rs}^{pq} は次式で定義される反対称化された 2 電子積分である．

$$v_{rs}^{pq}\equiv\langle\psi_p\psi_q||\psi_r\psi_s\rangle=\langle\psi_p\psi_q|\psi_r\psi_s\rangle-\langle\psi_p\psi_q|\psi_s\psi_r\rangle\tag{2.3}$$

式(2.3)の定義から，v_{rs}^{pq} はさらに次の関係を満たすことがわかる．

$$v_{rs}^{pq}=-v_{rs}^{qp}=-v_{sr}^{pq}=v_{sr}^{qp}\tag{2.4}$$

式(2.2)において，添え字 $\{p,q,r,s\}$ は任意のスピン軌道に対応しており，電子数はどこにも含まれていない．そのため，このハミルトニアンはたとえば HeH と HeH^+ のいずれにも用いることができる．一方，第一量子化のハミルトニアンはスピン軌道には依存せず厳密な演算子であるが，第二量子化のハミルトニアンはスピン軌道に射影された演算子である．

式(2.2)の右辺第 1 項に現れる生成・消滅演算子の積は 1 電子置換演算子（one-electron substitution operator）と呼ばれ，$\hat{E}_q^p$ という記号が用いられる．

$$\hat{E}_q^p=\hat{a}_p^+\hat{a}_q\tag{2.5}$$

1 電子置換演算子同士の積は，生成・消滅演算子の反交換関係を考慮すると，次のようになる．

$$\hat{E}_r^p\hat{E}_s^q=\hat{a}_p^+\hat{a}_r\hat{a}_q^+\hat{a}_s=\hat{a}_p^+(\delta_{qr}-\hat{a}_q^+\hat{a}_r)\hat{a}_s=\hat{a}_p^+\hat{a}_q^+\hat{a}_s\hat{a}_r+\delta_{qr}\hat{E}_s^p\tag{2.6}$$

つまり，1 電子置換演算子同士は可換でない．式(2.5)および式(2.6)を用いると，式(2.2)の第二量子化のハミルトニアンは次のように書き換えることができる．

$$\hat{H}=\sum_{p,q}h_q^p\hat{E}_q^p+\frac{1}{4}\sum_{p,q,r,s}v_{rs}^{pq}(\hat{E}_r^p\hat{E}_s^q-\delta_{qr}\hat{E}_s^p)\tag{2.7}$$

式(2.2)の生成・消滅演算子の積は，真の真空状態に対するN積で表されているが，式(2.7)はN積でないことに注意が必要である．

2.2　Hartree-Fock エネルギー

本節では，HF エネルギーを第二量子化のハミルトニアンの HF 波動関数に対する期待値として求める．簡単のため，2 電子系の場合について見ていこう．生成・消滅演算子を用いると，2 電子系に対する HF 波動関数は次のように表される．

$$|\Phi_0\rangle = |\psi_1\psi_2\rangle = \hat{a}_1^+\hat{a}_2^+|\,\rangle \tag{2.8}$$

$$\langle\Phi_0| = \langle\psi_2\psi_1| = \langle\,|\hat{a}_2\hat{a}_1 \tag{2.9}$$

したがって，2 電子系に対する HF エネルギーは次式となる．

$$\begin{aligned} E_0 &= \langle\Phi_0|\hat{H}|\Phi_0\rangle \\ &= \sum_{p,q} h_q^p \langle\Phi_0|\hat{a}_p^+\hat{a}_q|\Phi_0\rangle + \frac{1}{4}\sum_{p,q,r,s} v_{rs}^{pq}\langle\Phi_0|\hat{a}_p^+\hat{a}_q^+\hat{a}_s\hat{a}_r|\Phi_0\rangle \\ &= \sum_{p,q} h_q^p \langle\,|\hat{a}_2\hat{a}_1\hat{a}_p^+\hat{a}_q\hat{a}_1^+\hat{a}_2^+|\,\rangle + \frac{1}{4}\sum_{p,q,r,s} v_{rs}^{pq}\langle\,|\hat{a}_2\hat{a}_1\hat{a}_p^+\hat{a}_q^+\hat{a}_s\hat{a}_r\hat{a}_1^+\hat{a}_2^+|\,\rangle \end{aligned} \tag{2.10}$$

まず，式(2.10)のうち 1 電子項について考える．真の真空状態に対する期待値は，Wick の定理を用いて完全縮約の項のみを考えると次のようになる．

$$\begin{aligned} &\langle\,|\hat{a}_2\hat{a}_1\hat{a}_p^+\hat{a}_q\hat{a}_1^+\hat{a}_2^+|\,\rangle \\ &= n[\hat{a}_2\hat{a}_1\hat{a}_p^+\hat{a}_q\hat{a}_1^+\hat{a}_2^+] + n[\hat{a}_2\hat{a}_1\hat{a}_p^+\hat{a}_q\hat{a}_1^+\hat{a}_2^+] + n[\hat{a}_2\hat{a}_1\hat{a}_p^+\hat{a}_q\hat{a}_1^+\hat{a}_2^+] + n[\hat{a}_2\hat{a}_1\hat{a}_p^+\hat{a}_q\hat{a}_1^+\hat{a}_2^+] \\ &= \delta_{22}\delta_{p1}\delta_{q1} + \delta_{p2}\delta_{11}\delta_{q2} - \delta_{p2}\delta_{12}\delta_{q1} - \delta_{12}\delta_{p1}\delta_{q2} \\ &= \delta_{p1}\delta_{q1} + \delta_{p2}\delta_{q2} \end{aligned} \tag{2.11}$$

したがって，1 電子項は次のように求められる．

$$\sum_{p,q} h_q^p\langle\,|\hat{a}_2\hat{a}_1\hat{a}_p^+\hat{a}_q\hat{a}_1^+\hat{a}_2^+|\,\rangle = \sum_{p,q} h_q^p\{\delta_{p1}\delta_{q1} + \delta_{p2}\delta_{q2}\} = h_1^1 + h_2^2 \tag{2.12}$$

つまり，任意のスピン軌道 $\{\psi_p, \psi_q\}$ に対する和が，完全縮約により得られた Kronecker のデルタによって，占有軌道 ψ_1 と ψ_2 に等しいときのみ非ゼロとなる．

次に式(2.10)の 2 電子項について考える．同様に，真の真空状態に対する期待値は，次のようになる．

$$\begin{aligned} &\langle\,|\hat{a}_2\hat{a}_1\hat{a}_p^+\hat{a}_q^+\hat{a}_s\hat{a}_r\hat{a}_1^+\hat{a}_2^+|\,\rangle \\ &= n[\hat{a}_2\hat{a}_1\hat{a}_p^+\hat{a}_q^+\hat{a}_s\hat{a}_r\hat{a}_1^+\hat{a}_2^+] + n[\hat{a}_2\hat{a}_1\hat{a}_p^+\hat{a}_q^+\hat{a}_s\hat{a}_r\hat{a}_1^+\hat{a}_2^+] \\ &\quad + n[\hat{a}_2\hat{a}_1\hat{a}_p^+\hat{a}_q^+\hat{a}_s\hat{a}_r\hat{a}_1^+\hat{a}_2^+] + n[\hat{a}_2\hat{a}_1\hat{a}_p^+\hat{a}_q^+\hat{a}_s\hat{a}_r\hat{a}_1^+\hat{a}_2^+] \\ &= \delta_{q2}\delta_{p1}\delta_{s2}\delta_{r1} - \delta_{q2}\delta_{p1}\delta_{s1}\delta_{r2} + \delta_{p2}\delta_{q1}\delta_{s1}\delta_{r2} - \delta_{p2}\delta_{q1}\delta_{s2}\delta_{r1} \end{aligned} \tag{2.13}$$

したがって，2 電子項は次のように求められる．

$$\frac{1}{4}\sum_{p,q,r,s} v_{rs}^{pq}\langle\,|\hat{a}_2\hat{a}_1\hat{a}_p^+\hat{a}_q^+\hat{a}_s\hat{a}_r\hat{a}_1^+\hat{a}_2^+|\,\rangle$$
$$=\frac{1}{4}\sum_{p,q,r,s} v_{rs}^{pq}\{\delta_{q2}\delta_{p1}\delta_{s2}\delta_{r1}-\delta_{q2}\delta_{p1}\delta_{s1}\delta_{r2}+\delta_{p2}\delta_{q1}\delta_{s1}\delta_{r2}-\delta_{p2}\delta_{q1}\delta_{s2}\delta_{r1}\}$$
$$=\frac{1}{4}(v_{12}^{12}-v_{21}^{12}+v_{21}^{21}-v_{12}^{21})$$
$$=v_{12}^{12} \tag{2.14}$$

ここでも，任意のスピン軌道 $\{\psi_p, \psi_q, \psi_r, \psi_s\}$ に対する和が，完全縮約により得られた Kronecker のデルタによって，占有軌道 ψ_1 と ψ_2 のいずれかに等しいときのみ非ゼロとなる．最後の式変形では式(2.4)の関係を利用した．

N電子系の HF 波動関数

$$|\Phi_0\rangle=|\psi_1\psi_2\cdots\psi_N\rangle=\hat{a}_1^+\hat{a}_2^+\cdots\hat{a}_N^+|\,\rangle \tag{2.15}$$
$$\langle\Phi_0|=\langle\psi_N\cdots\psi_2\psi_1|=\langle\,|\hat{a}_N\cdots\hat{a}_2\hat{a}_1 \tag{2.16}$$

に対しても，同様に Wick の定理を用いて完全縮約の項のみを考えると次のようになる．

$$E_0=\langle\Phi_0|\hat{H}|\Phi_0\rangle$$
$$=\sum_{p,q} h_q^p\langle\Phi_0|\hat{a}_p^+\hat{a}_q|\Phi_0\rangle+\frac{1}{4}\sum_{p,q,r,s} v_{rs}^{pq}\langle\Phi_0|\hat{a}_p^+\hat{a}_q^+\hat{a}_s\hat{a}_r|\Phi_0\rangle$$
$$=\sum_{p,q} h_q^p\langle\,|\hat{a}_N\cdots\hat{a}_2\hat{a}_1\hat{a}_p^+\hat{a}_q\hat{a}_1^+\hat{a}_2^+\cdots\hat{a}_N^+|\,\rangle+\frac{1}{4}\sum_{p,q,r,s} v_{rs}^{pq}\langle\,|\hat{a}_N\cdots\hat{a}_2\hat{a}_1\hat{a}_p^+\hat{a}_q^+\hat{a}_s\hat{a}_r\hat{a}_1^+\hat{a}_2^+\cdots\hat{a}_N^+|\,\rangle$$
$$=\sum_{i=1}^{N} h_i^i+\frac{1}{2}\sum_{i,j}^{N} v_{ij}^{ij} \tag{2.17}$$

ここでも，第二量子化のハミルトニアンでは任意のスピン軌道に対する和であるのに対して，HF エネルギーでは占有軌道に対する和になっている．

式(2.17)の 2 行目に現れている $\langle\Phi_0|\hat{a}_p^+\hat{a}_q|\Phi_0\rangle$ および $\langle\Phi_0|\hat{a}_p^+\hat{a}_q^+\hat{a}_s\hat{a}_r|\Phi_0\rangle$ は，HF 波動関数に対する 1 体・2 体縮約密度行列 $\gamma_{pq}^{\mathrm{HF}}$，$\Gamma_{pqrs}^{\mathrm{HF}}$ そのものである（『手で解く量子化学 II』1.6 節および「コラム　2 体縮約密度行列」参照）．この表現はもう少し一般的であり，任意の波動関数 Ψ に対する 1 体・2 体縮約密度行列 γ_{pq}，Γ_{pqrs} に対しても当てはまる．つまり，

$$\gamma_{pq}=\langle\Psi|\hat{a}_p^+\hat{a}_q|\Psi\rangle=\langle\Psi|\hat{E}_q^p|\Psi\rangle \tag{2.18}$$
$$\Gamma_{pqrs}=\langle\Psi|\hat{a}_p^+\hat{a}_q^+\hat{a}_s\hat{a}_r|\Psi\rangle=\langle\Psi|\hat{E}_r^p\hat{E}_s^q-\delta_{qr}\hat{E}_s^p|\Psi\rangle \tag{2.19}$$

である．ここで，式(2.18)，(2.19)の右辺は式(2.5)で定義した 1 電子置換演算子を用いている．1 体・2 体縮約密度行列 γ_{pq}，Γ_{pqrs} の計算には，次式で与えられるような波動関数 Ψ を構成する配置 Φ_I と Φ_J と間の結合係数（coupling coefficient）が

必要となる.

$$\gamma_{pq}^{IJ}=\langle\Phi_I|\hat{a}_p^+\hat{a}_q|\Phi_J\rangle=\langle\Phi_I|\hat{E}_q^p|\Phi_J\rangle \tag{2.20}$$

2.3 Fermi 真空状態

前節では，2 電子系の HF エネルギーを求める際に，式(2.11)の 1 電子項で 3 個，式(2.13)の 2 電子項で 4 個の縮約を考え，ともに 4 通りの完全縮約を見出した．一般に N 電子系の HF 波動関数に対する期待値では，1 電子項で $2N+2$ 個，2 電子項で $2N+4$ 個の生成・消滅演算子が含まれる．Wick の定理に基づき完全縮約を求める際にも，それぞれ $N+1$ 個と $N+2$ 個の縮約を考えなければならない．このような作業をどうにかして減らせないだろうか．複雑にしているのは，真の真空状態に対する期待値を求める作業である．そこで，新たに **Fermi 真空状態**（Fermi vacuum state）という概念を導入する．つまり，式(2.15),(2.16)の HF 波動関数で表される状態を Fermi 真空状態と定義し，それぞれ $|\Phi_0\rangle$，$\langle\Phi_0|$ と表す．

この Fermi 真空状態に対してそれぞれ生成・消滅演算子を作用させてみよう．

$$\hat{a}_i^+|\Phi_0\rangle=\hat{a}_i^+\hat{a}_1^+\hat{a}_2^+\cdots\hat{a}_i^+\cdots\hat{a}_N^+|\,\rangle=(-1)^{i-1}\hat{a}_1^+\hat{a}_2^+\cdots\hat{a}_i^+\hat{a}_i^+\cdots\hat{a}_N^+|\,\rangle=0 \tag{2.21}$$

$$\hat{a}_i|\Phi_0\rangle=\hat{a}_i\hat{a}_1^+\hat{a}_2^+\cdots\hat{a}_i^+\cdots\hat{a}_N^+|\,\rangle=(-1)^{i-1}\hat{a}_1^+\hat{a}_2^+\cdots\hat{a}_i\hat{a}_i^+\cdots\hat{a}_N^+|\,\rangle=|\Phi_i\rangle \tag{2.22}$$

$$\hat{a}_a^+|\Phi_0\rangle=\hat{a}_a^+\hat{a}_1^+\hat{a}_2^+\cdots\hat{a}_N^+|\,\rangle=(-1)^N\hat{a}_1^+\hat{a}_2^+\cdots\hat{a}_N^+\hat{a}_a^+|\,\rangle=|\Phi^a\rangle \tag{2.23}$$

$$\hat{a}_a|\Phi_0\rangle=\hat{a}_a\hat{a}_1^+\hat{a}_2^+\cdots\hat{a}_N^+|\,\rangle=(-1)^N\hat{a}_1^+\hat{a}_2^+\cdots\hat{a}_N^+\hat{a}_a|\,\rangle=0 \tag{2.24}$$

ただし，添え字 i と a はそれぞれ占有軌道と仮想軌道に対応する．つまり，占有軌道に対する生成・消滅演算子は，Fermi 真空に対してはそれぞれ消滅・生成演算子として働くことがわかる．一方，仮想軌道に対する生成・消滅演算子は，Fermi 真空に対してもそれぞれ生成・消滅演算子として働く．つまり，$\hat{a}_i$ は Fermi 真空状態に対して**正孔**（hole）を生成させ，$\hat{a}_i^+$ は正孔を消滅させる．このことを明示するために正孔生成演算子として $\hat{b}_i^+(=\hat{a}_i)$，正孔消滅演算子として $\hat{b}_i(=\hat{a}_i^+)$ という記号が用いられる場合がある．一方，$\hat{a}_a^+$ は**粒子**（particle）を生成させ，$\hat{a}_a$ は粒子を消滅させると考える．一般に正孔と粒子を合わせて，**準粒子**（quasi-particle）と呼ばれる．準粒子に対する取扱いは，**粒子-正孔形式**（particle-hole formalism）と呼ばれ，次に示す性質がある．

粒子-正孔形式（particle-hole formalism）

（I）　生成・消滅演算子

正孔生成演算子：$\hat{a}_i(=\hat{b}_i^+)$　　正孔消滅演算子：$\hat{a}_i^+(=\hat{b}_i)$

粒子生成演算子：$\hat{a}_a^+$　　粒子消滅演算子：$\hat{a}_a$

（II）　N　積

正孔・粒子の生成・消滅演算子からなる積のうち，すべての正孔・粒子生成演算子の右側にすべての正孔・粒子消滅演算子がある場合を粒子-正孔形式のN積という．

（III）　縮　約

$$\overbrace{\hat{a}_i^+\hat{a}_j}=\hat{a}_i^+\hat{a}_j-N[\hat{a}_i^+\hat{a}_j]=\hat{a}_i^+\hat{a}_j+\hat{a}_j\hat{a}_i^+=\delta_{ij} \tag{2.25}$$

$$\overbrace{\hat{a}_a\hat{a}_b^+}=\hat{a}_a\hat{a}_b^+-N[\hat{a}_a\hat{a}_b^+]=\hat{a}_a\hat{a}_b^++\hat{a}_b^+\hat{a}_a=\delta_{ab} \tag{2.26}$$

ここで，$N[\cdots]$ は，Fermi 真空に対するN積を表す記号であり，括弧内の演算子は厳密に反交換関係を満たす．その他の縮約は，すべてゼロである．

（IV）　Wick の定理

任意の生成・消滅演算子の積は，何組かの演算子の縮約と残りの演算子のN積の線形結合で表される．

$$ABC\cdots XYZ=N[ABC\cdots XYZ]+\sum_{\text{singles}}N[\overbrace{AB}C\cdots XYZ] + \sum_{\text{doubles}}N[\overbrace{AB}\overbrace{C\cdots X}YZ]+\cdots \tag{2.27}$$

式(2.26)の粒子に対する縮約では，真の真空状態の場合と同様，消滅演算子と生成演算子という順の場合のみ非ゼロである．一方，式(2.25)の正孔に対する縮約では，真の真空状態の場合と異なり，生成演算子と消滅演算子という順の場合のみ非ゼロであることに注意されたい．ただ，これは正孔消滅演算子と正孔生成演算子という順になっていると考えると理解しやすいであろう．占有軌道 ψ_i と仮想軌道 ψ_a に対する Kronecker のデルタ δ_{ia} は常にゼロなので，正孔生成・消滅演算子と粒子生成・消滅演算子の間の縮約はどのような順でもすべてゼロである．

2.4　N積型ハミルトニアン

式(2.2)のハミルトニアンは，真の真空状態に対するN積で表されている．そこで，Fermi 真空状態に対するN積への変換を考えみよう．Wick の定理を用いると，

1電子項は次のように変形できる.

$$\hat{a}_p^+\hat{a}_q=N[\hat{a}_p^+\hat{a}_q]+N[\overline{\hat{a}_p^+\hat{a}_q}]=N[\hat{a}_p^+\hat{a}_q]+\delta_{pq}^{\mathrm{occ}} \tag{2.28}$$

ここで, $\delta_{pq}^{\mathrm{occ}}$ の上付き文字 occ は, スピン軌道 $\{\psi_p, \psi_q\}$ が占有軌道の場合のみ Kronecker のデルタとなり, その他, すなわち, 仮想軌道の場合はゼロとなることを意味している. これは Fermi 真空に対する縮約の規則［式(2.25), (2.26)］から来ている. 最終的には, 1電子項は次のようになる.

$$\sum_{p,q}h_q^p\hat{a}_p^+\hat{a}_q=\sum_{p,q}h_q^p\{N[\hat{a}_p^+\hat{a}_q]+\delta_{pq}^{\mathrm{occ}}\}=\sum_{p,q}h_q^pN[\hat{a}_p^+\hat{a}_q]+\sum_i h_i^i \tag{2.29}$$

最後の変形では, $\delta_{pq}^{\mathrm{occ}}$ によって任意のスピン軌道 $\{\psi_p, \psi_q\}$ に対する和が占有軌道 ψ_i に対する和になっている.

同様に Wick の定理を用いると, 2電子項は次のように変形できる.

$$\begin{aligned}\hat{a}_p^+\hat{a}_q^+\hat{a}_s\hat{a}_r=&N[\hat{a}_p^+\hat{a}_q^+\hat{a}_s\hat{a}_r]+N[\overline{\hat{a}_p^+\hat{a}_q^+\hat{a}_s}\hat{a}_r]+N[\overline{\hat{a}_p^+\hat{a}_q^+\hat{a}_s\hat{a}_r}]+N[\hat{a}_p^+\overline{\hat{a}_q^+\hat{a}_s}\hat{a}_r]\\&+N[\hat{a}_p^+\overline{\hat{a}_q^+\hat{a}_s\hat{a}_r}]+N[\overline{\hat{a}_p^+\overline{\hat{a}_q^+\hat{a}_s}\hat{a}_r}]+N[\overline{\hat{a}_p^+\overline{\hat{a}_q^+\hat{a}_s}\hat{a}_r}]\\=&N[\hat{a}_p^+\hat{a}_q^+\hat{a}_s\hat{a}_r]-\delta_{ps}^{\mathrm{occ}}N[\hat{a}_q^+\hat{a}_r]+\delta_{pr}^{\mathrm{occ}}N[\hat{a}_q^+\hat{a}_s]+\delta_{qs}^{\mathrm{occ}}N[\hat{a}_p^+\hat{a}_r]\\&-\delta_{qr}^{\mathrm{occ}}N[\hat{a}_p^+\hat{a}_s]-\delta_{ps}^{\mathrm{occ}}\delta_{qr}^{\mathrm{occ}}+\delta_{pr}^{\mathrm{occ}}\delta_{qs}^{\mathrm{occ}}\end{aligned} \tag{2.30}$$

ここでも, Fermi 真空に対する縮約の規則［式(2.25), (2.26)］から $\delta_{ps}^{\mathrm{occ}}$ などが導かれている. 最終的には, 2電子項は次のようになる.

$$\begin{aligned}\frac{1}{4}\sum_{p,q,r,s}v_{rs}^{pq}\hat{a}_p^+\hat{a}_q^+\hat{a}_s\hat{a}_r=&\frac{1}{4}\sum_{p,q,r,s}v_{rs}^{pq}N[\hat{a}_p^+\hat{a}_q^+\hat{a}_s\hat{a}_r]-\frac{1}{4}\sum_i\sum_{q,r}v_{ri}^{iq}N[\hat{a}_q^+\hat{a}_r]+\frac{1}{4}\sum_i\sum_{q,s}v_{is}^{iq}N[\hat{a}_q^+\hat{a}_s]\\&+\frac{1}{4}\sum_i\sum_{p,r}v_{ri}^{pi}N[\hat{a}_p^+\hat{a}_r]-\frac{1}{4}\sum_i\sum_{p,s}v_{is}^{pi}N[\hat{a}_p^+\hat{a}_s]-\frac{1}{4}\sum_{i,j}v_{ji}^{ij}+\frac{1}{4}\sum_{i,j}v_{ij}^{ij}\\=&\frac{1}{4}\sum_{p,q,r,s}v_{rs}^{pq}N[\hat{a}_p^+\hat{a}_q^+\hat{a}_s\hat{a}_r]+\sum_i\sum_{p,q}v_{qi}^{pi}N[\hat{a}_p^+\hat{a}_q]+\frac{1}{2}\sum_{i,j}v_{ij}^{ij}\end{aligned} \tag{2.31}$$

最後の変形では, 適宜引数 $\{r, s\}$ を $\{p, q\}$ に置き換え, 式(2.4)の関係を用いている. $\delta_{pq}^{\mathrm{occ}}$ によって任意のスピン軌道 $\{\psi_p, \psi_q\}$ に対する和が占有軌道 ψ_i に対する和になっている.

1電子項と2電子項をまとめると, 次のように整理できる.

$$\begin{aligned}\hat{H}=&\sum_{p,q}h_q^p\hat{a}_p^+\hat{a}_q+\frac{1}{4}\sum_{p,q,r,s}v_{rs}^{pq}\hat{a}_p^+\hat{a}_q^+\hat{a}_s\hat{a}_r\\=&\left(\sum_i h_i^i+\frac{1}{2}\sum_{i,j}v_{ij}^{ij}\right)+\left(\sum_{p,q}h_q^pN[\hat{a}_p^+\hat{a}_q]+\sum_i\sum_{p,q}v_{qi}^{pi}N[\hat{a}_p^+\hat{a}_q]\right)+\frac{1}{4}\sum_{p,q,r,s}v_{rs}^{pq}N[\hat{a}_p^+\hat{a}_q^+\hat{a}_s\hat{a}_r]\\=&\langle\Phi_0|\hat{H}|\Phi_0\rangle+\sum_{p,q}f_q^pN[\hat{a}_p^+\hat{a}_q]+\frac{1}{4}\sum_{p,q,r,s}v_{rs}^{pq}N[\hat{a}_p^+\hat{a}_q^+\hat{a}_s\hat{a}_r]\end{aligned} \tag{2.32}$$

式(2.32) 3行目の第1項は HF エネルギーである. 第2項の f_q^p は Fock 演算子 $\hat{f}$ のスピン軌道 ψ_p と ψ_q に対する積分である. 式(2.32)の第2項と第3項, すなわち,

1 電子項と 2 電子項を次のように $\hat{F}_N$ と $\hat{V}_N$ で表す．

$$\hat{F}_N=\sum_{p,q}f_q^pN[\hat{a}_p^+\hat{a}_q] \tag{2.33}$$

$$\hat{V}_N=\frac{1}{4}\sum_{p,q,r,s}v_{rs}^{pq}N[\hat{a}_p^+\hat{a}_q^+\hat{a}_s\hat{a}_r] \tag{2.34}$$

これらをまとめて $\hat{H}_N$ と表すと，

$$\begin{aligned}\hat{H}_N&=\hat{F}_N+\hat{V}_N\\&=\hat{H}-\langle\Phi_0|\hat{H}|\Phi_0\rangle\end{aligned} \tag{2.35}$$

となる．式(2.35)で表されるハミルトニアンを N 積型ハミルトニアン（normal-ordered Hamiltonian）と呼ぶ．式(2.35) 2 行目の第 2 項は HF エネルギーにほかならない．つまり，N 積型ハミルトニアンは全エネルギーを与えるのではなく，全エネルギーと HF エネルギーの差，すなわち，相関エネルギー E_{corr} を与えることに注意されたい．

最後に，N 積型ハミルトニアンの HF 波動関数，すなわち，Fermi 真空状態に対する期待値を示す．

$$\langle\Phi_0|\hat{F}_N|\Phi_0\rangle=\sum_{p,q}f_q^p\langle\Phi_0|N[\hat{a}_p^+\hat{a}_q]|\Phi_0\rangle=0 \tag{2.36}$$

$$\langle\Phi_0|\hat{V}_N|\Phi_0\rangle=\frac{1}{4}\sum_{p,q,r,s}v_{rs}^{pq}\langle\Phi_0|N[\hat{a}_p^+\hat{a}_q^+\hat{a}_s\hat{a}_r]|\Phi_0\rangle=0 \tag{2.37}$$

これらは，「N 積で表された生成・消滅演算子の真空状態に対する期待値は，最初に消滅演算子が真空状態に作用するため必ずゼロとなる」という原則から当然の結果である．式(2.36)と(2.37)をまとめると，次式が得られる．

$$\langle\Phi_0|\hat{H}_N|\Phi_0\rangle=\langle\Phi_0|\hat{F}_N+\hat{V}_N|\Phi_0\rangle=0 \tag{2.38}$$

先に述べた通り N 積型ハミルトニアンは相関エネルギーを与えるので，HF 波動関数に対する相関エネルギーはゼロとなるという当然の事実を式(2.38)は表している．

コラム 量子ゲート

量子ビットは量子ゲート（quantum gate）を通過すると，状態 $|0\rangle$ と $|1\rangle$ の重なり度合いに対応する複素確率振幅 $\{c_0, c_1\}$ が変化する（表 2.1）．たとえば，Hadamard（アダマール）ゲート（Hadamard gate）を用いると Bloch 球の Z 軸の $|0\rangle$ と $|1\rangle$ はそれぞれ X 軸の $|+\rangle$ と $|-\rangle$ に変換される．量子ビットは測定により複素確率振幅 $\{c_0, c_1\}$ に従ってある一つの量子状態に収束する．通常，測定を繰り返すことで，目的の演算の解を期待値として算出する．

量子コンピュータを用いて多電子系に対する量子化学計算を行う場合，個々のスピン軌道（たとえば，HF スピン軌道）を量子ビットに対応させる**直接マッピング**（direct mapping）法がよく用いられる．所望の演算に対応する量子ゲートを準備して，各スピン軌道の占有数を変化させる．ただし，量子ゲートの操作はいずれもユニタリー変換なので，全電子数は一定に保たれる．最後に量子ビットの測定を行い，所望の物理量を求めることができる．

表 2.1 量子ゲート

名　称	量子回路の表記	行列表現	演　算
Hadamard (H_d)	H_d	$\frac{1}{\sqrt{2}}\begin{pmatrix}1 & 0\\ 0 & -1\end{pmatrix}$	重ね合わせ
Pauli-X	X	$\begin{pmatrix}0 & 1\\ 1 & 0\end{pmatrix}$	ビット反転
Pauli-Y	Y	$\begin{pmatrix}0 & -\mathrm{i}\\ \mathrm{i} & 0\end{pmatrix}$	位相・ビット反転
Pauli-Z	Z	$\begin{pmatrix}1 & 0\\ 0 & -1\end{pmatrix}$	位相反転
$R_X(\theta)$	$R_X(\theta)$	$\begin{pmatrix}\cos(\theta/2) & -\mathrm{i}\sin(\theta/2)\\ \mathrm{i}\sin(\theta/2) & \cos(\theta/2)\end{pmatrix}$	
$R_Y(\theta)$	$R_Y(\theta)$	$\begin{pmatrix}\cos(\theta/2) & -\sin(\theta/2)\\ \sin(\theta/2) & \cos(\theta/2)\end{pmatrix}$	
$R_Z(\theta)$	$R_Z(\theta)$	$\begin{pmatrix}\exp(-\mathrm{i}\theta/2) & 0\\ 0 & \exp(\mathrm{i}\theta/2)\end{pmatrix}$	
CNOT		$\begin{pmatrix}1 & 0 & 0 & 0\\ 0 & 1 & 0 & 0\\ 0 & 0 & 0 & 1\\ 0 & 0 & 1 & 0\end{pmatrix}$	量子もつれ
Measurement			測定

2.5　スピンの第二量子化

前節までの第二量子化された演算子はすべてスピン軌道を用いて定義されていた．スピン軌道 $\psi_p(\boldsymbol{x})$ は，空間軌道 $\varphi_p^\sigma(\boldsymbol{r})$ とスピン関数 $\sigma(\omega)$（$\alpha(\omega)$ または $\beta(\omega)$）を用いて次のように表される．

$$\psi_p(\boldsymbol{x})=\psi_p(\boldsymbol{r},\omega)=\varphi_p^\sigma(\boldsymbol{r})\sigma(\omega) \tag{2.39}$$

式(2.39)は，α スピンと β スピンの電子が占有する空間軌道に制限をつけていない非制限 HF（unrestricted HF：UHF）法に対応するが，制限 HF（restricted HF：RHF）法では $\varphi_p^\alpha(\boldsymbol{r})$ と $\varphi_p^\beta(\boldsymbol{r})$ が等しいので空間軌道は単に $\varphi_p(\boldsymbol{r})$ と表す（『手で解く量子化学 I』 4 章および 5 章参照）．簡単のため，式(2.39)ではスピン軌道と空間軌道で同じラベル p を用いているが，実際にはスピン関数があるため異なるラベルとなることに注意が必要である．

第二量子化においてスピンを明示するために，空間軌道を表すラベル $\{p,q\}$ とスピン関数を表すラベル $\{\sigma,\tau\}$ を合わせた複合ラベル $\{p\sigma,q\tau\}$ を用いる．たとえば，生成・消滅演算子は $\hat{a}_{p\sigma}^+$，$\hat{a}_{q\tau}$ などと表記し，式(1.28)の生成・消滅演算子の反交換関係は次式のようになる．

$$[\hat{a}_{p\sigma}^+,\hat{a}_{q\tau}]_+=\delta_{pq}\delta_{\sigma\tau} \tag{2.40}$$

さらに，次式のような一重項置換演算子（singlet substitution operator）

$$\hat{E}_q^p=\hat{a}_{p\alpha}^+\hat{a}_{q\alpha}+\hat{a}_{p\beta}^+\hat{a}_{q\beta} \tag{2.41}$$

を定義すると，スピン非依存ハミルトニアン（spin-independent Hamiltonian あるいは spin-free Hamiltonian）は次式で与えられる．

$$\hat{H}=\sum_{p,q}h_q^p\hat{E}_q^p+\frac{1}{4}\sum_{p,q,r,s}v_{rs}^{pq}(\hat{E}_r^p\hat{E}_s^q-\delta_{qr}\hat{E}_s^p) \tag{2.42}$$

式(2.41)の一重項置換演算子と式(2.5)の 1 電子置換演算子はともに $\hat{E}_q^p$ と表されているが，それぞれのラベルは空間軌道とスピン軌道の違いがあることに注意が必要である．したがって，式(2.42)は式(2.7)とまったく同じように見えるが，1 電子積分 h_q^p と 2 電子積分 v_{rs}^{pq} はそれぞれ次式のように空間軌道で定義されている．

$$h_q^p=\langle\varphi_p|\hat{h}|\varphi_q\rangle \tag{2.43}$$

$$v_{rs}^{pq}=\langle\varphi_p\varphi_q||\varphi_r\varphi_s\rangle \tag{2.44}$$

【演習問題 2.1】　1 電子積分 h_q^p および 2 電子積分 v_{rs}^{pq} の定義に注意して，式(2.7)から式(2.42)を導け．

スピン角運動量演算子（spin angular momentum operator）$\hat{\boldsymbol{S}}$ はベクトル演算子 $\{\hat{S}_x, \hat{S}_y, \hat{S}_z\}$ であり，その 2 乗は**上昇演算子**（raising operator）$\hat{S}_+$ および**下降演算子**（lowering operator）$\hat{S}_-$ を用いて次のように表すことができる（『手で解く量子化学 I』1.9 節参照）．

$$\hat{\boldsymbol{S}}^2 = \hat{S}_x^2 + \hat{S}_y^2 + \hat{S}_z^2 = \hat{S}_-\hat{S}_+ + \hat{S}_z + \hat{S}_z^2 \tag{2.45}$$

式(2.41)ではスピン関数について和を取ることにより，スピンに依存しない演算子を定義した．逆に，すべての空間軌道に対する和を取ることでスピンのみに依存する演算子を定義することができる．

$$\hat{S}_+ = \sum_p \hat{a}_{p\alpha}^+ \hat{a}_{p\beta} \tag{2.46}$$

$$\hat{S}_- = \sum_p \hat{a}_{p\beta}^+ \hat{a}_{p\alpha} \tag{2.47}$$

$$\hat{S}_z = \frac{1}{2}\sum_p (\hat{a}_{p\alpha}^+ \hat{a}_{p\alpha} - \hat{a}_{p\beta}^+ \hat{a}_{p\beta}) \tag{2.48}$$

α スピンと β スピンの電子がそれぞれ N_α 個と N_β 個占有した**制限開殻 HF**（restricted open HF：ROHF）**波動関数**に対して，スピン角運動量演算子の 2 乗 $\hat{\boldsymbol{S}}^2$ の期待値は次のように求めることができる．

$$\langle \Phi_0^{\mathrm{ROHF}} | \hat{S}_-\hat{S}_+ | \Phi_0^{\mathrm{ROHF}} \rangle = \sum_{p,q} \langle \Phi_0^{\mathrm{ROHF}} | \hat{a}_{p\beta}^+ \hat{a}_{p\alpha} \hat{a}_{q\alpha}^+ \hat{a}_{q\beta} | \Phi_0^{\mathrm{ROHF}} \rangle = 0 \tag{2.49}$$

$$\langle \Phi_0^{\mathrm{ROHF}} | \hat{S}_z | \Phi_0^{\mathrm{ROHF}} \rangle = \frac{1}{2}\sum_{p,q} \langle \Phi_0^{\mathrm{ROHF}} | \hat{a}_{p\alpha}^+ \hat{a}_{p\alpha} - \hat{a}_{q\beta}^+ \hat{a}_{q\beta} | \Phi_0^{\mathrm{ROHF}} \rangle = \frac{1}{2}(N_\alpha - N_\beta) \tag{2.50}$$

よって，

$$\langle \Phi_0^{\mathrm{ROHF}} | \hat{\boldsymbol{S}}^2 | \Phi_0^{\mathrm{ROHF}} \rangle = \frac{1}{2}(N_\alpha - N_\beta)\left\{\frac{1}{2}(N_\alpha - N_\beta) + 1\right\} \tag{2.51}$$

【演習問題 2.2】　式(2.49)～(2.51)が成り立つことを確かめよ．

3

第二量子化による電子相関法

配置間相互作用や結合クラスター法，多体摂動論などの電子相関法に対する作業方程式には，励起配置間に対する複雑なハミルトニアン行列要素の計算が必要となる．それらのハミルトニアン行列要素は，Slater−Condon 則だけでは計算が困難である．本章では，前章までに導入した第二量子化を用いると，系統的にハミルトニアン行列要素が求められることを見ていく．

3.1 励起演算子

電子相関（electron correlation）を取り込むには，HF 配置に加えて励起配置を考慮する必要がある．励起配置は HF 波動関数などの参照配置に**励起演算子**（excitation operator）$\hat{\tau}$ を作用させて導かれる．ここでは，励起演算子に関する事項（『手で解く量子化学 II』3.1 節参照）を，第二量子化の手法，すなわち，あらわに生成・消滅演算子を用いて再定義する．

励起演算子

1 電子励起演算子：$\hat{\tau}_i^a = \hat{a}_a^+ \hat{a}_i$ (3.1)

2 電子励起演算子：$\hat{\tau}_{ij}^{ab} = \hat{a}_a^+ \hat{a}_b^+ \hat{a}_j \hat{a}_i$ (3.2)

多電子励起演算子：$\hat{\tau}_{ijk\cdots}^{abc\cdots} = \hat{a}_a^+ \hat{a}_b^+ \hat{a}_c^+ \cdots \hat{a}_k \hat{a}_j \hat{a}_i$ (3.3)

励起演算子は 2.1 節で述べた置換演算子の特別な場合であると考えられる．置換演算子に含まれる生成・消滅演算子は，任意のスピン軌道に対応していたが，励起演算子に含まれる生成演算子と消滅演算子はそれぞれ HF 状態の仮想スピン軌道と占有スピン軌道である．つまり，励起演算子に含まれる生成演算子と消滅演算子は，Fermi 真空に対しては粒子および正孔の生成演算子である．したがって，励起演算子は Fermi 真空に対して N 積となっている．励起演算子を用いると，1 電子，2 電子，多電子励起配置はそれぞれ次のように表される．

$$|\Phi_i^a\rangle=\hat{\tau}_i^a|\Phi_0\rangle=\hat{a}_a^+\hat{a}_i|\Phi_0\rangle \tag{3.4}$$

$$|\Phi_{ij}^{ab}\rangle=\hat{\tau}_{ij}^{ab}|\Phi_0\rangle=\hat{a}_a^+\hat{a}_b^+\hat{a}_j\hat{a}_i|\Phi_0\rangle \tag{3.5}$$

$$|\Phi_{ijk\cdots}^{abc\cdots}\rangle=\hat{\tau}_{ijk\cdots}^{abc\cdots}|\Phi_0\rangle=\hat{a}_a^+\hat{a}_b^+\hat{a}_c^+\cdots\hat{a}_k\hat{a}_j\hat{a}_i|\Phi_0\rangle \tag{3.6}$$

配置間相互作用（configuration interaction：CI）法では，HF 配置と上記のような励起配置の線形結合により波動関数を記述する（『手で解く量子化学 II』1.3 節参照）．CI 波動関数は，励起演算子を用いると次式のように表される．

$$|\Psi^{\mathrm{CI}}\rangle=(C_0+\hat{C})|\Phi_0\rangle \tag{3.7}$$

ただし，C_0 は HF 配置に対する CI 係数である．ここで，$\hat{C}$ は次式で表される CI 励起演算子である．

$$\hat{C}=\hat{C}_1+\hat{C}_2+\cdots+\hat{C}_n+\cdots \tag{3.8}$$

$$\hat{C}_1=\sum_{i,a}C_i^a\hat{\tau}_i^a=\sum_{i,a}C_i^a\hat{a}_a^+\hat{a}_i \tag{3.9}$$

$$\hat{C}_2=\frac{1}{4}\sum_{i,j,a,b}C_{ij}^{ab}\hat{\tau}_{ij}^{ab}=\frac{1}{4}\sum_{i,j,a,b}C_{ij}^{ab}\hat{a}_a^+\hat{a}_b^+\hat{a}_j\hat{a}_i \tag{3.10}$$

$$\hat{C}_n=\left(\frac{1}{n!}\right)^2\sum_{\substack{i,j,\cdots\\a,b,\cdots}}C_{ij\cdots}^{ab\cdots}\hat{\tau}_{ij\cdots}^{ab\cdots}=\left(\frac{1}{n!}\right)^2\sum_{\substack{i,j,\cdots\\a,b,\cdots}}C_{ij\cdots}^{ab\cdots}\hat{a}_a^+\hat{a}_b^+\hat{a}_c^+\cdots\hat{a}_k\hat{a}_j\hat{a}_i \tag{3.11}$$

励起演算子には次に示す重要な性質がある．

励起演算子の性質

合成：$\hat{\tau}_{ij}^{ab}=\hat{\tau}_i^a\hat{\tau}_j^b$　(3.12)

交換関係：$\hat{\tau}_i^a\hat{\tau}_j^b=\hat{\tau}_j^b\hat{\tau}_i^a$　(3.13)

反交換関係：$\hat{\tau}_{ij}^{ab}=-\hat{\tau}_{ji}^{ab}=-\hat{\tau}_{ij}^{ba}=\hat{\tau}_{ji}^{ba}$　(3.14)

生成・消滅演算子は可換でない．一方，励起演算子は生成・消滅演算子から構成されるが，式(3.13)のように可換である．これより励起演算子はあたかも通常の変数のように式変形が可能である．

【演習問題 3.1】 励起演算子の性質［式(3.12)～(3.14)］がそれぞれ成り立つことを，生成・消滅演算子の交換関係を用いて示せ．

3.2　一般化 Wick の定理

CI 法では，HF 配置と種々の励起配置に対するハミルトニアンの行列要素が必要となる（『手で解く量子化学 II』1,2 章参照）．以下にいくつかの例を示す．

配置間の行列要素

$$\langle \Phi_0 | \hat{H}_N | \Phi_i^a \rangle = f_i^a = 0$$

$$[\because \text{Brillouin（ブリルアン）の定理（Brillouin's theorem)}] \quad (3.15)$$

$$\langle \Phi_0 | \hat{H}_N | \Phi_{ij}^{ab} \rangle = v_{ab}^{ij} \quad (3.16)$$

$$\langle \Phi_0 | \hat{H}_N | \Phi_{ijk}^{abc} \rangle = 0 \quad (3.17)$$

$$\langle \Phi_i^a | \hat{H}_N | \Phi_j^b \rangle = f_b^a \delta_{ij} - f_i^j \delta_{ab} + v_{ib}^{aj} \quad (3.18)$$

$$\begin{aligned}\langle \Phi_i^a | \hat{H}_N | \Phi_{jk}^{bc} \rangle &= -f_b^k \delta_{ij} \delta_{ac} + f_c^k \delta_{ij} \delta_{ab} + f_b^j \delta_{ik} \delta_{ac} - f_c^j \delta_{ik} \delta_{ab} + v_{bc}^{ak} \delta_{ij} - v_{bc}^{aj} \delta_{ik} - v_{ic}^{jk} \delta_{ab} + v_{ib}^{jk} \delta_{ac} \\ &= v_{bc}^{ak} \delta_{ij} - v_{bc}^{aj} \delta_{ik} - v_{ic}^{jk} \delta_{ab} + v_{ib}^{jk} \delta_{ac} \quad (\because \text{Brillouin の定理})\end{aligned} \quad (3.19)$$

行列要素を第二量子化の手法により求める際には，ブラ状態，ケット状態，そして，ハミルトニアンに対応する生成・消滅演算子の積が現れる．粒子–正孔形式では電子数に対する直接的な煩雑さはなくなるが，多電子励起ほど生成・消滅演算子の積は長くなる．この場合，次の一般化 Wick の定理（generalized Wick's theorem）が有用となる．

一般化 Wick の定理（generalized Wick's theorem）

N 積同士の積は，それぞれの N 積にある生成・消滅演算子間の縮約をとり，残りの演算子については N 積にしたものの線形結合で表される．

$$\begin{aligned} N[ABC\cdots]N[XYZ\cdots] &= N[ABC\cdots XYZ\cdots] + \sum_{\text{singles}} N[\overbrace{ABC\cdots X}YZ\cdots] \\ &+ \sum_{\text{doubles}} N[\overbrace{AB C\cdots XY}Z\cdots] + \cdots \end{aligned} \quad (3.20)$$

この一般化 Wick の定理は，真の真空状態に対する N 積についても成り立つ．

一般化 Wick の定理を用いて，式(3.15)～(3.18)の行列要素を求めていこう．まず式(3.15)について考える．行列要素を求める前に，N 積型ハミルトニアン $\hat{H}_N$ が 1 電子励起配置 $|\Phi_i^a\rangle$ に作用する部分を考える．式(2.33)の 1 電子演算子 $\hat{F}_N$ の作用は，一般化 Wick の定理を用いると，次のような線形結合で表される．

$$\hat{F}_N|\Phi_i^a\rangle=\sum_{p,q} f_q^p (N[\hat{a}_p^+\hat{a}_q\hat{a}_a^+\hat{a}_i]+N[\overline{\hat{a}_p^+\hat{a}_q\hat{a}_a^+\hat{a}_i}]+N[\hat{a}_p^+\overline{\hat{a}_q\hat{a}_a^+}\hat{a}_i]+N[\overline{\hat{a}_p^+\overline{\hat{a}_q\hat{a}_a^+}\hat{a}_i}])|\Phi_0\rangle \tag{3.21}$$

さらに，任意の軌道の組 $\{\psi_p, \psi_q\}$ は，占有軌道同士の組 $\{\psi_j, \psi_k\}$，占有軌道と仮想軌道の組 $\{\psi_j, \psi_b\}$，仮想軌道と占有軌道の組 $\{\psi_b, \psi_j\}$，仮想軌道同士の組 $\{\psi_b, \psi_c\}$ の 4 通りが考えられる．それぞれの場合について，縮約が非ゼロとなること，N 積の中が Fermi 真空状態に対する生成演算子，つまり，正孔消滅演算子か粒子生成演算子のみであることを考慮すると，次式が得られる．

$$\hat{F}_N|\Phi_i^a\rangle=\sum_{j,b} f_j^b N[\hat{a}_b^+\hat{a}_j]|\Phi_i^a\rangle-\sum_k f_k^i|\Phi_k^a\rangle+\sum_b f_a^b|\Phi_i^b\rangle+f_a^i|\Phi_0\rangle \tag{3.22}$$

【演習問題 3.2】　式(3.22)を導け．

式(3.22)を用いると，1 電子項の行列要素は容易に得られる．

$$\langle\Phi_0|\hat{F}_N|\Phi_i^a\rangle=f_a^i \tag{3.23}$$

上記では，まず 1 電子演算子 $\hat{F}_N$ を HF 配置に作用させ一般化 Wick の定理で展開した後，行列要素を求めた．行列要素のみが必要な場合，次のように最初から完全縮約のみを考えればよい．

$$\begin{aligned}\langle\Phi_0|\hat{F}_N|\Phi_i^a\rangle&=\sum_{p,q} f_q^p\langle\Phi_0|N[\overline{\hat{a}_p^+\overline{\hat{a}_q]N[\hat{a}_a^+}\hat{a}_i}]|\Phi_0\rangle\\&=\sum_{p,q} f_q^p\delta_{pi}\delta_{qa}=f_a^i(=f_i^a)\end{aligned} \tag{3.24}$$

式(3.24)では，一般化 Wick の定理に従って，ハミルトニアンに対する生成・消滅演算子と励起演算子に対する生成・消滅演算子との間の縮約のみを考慮している．このことを明示的に表すために，本来の N 積である $N[\hat{a}_p^+\hat{a}_q\hat{a}_a^+\hat{a}_i]$ とせずに，$N[\hat{a}_p^+\hat{a}_q]N[\hat{a}_a^+\hat{a}_i]$ のままにした．これは完全縮約の場合のみ正しいことに注意が必要である．

次に 2 電子項については，次式のようにハミルトニアンに対する生成・消滅演算子の組が 2 組，励起演算子に対する生成・消滅演算子が 1 組なので，これらを結ぶ完全縮約は不可能である．

$$\langle \Phi_0 | \hat{V}_N | \Phi_i^a \rangle = \frac{1}{4} \sum_{p,q,r,s} v_{rs}^{pq} \langle \Phi_0 | N[\hat{a}_p^+ \hat{a}_q^+ \hat{a}_s \hat{a}_r] N[\hat{a}_a^+ \hat{a}_i] | \Phi_0 \rangle$$
$$= 0 \qquad (3.25)$$

式(3.24), (3.25)より式(3.15)が導かれる．式(3.15)の最後の等号は，仮想スピン軌道 ψ_a と占有スピン軌道 ψ_i の間の Fock 行列はゼロという Brillouin の定理による．

式(3.16)の 1 電子項では，ハミルトニアンに対する生成・消滅演算子が 1 組，励起演算子に対する生成・消滅演算子が 2 組なので，これらを結ぶ完全縮約は不可能である．

$$\langle \Phi_0 | \hat{F}_N | \Phi_{ij}^{ab} \rangle = \sum_{p,q} f_q^p \langle \Phi_0 | N[\hat{a}_p^+ \hat{a}_q] N[\hat{a}_a^+ \hat{a}_b^+ \hat{a}_j \hat{a}_i] | \Phi_0 \rangle = 0 \qquad (3.26)$$

式(3.16)の 2 電子項では，ハミルトニアンと励起演算子に対する生成・消滅演算子がともに 2 組なので，次のように完全縮約をとることができる．

$$\langle \Phi_0 | \hat{V}_N | \Phi_{ij}^{ab} \rangle = \frac{1}{4} \sum_{p,q,r,s} v_{rs}^{pq} \langle \Phi_0 | N[\hat{a}_p^+ \hat{a}_q^+ \hat{a}_s \hat{a}_r] N[\hat{a}_a^+ \hat{a}_b^+ \hat{a}_j \hat{a}_i] | \Phi_0 \rangle$$
$$= \frac{1}{4} \sum_{p,q,r,s} v_{rs}^{pq} (N[\hat{a}_p^+ \hat{a}_q^+ \hat{a}_s \hat{a}_r] N[\hat{a}_a^+ \hat{a}_b^+ \hat{a}_j \hat{a}_i] + N[\hat{a}_p^+ \hat{a}_q^+ \hat{a}_s \hat{a}_r] N[\hat{a}_a^+ \hat{a}_b^+ \hat{a}_j \hat{a}_i]$$
$$+ N[\hat{a}_p^+ \hat{a}_q^+ \hat{a}_s \hat{a}_r] N[\hat{a}_a^+ \hat{a}_b^+ \hat{a}_j \hat{a}_i] + N[\hat{a}_p^+ \hat{a}_q^+ \hat{a}_s \hat{a}_r] N[\hat{a}_a^+ \hat{a}_b^+ \hat{a}_j \hat{a}_i])$$
$$= \frac{1}{4} \sum_{p,q,r,s} v_{rs}^{pq} (\delta_{pi}\delta_{qj}\delta_{ra}\delta_{sb} + \delta_{pj}\delta_{qi}\delta_{rb}\delta_{sa} - \delta_{pj}\delta_{qi}\delta_{ra}\delta_{sb} - \delta_{pi}\delta_{qj}\delta_{rb}\delta_{sa})$$
$$= \frac{1}{4} (v_{ab}^{ij} + v_{ba}^{ji} - v_{ab}^{ji} - v_{ba}^{ij}) = v_{ab}^{ij} \qquad (3.27)$$

最後の変形では，式(2.4)の関係式を用いた．式(3.26), (3.27)より式(3.16)が導かれる．

式(3.17)の 1 電子項では，ハミルトニアンに対する生成・消滅演算子が 1 組，励起演算子に対する生成・消滅演算子が 3 組なので，これらを結ぶ完全縮約は不可能である．

$$\langle \Phi_0 | \hat{F}_N | \Phi_{ijk}^{abc} \rangle = \sum_{p,q} f_q^p \langle \Phi_0 | N[\hat{a}_p^+ \hat{a}_q] N[\hat{a}_a^+ \hat{a}_b^+ \hat{a}_c^+ \hat{a}_k \hat{a}_j \hat{a}_i] | \Phi_0 \rangle = 0 \qquad (3.28)$$

式(3.17)の 2 電子項も，ハミルトニアンに対する生成・消滅演算子が 2 組，励起演算子に対する生成・消滅演算子が 3 組なので，これらを結ぶ完全縮約は不可能である．

$$\langle \Phi_0 | \hat{V}_N | \Phi_{ijk}^{abc} \rangle = \frac{1}{4} \sum_{p,q,r,s} v_{rs}^{pq} \langle \Phi_0 | N[\hat{a}_p^+ \hat{a}_q^+ \hat{a}_s \hat{a}_r] N[\hat{a}_a^+ \hat{a}_b^+ \hat{a}_c^+ \hat{a}_k \hat{a}_j \hat{a}_i] | \Phi_0 \rangle = 0 \qquad (3.29)$$

式(3.28), (3.29)より式(3.17)が導かれる．

式(3.18)の 1 電子項はもう少し複雑である．ハミルトニアンに対する生成・消滅演算子が 1 組，ブラ状態およびケット状態の励起演算子に対する生成・消滅演算子がそれぞれ 1 組なので，次のように完全縮約をとることができる.

$$
\begin{aligned}
\langle \Phi_i^a | \hat{F}_N | \Phi_j^b \rangle &= \sum_{p,q} f_q^p \langle \Phi_0 | N[\hat{a}_i^+ \hat{a}_a] N[\hat{a}_p^+ \hat{a}_q] N[\hat{a}_b^+ \hat{a}_j] | \Phi_0 \rangle \\
&= \sum_{p,q} f_q^p \left(N[\hat{a}_i^+ \hat{a}_a] N[\hat{a}_p^+ \hat{a}_q] N[\hat{a}_b^+ \hat{a}_j] + N[\hat{a}_i^+ \hat{a}_a] N[\hat{a}_p^+ \hat{a}_q] N[\hat{a}_b^+ \hat{a}_j] \right) \\
&= \sum_{p,q} f_q^p (\delta_{ij}\delta_{pa}\delta_{qb} - \delta_{ab}\delta_{pj}\delta_{qi}) = f_b^a \delta_{ij} - f_i^j \delta_{ab}
\end{aligned}
\tag{3.30}
$$

式(3.18)の 2 電子項では，ハミルトニアンに対する生成・消滅演算子が 2 組，ブラ状態およびケット状態の励起演算子に対する生成・消滅演算子がそれぞれ 1 組なので，次のように完全縮約をとることができる.

$$
\begin{aligned}
\langle \Phi_i^a | \hat{V}_N | \Phi_j^b \rangle &= \frac{1}{4} \sum_{p,q,r,s} v_{rs}^{pq} \langle \Phi_0 | N[\hat{a}_i^+ \hat{a}_a] N[\hat{a}_p^+ \hat{a}_q^+ \hat{a}_s \hat{a}_r] N[\hat{a}_b^+ \hat{a}_j] | \Phi_0 \rangle \\
&= \frac{1}{4} \sum_{p,q,r,s} v_{rs}^{pq} \left(N[\hat{a}_i^+ \hat{a}_a] N[\hat{a}_p^+ \hat{a}_q^+ \hat{a}_s \hat{a}_r] N[\hat{a}_b^+ \hat{a}_j] + N[\hat{a}_i^+ \hat{a}_a] N[\hat{a}_p^+ \hat{a}_q^+ \hat{a}_s \hat{a}_r] N[\hat{a}_b^+ \hat{a}_j] \right. \\
&\quad \left. + N[\hat{a}_i^+ \hat{a}_a] N[\hat{a}_p^+ \hat{a}_q^+ \hat{a}_s \hat{a}_r] N[\hat{a}_b^+ \hat{a}_j] + N[\hat{a}_i^+ \hat{a}_a] N[\hat{a}_p^+ \hat{a}_q^+ \hat{a}_s \hat{a}_r] N[\hat{a}_b^+ \hat{a}_j] \right) \\
&= \frac{1}{4} \sum_{p,q,r,s} v_{rs}^{pq} (-\delta_{pa}\delta_{qj}\delta_{rb}\delta_{si} + \delta_{pa}\delta_{qj}\delta_{ri}\delta_{sb} + \delta_{pj}\delta_{qa}\delta_{rb}\delta_{si} - \delta_{pj}\delta_{qa}\delta_{ri}\delta_{sb}) \\
&= \frac{1}{4} (-v_{bi}^{aj} + v_{ib}^{aj} + v_{bi}^{ja} - v_{ib}^{ja}) = v_{ib}^{aj}
\end{aligned}
\tag{3.31}
$$

式(3.30), (3.31)より式(3.18)が導かれる．**正準 HF 軌道**（canonical HF orbital）（『手で解く量子化学 I』3.3 節参照）に対する Fock 行列は対角化されている.

$$
f_q^p = \varepsilon_p \delta_{pq} \tag{3.32}
$$

この結果を用いると，式(3.18)は次のように書き換えることができる.

$$
\langle \Phi_i^a | \hat{H}_N | \Phi_j^b \rangle = (\varepsilon_a - \varepsilon_i) \delta_{ij} \delta_{ab} + v_{ib}^{aj} \tag{3.33}
$$

【演習問題 3.3】　一般化 Wick の定理を用いて，式(3.19)の行列要素を計算せよ.

3.3　結合クラスター法

結合クラスター（coupled cluster：CC）**法**は，指数関数型の励起演算子を用いることにより効率的に電子相関の効果を取り込み，**完全配置間相互作用**（full configuration interaction：FCI）解に近づける方法である（『手で解く量子化学 II』3.2 節参照）．CC 波動関数は，**クラスター演算子**（cluster operator）$\hat{T}$ を用いると次式のように表される．

$$|\Psi^{\mathrm{CC}}\rangle=\exp\hat{T}|\Phi_0\rangle \tag{3.34}$$

ここで，

$$\hat{T}=\hat{T}_1+\hat{T}_2+\hat{T}_3+\hat{T}_4+\cdots \tag{3.35}$$

さらにクラスター演算子は，クラスター振幅 t および励起演算子あるいは生成・消滅演算子を用いて，それぞれ次のように表される．

$$\hat{T}_1=\sum_{i,a}t_i^a\hat{\tau}_i^a=\sum_{i,a}t_i^a\hat{a}_a^+\hat{a}_i \tag{3.36}$$

$$\hat{T}_2=\left(\frac{1}{2}\right)^2\sum_{i,j,a,b}t_{ij}^{ab}\hat{\tau}_{ij}^{ab}=\frac{1}{4}\sum_{i,j,a,b}t_{ij}^{ab}\hat{a}_a^+\hat{a}_b^+\hat{a}_j\hat{a}_i \tag{3.37}$$

$$\hat{T}_3=\left(\frac{1}{3!}\right)^2\sum_{\substack{i,j,k\\a,b,c}}t_{ijk}^{abc}\hat{\tau}_{ijk}^{abc}=\frac{1}{36}\sum_{\substack{i,j,k\\a,b,c}}t_{ijk}^{abc}\hat{a}_a^+\hat{a}_b^+\hat{a}_c^+\hat{a}_k\hat{a}_j\hat{a}_i \tag{3.38}$$

$$\hat{T}_4=\left(\frac{1}{4!}\right)^2\sum_{\substack{i,j,k,l\\a,b,c,d}}t_{ijkl}^{abcd}\hat{\tau}_{ijkl}^{abcd}=\frac{1}{576}\sum_{\substack{i,j,k,l\\a,b,c,d}}t_{ijkl}^{abcd}\hat{a}_a^+\hat{a}_b^+\hat{a}_c^+\hat{a}_d^+\hat{a}_l\hat{a}_k\hat{a}_j\hat{a}_i \tag{3.39}$$

CC 法に対するN積型ハミルトニアンを用いた Schrödinger 方程式は，次のように表される．

$$\hat{H}_N\exp\hat{T}|\Phi_0\rangle=E_{\mathrm{corr}}^{\mathrm{CC}}\exp\hat{T}|\Phi_0\rangle \tag{3.40}$$

式(3.40)を HF 配置 $\langle\Phi_0|$ に射影すると，次式が得られる．

$$\langle\Phi_0|\hat{H}_N\exp\hat{T}|\Phi_0\rangle=E_{\mathrm{corr}}^{\mathrm{CC}} \tag{3.41}$$

さらに，励起配置 $\langle\Phi_{ijk\cdots}^{abc\cdots}|$ に射影すると，

$$\langle\Phi_{ijk\cdots}^{abc\cdots}|\hat{H}_N\exp\hat{T}|\Phi_0\rangle=E_{\mathrm{corr}}^{\mathrm{CC}}\langle\Phi_{ijk\cdots}^{abc\cdots}|\exp\hat{T}|\Phi_0\rangle \tag{3.42}$$

が得られる．一般に式(3.41)は**エネルギー方程式**（energy equation），式(3.42)は**振幅方程式**（amplitude equation）と呼ばれ，この連立方程式は**非連結型 CC 方程式**（unlinked CC equation）と呼ばれる．これは式(3.42)の右辺をダイアグラム表記するとエネルギーと行列要素が連結していない（unlinked）ことに由来する（コラム「非連結型 CC 方程式のダイアグラム」参照）．結果的に式(3.41)と式(3.42)にはともに振幅とエネルギーが現れるため，これらを連立して解く必要がある．

ハミルトニアンを **Baker-Campbell-Hausdorff**（ベーカー–キャンベル–ハウスドルフ）**展開**（BCH 展開）することにより，無限に続く指数関数型の励起演算子の寄与を**四重交換子**（quadruply nested commutator）の項までで打ち切ることができる．N積型ハミルトニアンに対する BCH 展開は，次のようになる．

$$\begin{aligned}\bar{H}_N&\equiv\exp(-\hat{T})\hat{H}_N\exp\hat{T}\\&=\hat{H}_N+[\hat{H}_N,\hat{T}]+\frac{1}{2}[[\hat{H}_N,\hat{T}],\hat{T}]+\frac{1}{3!}[[[\hat{H}_N,\hat{T}],\hat{T}],\hat{T}]\end{aligned}$$

$$+\frac{1}{4!}[[[[\hat{H}_N, \hat{T}], \hat{T}], \hat{T}], \hat{T}] \tag{3.43}$$

ここで，クラスター演算子 $\hat{T}$ 同士は交換するが，ハミルトニアン $\hat{H}_N$ とクラスター演算子 $\hat{T}$ は交換しないことに注意が必要である．

$$[\hat{T}, \hat{T}]=0 \tag{3.44}$$

$$[\hat{H}_N, \hat{T}]=\hat{H}_N\hat{T}-\hat{T}\hat{H}_N\neq 0 \tag{3.45}$$

式(3.43)のN積型BCH変換ハミルトニアンに対する連結型CC方程式（linked CC equation）は次式で表される．

連結型 CC 方程式

エネルギー方程式：　$\langle \Phi_0|\bar{H}_N|\Phi_0\rangle=E_{\mathrm{corr}}^{\mathrm{CC}}$ (3.46)

クラスター振幅方程式：$\langle \Phi_{ijk\cdots}^{abc\cdots}|\bar{H}_N|\Phi_0\rangle=0$ (3.47)

次にCC計算を行うための作業方程式を第二量子化の助けのもと導いていく．まず式(3.43)の交換子の展開を調べる．最初の $\hat{H}_N$ と $\hat{T}$ の交換子はそれぞれ式(2.35)および式(3.35)のように $\hat{F}_N, \hat{V}_N$ と $\hat{T}_1, \hat{T}_2, \cdots$ を用いて表されるので，次のような項に分解できる．

$$\begin{aligned}[\hat{H}_N, \hat{T}]&=[\hat{F}_N+\hat{V}_N, \hat{T}_1+\hat{T}_2+\cdots]\\&=[\hat{F}_N, \hat{T}_1]+[\hat{V}_N, \hat{T}_1]+[\hat{F}_N, \hat{T}_2]+[\hat{V}_N, \hat{T}_2]+\cdots\end{aligned} \tag{3.48}$$

式(3.48)の右辺第1項の交換子を展開すると，

$$[\hat{F}_N, \hat{T}_1]=\hat{F}_N\hat{T}_1-\hat{T}_1\hat{F}_N \tag{3.49}$$

となる．ここで，$\hat{F}_N$ および $\hat{T}_1$ はそれぞれ式(2.33)および式(3.36)のように生成・消滅演算子を用いて表される．$\hat{T}_1$ に含まれている生成・消滅演算子はすべてFermi真空に対する生成演算子なので，$\hat{T}_1$ はFermi真空に対するN積である．式(3.49)の右辺第1項は，一般化Wickの定理を用いると，縮約のない項，一つの縮約のある項，完全縮約の項の和に変形できる．

$$\begin{aligned}\hat{F}_N\hat{T}_1&=\sum_{p,q}\sum_{i,a}f_q^p t_i^a N[\hat{a}_p^+\hat{a}_q]N[\hat{a}_a^+\hat{a}_i]\\&=\sum_{p,q}\sum_{i,a}f_q^p t_i^a\{N[\hat{a}_p^+\hat{a}_q\hat{a}_a^+\hat{a}_i]+N[\overbrace{\hat{a}_p^+\hat{a}_q\hat{a}_a^+\hat{a}_i}]+N[\hat{a}_p^+\overbrace{\hat{a}_q\hat{a}_a^+}\hat{a}_i]+N[\overbrace{\hat{a}_p^+\overbrace{\hat{a}_q\hat{a}_a^+}\hat{a}_i}]\}\\&=\sum_{p,q}\sum_{i,a}f_q^p t_i^a\{N[\hat{a}_p^+\hat{a}_q\hat{a}_a^+\hat{a}_i]+\delta_{pi}N[\hat{a}_q\hat{a}_a^+]+\delta_{qa}N[\hat{a}_p^+\hat{a}_i]+\delta_{pi}\delta_{qa}\}\end{aligned} \tag{3.50}$$

一方，式(3.49)の右辺第2項は，非ゼロの縮約をとることはできないので，次のように変形できる．

$$\hat{T}_1\hat{F}_N=\sum_{p,q}\sum_{i,a}f_q^p t_i^a N[\hat{a}_a^+\hat{a}_i]N[\hat{a}_p^+\hat{a}_q]$$
$$=\sum_{p,q}\sum_{i,a}f_q^p t_i^a N[\hat{a}_p^+\hat{a}_q\hat{a}_a^+\hat{a}_i] \tag{3.51}$$

結局，式(3.49)は次式のようになる.

$$[\hat{F}_N,\hat{T}_1]=\sum_p\sum_{i,a}(f_p^i t_i^a N[\hat{a}_p\hat{a}_a^+]+f_a^p t_i^a N[\hat{a}_p^+\hat{a}_i])+\sum_{i,a}f_a^i t_i^a \tag{3.52}$$

この例から交換子には，縮約のない項は相殺し，縮約の項のみを残す性質があることがわかる．結果として，一つの交換子により生成・消滅演算子は最低 1 組少なくなる.

次に式(3.43)の右辺第 3 項にある**二重交換子**（doubly nested commutator）の展開を調べる．式(3.48)と同様に次のような項に分解できる.

$$\frac{1}{2}[[\hat{H}_N,\hat{T}],\hat{T}]=\frac{1}{2}[[\hat{F}_N+\hat{V}_N,\hat{T}_1+\hat{T}_2+\cdots],\hat{T}_1+\hat{T}_2+\cdots]$$
$$=\frac{1}{2}[[\hat{F}_N,\hat{T}_1],\hat{T}_1]+\frac{1}{2}[[\hat{V}_N,\hat{T}_1],\hat{T}_1]+[[\hat{F}_N,\hat{T}_1],\hat{T}_2]+[[\hat{V}_N,\hat{T}_1],\hat{T}_2]$$
$$+\frac{1}{2}[[\hat{F}_N,\hat{T}_2],\hat{T}_2]+\frac{1}{2}[[\hat{V}_N,\hat{T}_2],\hat{T}_2]+\cdots \tag{3.53}$$

式(3.53)の右辺第 1 項の交換子を展開すると,

$$\frac{1}{2}[[\hat{F}_N,\hat{T}_1],\hat{T}_1]=\frac{1}{2}\hat{F}_N\hat{T}_1^{\,2}-\hat{T}_1\hat{F}_N\hat{T}_1+\frac{1}{2}\hat{T}_1^{\,2}\hat{F}_N \tag{3.54}$$

となる．$\hat{F}_N$ および $\hat{T}_1$ はそれぞれ生成・消滅演算子を用いて表し，一般化 Wick の定理を用いると式(3.54)の右辺の三つの項はそれぞれ次のように変形できる.

$$\frac{1}{2}\hat{F}_N\hat{T}_1^{\,2}=\frac{1}{2}\sum_{p,q}\sum_{i,a}\sum_{j,b}f_q^p t_i^a t_j^b N[\hat{a}_p^+\hat{a}_q]N[\hat{a}_a^+\hat{a}_i]N[\hat{a}_b^+\hat{a}_j]$$
$$=\frac{1}{2}\sum_{p,q}\sum_{i,a}\sum_{j,b}f_q^p t_i^a t_j^b\{N[\hat{a}_p^+\hat{a}_q\hat{a}_a^+\hat{a}_i\hat{a}_b^+\hat{a}_j]+N[\hat{a}_p^+\hat{a}_q\hat{a}_a^+\hat{a}_i\hat{a}_b^+\hat{a}_j]+N[\hat{a}_p^+\hat{a}_q\hat{a}_a^+\hat{a}_i\hat{a}_b^+\hat{a}_j]$$
$$+N[\hat{a}_p^+\hat{a}_q\hat{a}_a^+\hat{a}_i\hat{a}_b^+\hat{a}_j]+N[\hat{a}_p^+\hat{a}_q\hat{a}_a^+\hat{a}_i\hat{a}_b^+\hat{a}_j]+N[\hat{a}_p^+\hat{a}_q\hat{a}_a^+\hat{a}_i\hat{a}_b^+\hat{a}_j]$$
$$+N[\hat{a}_p^+\hat{a}_q\hat{a}_a^+\hat{a}_i\hat{a}_b^+\hat{a}_j]+N[\hat{a}_p^+\hat{a}_q\hat{a}_a^+\hat{a}_i\hat{a}_b^+\hat{a}_j]+N[\hat{a}_p^+\hat{a}_q\hat{a}_a^+\hat{a}_i\hat{a}_b^+\hat{a}_j]\}$$
$$=\frac{1}{2}\sum_{p,q}\sum_{i,a}\sum_{j,b}f_q^p t_i^a t_j^b\{N[\hat{a}_p^+\hat{a}_q\hat{a}_a^+\hat{a}_i\hat{a}_b^+\hat{a}_j]+\delta_{pi}N[\hat{a}_q\hat{a}_a^+\hat{a}_b^+\hat{a}_j]+\delta_{pj}N[\hat{a}_q\hat{a}_a^+\hat{a}_i\hat{a}_b^+]$$
$$+\delta_{qa}N[\hat{a}_p^+\hat{a}_i\hat{a}_b^+\hat{a}_j]+\delta_{qb}N[\hat{a}_p^+\hat{a}_a^+\hat{a}_i\hat{a}_j]+\delta_{pi}\delta_{qa}N[\hat{a}_b^+\hat{a}_j]$$
$$-\delta_{pi}\delta_{qb}N[\hat{a}_a^+\hat{a}_j]+\delta_{pj}\delta_{qa}N[\hat{a}_i\hat{a}_b^+]+\delta_{pj}\delta_{qb}N[\hat{a}_a^+\hat{a}_i]\}$$
$$=\frac{1}{2}\sum_{i,a}\sum_{j,b}t_i^a t_j^b\left\{\sum_{p,q}f_q^p N[\hat{a}_p^+\hat{a}_q\hat{a}_a^+\hat{a}_i\hat{a}_b^+\hat{a}_j]+2\sum_q f_q^j N[\hat{a}_q\hat{a}_a^+\hat{a}_i\hat{a}_b^+]\right.$$
$$\left.+2\sum_p f_b^p N[\hat{a}_p^+\hat{a}_a^+\hat{a}_i\hat{a}_j]+2f_b^j N[\hat{a}_a^+\hat{a}_i]+2f_a^j N[\hat{a}_i\hat{a}_b^+]\right\} \tag{3.55}$$

$$
\begin{aligned}
\hat{T}_1\hat{F}_N\hat{T}_1 &= \sum_{p,q}\sum_{i,a}\sum_{j,b} f_q^p t_i^a t_j^b N[\hat{a}_a^+\hat{a}_i]N[\hat{a}_p^+\hat{a}_q]N[\hat{a}_b^+\hat{a}_j] \\
&= \sum_{p,q}\sum_{i,a}\sum_{j,b} f_q^p t_i^a t_j^b \{N[\hat{a}_a^+\hat{a}_i\hat{a}_p^+\hat{a}_q\hat{a}_b^+\hat{a}_j] + N[\hat{a}_a^+\hat{a}_i\overline{\hat{a}_p^+\hat{a}_q\hat{a}_b^+\hat{a}_j}] \\
&\quad + N[\hat{a}_a^+\hat{a}_i\hat{a}_p^+\overline{\hat{a}_q\hat{a}_b^+}\hat{a}_j] + N[\hat{a}_a^+\hat{a}_i\overline{\hat{a}_p^+\overline{\hat{a}_q\hat{a}_b^+}\hat{a}_j}] \\
&= \sum_{p,q}\sum_{i,a}\sum_{j,b} f_q^p t_i^a t_j^b \{N[\hat{a}_a^+\hat{a}_i\hat{a}_p^+\hat{a}_q\hat{a}_b^+\hat{a}_j] + \delta_{jp}N[\hat{a}_a^+\hat{a}_i\hat{a}_q\hat{a}_b^+] \\
&\quad + \delta_{bq}N[\hat{a}_a^+\hat{a}_i\hat{a}_p^+\hat{a}_j] + \delta_{jp}\delta_{bq}N[\hat{a}_a^+\hat{a}_i]\} \\
&= \sum_{i,a}\sum_{j,b} t_i^a t_j^b \left\{\sum_{p,q} f_q^p N[\hat{a}_a^+\hat{a}_i\hat{a}_p^+\hat{a}_q\hat{a}_b^+\hat{a}_j] + \sum_q f_q^j N[\hat{a}_a^+\hat{a}_i\hat{a}_q\hat{a}_b^+]\right. \\
&\quad \left. + \sum_p f_b^p N[\hat{a}_a^+\hat{a}_i\hat{a}_p^+\hat{a}_j] + f_b^j N[\hat{a}_a^+\hat{a}_i]\right\}
\end{aligned}
\tag{3.56}
$$

$$
\begin{aligned}
\frac{1}{2}\hat{T}_1{}^2\hat{F}_N &= \frac{1}{2}\sum_{p,q}\sum_{i,a}\sum_{j,b} f_q^p t_i^a t_j^b N[\hat{a}_a^+\hat{a}_i]N[\hat{a}_b^+\hat{a}_j]N[\hat{a}_p^+\hat{a}_q] \\
&= \frac{1}{2}\sum_{p,q}\sum_{i,a}\sum_{j,b} f_q^p t_i^a t_j^b N[\hat{a}_a^+\hat{a}_i\hat{a}_b^+\hat{a}_j\hat{a}_p^+\hat{a}_q]
\end{aligned}
\tag{3.57}
$$

上記の変形には添え字の交換やN積内における生成・消滅演算子の交換を適宜行っていることに注意が必要である．結局，式(3.54)は次式のようになる．

$$
\frac{1}{2}[[\hat{F}_N, \hat{T}_1], \hat{T}_1] = \sum_{i,a}\sum_{j,b} f_a^j t_i^a t_j^b N[\hat{a}_i\hat{a}_b^+] \tag{3.58}
$$

上記の $[\hat{F}_N, \hat{T}_1]$ および $(1/2)[[\hat{F}_N, \hat{T}_1], \hat{T}_1]$ の例から，交換子の一般的な性質を導くことができる．すなわち，BCH 展開により非ゼロとなる項は，ハミルトニアン $\hat{H}_N$ がその右側にあるクラスター $\hat{T}$ と少なくとも一つは縮約をもつ項のみである．つまり，一つの交換子により最低 1 組の生成・消滅演算子は少なくなる．いい換えると，ハミルトニアンの添え字 $\{p, q, r, s\}$ は，クラスター演算子の添え字 $\{i, a, j, b, \cdots\}$ のいずれか一つと一致しなければならない．この一般的な性質を用いると式(3.43)は次のように簡単化できる．

$$
\bar{H}_N = \left(\hat{H}_N + \hat{H}_N\hat{T} + \frac{1}{2}\hat{H}_N\hat{T}^2 + \frac{1}{3!}\hat{H}_N\hat{T}^3 + \frac{1}{4!}\hat{H}_N\hat{T}^4\right)_c \tag{3.59}
$$

ここで，右辺の添え字 c は，ハミルトニアンが右側にあるすべてのクラスターと縮約を通して接続されている（connected）ことを表している．

3.4　CCSD 法

本節ではさらに 2 電子励起演算子で打ち切る CCSD（CC singles and doubles）法に対して作業方程式を導出する．CCSD 法の場合，N 積型 BCH ハミルトニアンの表式(3.59)は次式で与えられる．

$$\bar{H}_N^{\mathrm{CCSD}}=\Big(\hat{H}_N+\hat{H}_N\hat{T}_1+\hat{H}_N\hat{T}_2+\frac{1}{2}\hat{H}_N\hat{T}_1{}^2+\frac{1}{2}\hat{H}_N\hat{T}_2{}^2+\hat{H}_N\hat{T}_1\hat{T}_2$$
$$+\frac{1}{6}\hat{H}_N\hat{T}_1{}^3+\frac{1}{2}\hat{H}_N\hat{T}_1{}^2\hat{T}_2+\frac{1}{2}\hat{H}_N\hat{T}_1\hat{T}_2{}^2+\frac{1}{6}\hat{H}_N\hat{T}_2{}^3$$
$$+\frac{1}{24}\hat{H}_N\hat{T}_1{}^4+\frac{1}{6}\hat{H}_N\hat{T}_1{}^3\hat{T}_2+\frac{1}{4}\hat{H}_N\hat{T}_1{}^2\hat{T}_2{}^2+\frac{1}{6}\hat{H}_N\hat{T}_1\hat{T}_2{}^3+\frac{1}{24}\hat{H}_N\hat{T}_2{}^4\Big)_{\mathrm{c}} \quad (3.60)$$

CCSD 法の相関エネルギーを与えるエネルギー方程式は，式(3.60)のハミルトニアンの参照配置，すなわち，Fermi 真空状態に対する期待値で与えられる．したがって，完全縮約の場合のみ非ゼロとなる．式(3.60)において，クラスター演算子に含まれる生成・消滅演算子の組の方がハミルトニアンに含まれる組より多い場合は完全縮約をつくることができない．たとえば，$(\hat{H}_N\hat{T}_1\hat{T}_2)_{\mathrm{c}}$ において $\hat{T}_1\hat{T}_2$ は生成・消滅演算子が 3 組あるが，ハミルトニアンには 1 電子演算子 $\hat{F}_N$ で 1 組，2 電子演算子 $\hat{V}_N$ でも 2 組である．$\hat{T}_1\hat{T}_2$ を参照配置に作用させると 3 電子励起配置が生成されることを考慮すると，この結果は Slater–Condon 則から得られる結論と一致する．つまり，参照配置 $\langle\Phi_0|$ と 3 電子励起配置 $\hat{T}_1\hat{T}_2|\Phi_0\rangle$ との間では 3 電子励起以上異なるので，ハミルトニアン行列要素がゼロとなる．結局，CCSD 法の相関エネルギーを与えるエネルギー方程式は，次式のような項に限定される．

$$E_{\mathrm{corr}}^{\mathrm{CCSD}}=\langle\Phi_0|\bar{H}_N^{\mathrm{CCSD}}|\Phi_0\rangle$$
$$=\Big\langle\Phi_0\Big|\Big(\hat{H}_N+\hat{H}_N\hat{T}_1+\hat{H}_N\hat{T}_2+\frac{1}{2}\hat{H}_N\hat{T}_1{}^2\Big)_{\mathrm{c}}\Big|\Phi_0\Big\rangle \quad (3.61)$$

ここからは式(3.61)右辺の各項を考えていく．まず第 1 項は，N 積型のハミルトニアンの Fermi 真空状態に対する期待値なのでゼロとなる．

$$\langle\Phi_0|\hat{H}_N|\Phi_0\rangle=0 \quad (3.62)$$

次に第 2 項はさらに 1 電子演算子 $\hat{F}_N$ と 2 電子演算子 $\hat{V}_N$ の項に分けられる．

$$\langle\Phi_0|(\hat{H}_N\hat{T}_1)_{\mathrm{c}}|\Phi_0\rangle=\langle\Phi_0|(\hat{F}_N\hat{T}_1)_{\mathrm{c}}|\Phi_0\rangle+\langle\Phi_0|(\hat{V}_N\hat{T}_1)_{\mathrm{c}}|\Phi_0\rangle \quad (3.63)$$

Fermi 真空状態に対する期待値は完全縮約の項のみ非ゼロである．1 電子演算子 $\hat{F}_N$ と 1 電子クラスター演算子 $\hat{T}_1$ の間には完全縮約の項はあるが，2 電子演算子 $\hat{V}_N$ との間には存在しない．結果として，式(3.63)は次のようになる．

$$\langle\Phi_0|(\hat{H}_N\hat{T}_1)_{\mathrm{c}}|\Phi_0\rangle=\langle\Phi_0|(\hat{F}_N\hat{T}_1)_{\mathrm{c}}|\Phi_0\rangle$$
$$=\sum_{p,q}\sum_{i,a}f_q^p t_i^a\langle\Phi_0|\delta_{pi}N[\hat{a}_q\hat{a}_a^+]+\delta_{qa}N[\hat{a}_p^+\hat{a}_i]+\delta_{pi}\delta_{qa}|\Phi_0\rangle$$
$$=\sum_{p,q}\sum_{i,a}f_q^p t_i^a\delta_{pi}\delta_{qa}$$
$$=\sum_{i,a}f_a^i t_i^a \quad (3.64)$$

ここで，参照配置が HF 波動関数の場合，Brillouin の定理より占有軌道 ψ_i と仮想軌道 ψ_a との間の Fock 行列の行列要素 f_a^i はゼロとなる．つまり，式(3.64)の寄与は消える．

第 3 項では，逆に 1 電子演算子 $\hat{F}_N$ と 2 電子クラスター演算子 $\hat{T}_2$ の間には完全縮約の項は存在しないが，2 電子演算子 $\hat{V}_N$ との間には存在する．

$$\begin{aligned}\langle\Phi_0|(\hat{H}_N\hat{T}_2)_c|\Phi_0\rangle &= \langle\Phi_0|(\hat{V}_N\hat{T}_2)_c|\Phi_0\rangle \\ &= \frac{1}{16}\sum_{p,q,r,s}\sum_{i,j,a,b} v_{rs}^{pq}t_{ij}^{ab}\langle\Phi_0|N[\hat{a}_p^+\hat{a}_q^+\hat{a}_s\hat{a}_r]N[\hat{a}_a^+\hat{a}_b^+\hat{a}_j\hat{a}_i] \\ &\quad +N[\hat{a}_p^+\hat{a}_q^+\hat{a}_s\hat{a}_r]N[\hat{a}_a^+\hat{a}_b^+\hat{a}_j\hat{a}_i]+N[\hat{a}_p^+\hat{a}_q^+\hat{a}_s\hat{a}_r]N[\hat{a}_a^+\hat{a}_b^+\hat{a}_j\hat{a}_i] \\ &\quad +N[\hat{a}_p^+\hat{a}_q^+\hat{a}_s\hat{a}_r]N[\hat{a}_a^+\hat{a}_b^+\hat{a}_j\hat{a}_i]|\Phi_0\rangle \\ &= \frac{1}{16}\sum_{p,q,r,s}\sum_{i,j,a,b} v_{rs}^{pq}t_{ij}^{ab}(\delta_{pi}\delta_{qj}\delta_{sb}\delta_{ra}-\delta_{pi}\delta_{qj}\delta_{sa}\delta_{rb}-\delta_{pj}\delta_{qi}\delta_{sb}\delta_{ra}+\delta_{pj}\delta_{qi}\delta_{sa}\delta_{rb}) \\ &= \frac{1}{4}\sum_{i,j,a,b} v_{ab}^{ij}t_{ij}^{ab} \end{aligned} \tag{3.65}$$

第 4 項は，唯一の二次の項である．1 電子演算子 $\hat{F}_N$ と二つの 1 電子クラスター演算子 $\hat{T}_1$ の間には完全縮約の項は存在しないが，2 電子演算子 $\hat{V}_N$ との間には存在する．

$$\begin{aligned}\frac{1}{2}\langle\Phi_0|(\hat{H}_N\hat{T}_1{}^2)_c|\Phi_0\rangle &= \frac{1}{2}\langle\Phi_0|(\hat{V}_N\hat{T}_1{}^2)_c|\Phi_0\rangle \\ &= \frac{1}{8}\sum_{p,q,r,s}\sum_{i,a}\sum_{j,b} v_{rs}^{pq}t_i^at_j^b\langle\Phi_0|N[\hat{a}_p^+\hat{a}_q^+\hat{a}_s\hat{a}_r]N[\hat{a}_a^+\hat{a}_i]N[\hat{a}_b^+\hat{a}_j]|\Phi_0\rangle \\ &= \frac{1}{8}\sum_{p,q,r,s}\sum_{i,a}\sum_{j,b} v_{rs}^{pq}t_i^at_j^b\langle\Phi_0|\{N[\hat{a}_p^+\hat{a}_q^+\hat{a}_s\hat{a}_r]N[\hat{a}_a^+\hat{a}_i]N[\hat{a}_b^+\hat{a}_j] \\ &\quad +N[\hat{a}_p^+\hat{a}_q^+\hat{a}_s\hat{a}_r]N[\hat{a}_a^+\hat{a}_i]N[\hat{a}_b^+\hat{a}_j]+N[\hat{a}_p^+\hat{a}_q^+\hat{a}_s\hat{a}_r]N[\hat{a}_a^+\hat{a}_i]N[\hat{a}_b^+\hat{a}_j] \\ &\quad +N[\hat{a}_p^+\hat{a}_q^+\hat{a}_s\hat{a}_r]N[\hat{a}_a^+\hat{a}_i]N[\hat{a}_b^+\hat{a}_j]\}|\Phi_0\rangle \\ &= \frac{1}{8}\sum_{p,q,r,s}\sum_{i,a}\sum_{j,b} v_{rs}^{pq}t_i^at_j^b(-\delta_{pj}\delta_{qi}\delta_{sb}\delta_{ra}+\delta_{pj}\delta_{qi}\delta_{sa}\delta_{rb}+\delta_{pi}\delta_{qj}\delta_{sb}\delta_{ra} \\ &\quad -\delta_{pi}\delta_{qj}\delta_{sa}\delta_{rb}) \\ &= \frac{1}{2}\sum_{i,j,a,b} v_{ab}^{ij}t_i^at_j^b \end{aligned} \tag{3.66}$$

最終的に CCSD 法のエネルギー方程式に対する作業方程式は，次のようにまとめられる．

$$E_{\text{corr}}^{\text{CCSD}}=\sum_{i,a}f_a^i t_i^a+\frac{1}{4}\sum_{i,j,a,b}v_{ab}^{ij}t_{ij}^{ab}+\frac{1}{2}\sum_{i,j,a,b}v_{ab}^{ij}t_i^a t_j^b \tag{3.67}$$

CCSDT 法や CCSDTQ 法では，BCH 展開したＮ型ハミルトニアンに $\hat{T}_3$ や $\hat{T}_4$ が現れる．しかし，それらの項はハミルトニアンと完全縮約をつくることができないので，エネルギー方程式は式(3.67)の右辺と同じである．ただし，CCSDT 法や CCSDTQ 法のクラスター振幅 t_i^a や t_{ij}^{ab} の値は CCSD 法とは異なるため，結果的に相関エネルギーは異なる値となる．

次に CCSD 法のクラスター振幅 t_i^a，t_{ij}^{ab} を決定する振幅方程式について考える．CCSD 法の場合，射影するブラ状態は 1 電子励起配置 $\langle\Phi_i^a|$ と 2 電子励起配置 $\langle\Phi_{ij}^{ab}|$ であり，それぞれ T_1 振幅方程式と T_2 振幅方程式と呼ばれる．Slater–Condon 則の観点から，T_1 振幅方程式では 4 電子励起配置以上，T_2 振幅方程式では 5 電子励起配置以上の項はそれぞれ次のように消える．

$$\begin{aligned}0&=\langle\Phi_i^a|\bar{H}_N^{\text{CCSD}}|\Phi_0\rangle\\&=\left\langle\Phi_i^a\middle|\left(\hat{H}_N+\hat{H}_N\hat{T}_1+\hat{H}_N\hat{T}_2+\frac{1}{2}\hat{H}_N\hat{T}_1{}^2+\hat{H}_N\hat{T}_1\hat{T}_2+\frac{1}{6}\hat{H}_N\hat{T}_1{}^3\right)_{\mathrm{c}}\middle|\Phi_0\right\rangle\end{aligned} \tag{3.68}$$

$$\begin{aligned}0&=\langle\Phi_{ij}^{ab}|\bar{H}_N^{\text{CCSD}}|\Phi_0\rangle\\&=\left\langle\Phi_{ij}^{ab}\middle|\left(\hat{H}_N+\hat{H}_N\hat{T}_1+\hat{H}_N\hat{T}_2+\frac{1}{2}\hat{H}_N\hat{T}_1{}^2+\frac{1}{2}\hat{H}_N\hat{T}_2{}^2+\hat{H}_N\hat{T}_1\hat{T}_2\right.\right.\\&\qquad\left.\left.+\frac{1}{6}\hat{H}_N\hat{T}_1{}^3+\frac{1}{2}\hat{H}_N\hat{T}_1{}^2\hat{T}_2+\frac{1}{24}\hat{H}_N\hat{T}_1{}^4\right)_{\mathrm{c}}\middle|\Phi_0\right\rangle\end{aligned} \tag{3.69}$$

ブラ状態は，参照配置と生成・消滅演算子を用いて次のように表される．

$$\langle\Phi_i^a|=\langle\Phi_0|N[\hat{a}_i^+\hat{a}_a] \tag{3.70}$$

$$\langle\Phi_{ij}^{ab}|=\langle\Phi_0|N[\hat{a}_i^+\hat{a}_j^+\hat{a}_b\hat{a}_a] \tag{3.71}$$

つまり，式(3.70)，(3.71)を用いれば式(3.68)，(3.69)の行列要素の計算は，参照配置，すなわち，Fermi 真空状態に対する期待値で与えられ，完全縮約の場合のみ非ゼロとなる．ここで，$N[\hat{a}_i^+\hat{a}_a]$ および $N[\hat{a}_i^+\hat{a}_j^+\hat{a}_b\hat{a}_a]$ はブラ状態には励起演算子として作用するが，ケット状態には脱励起演算子として作用する．

ここからは式(3.68)の右辺のいくつかの項を考えていく．第 1 項では，1 電子脱励起演算子 $N[\hat{a}_i^+\hat{a}_a]$ とハミルトニアンの 1 電子演算子 $\hat{F}_N$ の間には完全縮約の項は存在するが，2 電子演算子 $\hat{V}_N$ との間には存在しないので，次のようになる．

$$\begin{aligned}\langle\Phi_i^a|\hat{H}_N|\Phi_0\rangle&=\langle\Phi_i^a|(\hat{F}_N+\hat{V}_N)|\Phi_0\rangle\\&=\sum_{p,q}f_q^p\langle\Phi_0|N[\hat{a}_i^+\hat{a}_a]N[\hat{a}_p^+\hat{a}_q]|\Phi_0\rangle\\&\quad+\frac{1}{4}\sum_{p,q,r,s}v_{rs}^{pq}\langle\Phi_0|N[\hat{a}_i^+\hat{a}_a]N[\hat{a}_p^+\hat{a}_q\hat{a}_s\hat{a}_r]|\Phi_0\rangle\end{aligned}$$

$$
\begin{aligned}
&=\sum_{p,q} f_q^p \langle \Phi_0 | N[\hat{a}_i^+ \hat{a}_a] N[\hat{a}_p^+ \hat{a}_q] | \Phi_0 \rangle \\
&=\sum_{p,q} f_q^p \delta_{iq} \delta_{ap} \\
&=f_i^a
\end{aligned}
\tag{3.72}
$$

第 2 項では，まず下付き文字 c のある括弧内では少なくとも一つはハミルトニアンとクラスター演算子 $\hat{T}_1$ の間で縮約をつくり，その残りと 1 電子脱励起演算子 $N[\hat{a}_i^+ \hat{a}_a]$ と縮約をつくる必要がある．さらに，Fermi 真空状態に対する期待値なので完全縮約をつくらなければならない．1 電子演算子 $\hat{F}_N$ と 2 電子演算子 $\hat{V}_N$ の項を別々に見ていこう．

$$
\begin{aligned}
\langle \Phi_i^a | (\hat{F}_N \hat{T}_1)_c | \Phi_0 \rangle &= \sum_{p,q} \sum_{k,c} f_q^p t_k^c \langle \Phi_0 | N[\hat{a}_i^+ \hat{a}_a] (N[\hat{a}_p^+ \hat{a}_q] N[\hat{a}_c^+ \hat{a}_k])_c | \Phi_0 \rangle \\
&= \sum_{p,q} \sum_{k,c} f_q^p t_k^c \{ \langle \Phi_0 | N[\hat{a}_i^+ \hat{a}_a] (N[\hat{a}_p^+ \hat{a}_q] N[\hat{a}_c^+ \hat{a}_k])_c | \Phi_0 \rangle \\
&\qquad + \langle \Phi_0 | N[\hat{a}_i^+ \hat{a}_a] (N[\hat{a}_p^+ \hat{a}_q] N[\hat{a}_c^+ \hat{a}_k])_c | \Phi_0 \rangle \} \\
&= \sum_{p,q} \sum_{k,c} f_q^p t_k^c (-\delta_{iq} \delta_{ac} \delta_{pk} + \delta_{ik} \delta_{ap} \delta_{qc}) \\
&= -\sum_k f_i^k t_k^a + \sum_c f_c^a t_i^c
\end{aligned}
\tag{3.73}
$$

$$
\begin{aligned}
\langle \Phi_i^a | (\hat{V}_N \hat{T}_1)_c | \Phi_0 \rangle &= \frac{1}{4} \sum_{p,q,r,s} \sum_{k,c} v_{rs}^{pq} t_k^c \langle \Phi_0 | N[\hat{a}_i^+ \hat{a}_a] (N[\hat{a}_p^+ \hat{a}_q^+ \hat{a}_s \hat{a}_r] N[\hat{a}_c^+ \hat{a}_k])_c | \Phi_0 \rangle \\
&= \frac{1}{4} \sum_{p,q,r,s} \sum_{k,c} v_{rs}^{pq} t_k^c \{ \langle \Phi_0 | N[\hat{a}_i^+ \hat{a}_a] (N[\hat{a}_p^+ \hat{a}_q^+ \hat{a}_s \hat{a}_r] N[\hat{a}_c^+ \hat{a}_k])_c | \Phi_0 \rangle \\
&\qquad + \langle \Phi_0 | N[\hat{a}_i^+ \hat{a}_a] (N[\hat{a}_p^+ \hat{a}_q^+ \hat{a}_s \hat{a}_r] N[\hat{a}_c^+ \hat{a}_k])_c | \Phi_0 \rangle \\
&\qquad + \langle \Phi_0 | N[\hat{a}_i^+ \hat{a}_a] (N[\hat{a}_p^+ \hat{a}_q^+ \hat{a}_s \hat{a}_r] N[\hat{a}_c^+ \hat{a}_k])_c | \Phi_0 \rangle \\
&\qquad + \langle \Phi_0 | N[\hat{a}_i^+ \hat{a}_a] (N[\hat{a}_p^+ \hat{a}_q^+ \hat{a}_s \hat{a}_r] N[\hat{a}_c^+ \hat{a}_k])_c | \Phi_0 \rangle \} \\
&= \frac{1}{4} \sum_{p,q,r,s} \sum_{k,c} v_{rs}^{pq} t_k^c (-\delta_{is} \delta_{ap} \delta_{qk} \delta_{rc} + \delta_{is} \delta_{aq} \delta_{pk} \delta_{rc} + \delta_{ir} \delta_{ap} \delta_{qk} \delta_{sc} - \delta_{ir} \delta_{aq} \delta_{pk} \delta_{sc}) \\
&= \sum_{k,c} v_{ci}^{ka} t_k^c
\end{aligned}
\tag{3.74}
$$

結局，

$$
\begin{aligned}
\langle \Phi_i^a | (\hat{H}_N \hat{T}_1)_c | \Phi_0 \rangle &= \langle \Phi_i^a | (\hat{F}_N \hat{T}_1)_c | \Phi_0 \rangle + \langle \Phi_i^a | (\hat{V}_N \hat{T}_1)_c | \Phi_0 \rangle \\
&= -\sum_k f_i^k t_k^a + \sum_c f_c^a t_i^c + \sum_{k,c} v_{ci}^{ka} t_k^c
\end{aligned}
\tag{3.75}
$$

となる．

第 3 項も同様に括弧 c 内に留意して完全縮約をつくる必要がある．ハミルトニアンの 1 電子演算子 $\hat{F}_N$ に対して完全縮約をとると次のようになる．

$$
\begin{aligned}
\langle \Phi_i^a|(\hat{F}_N\hat{T}_2)_{\mathrm{c}}|\Phi_0\rangle &= \frac{1}{4}\sum_{p,q}\sum_{k,l,c,d} f_q^p t_{kl}^{cd}\langle \Phi_0|N[\hat{a}_i^+\hat{a}_a](N[\hat{a}_p^+\hat{a}_q]N[\hat{a}_c^+\hat{a}_d^+\hat{a}_l\hat{a}_k])_{\mathrm{c}}|\Phi_0\rangle \\
&= \frac{1}{4}\sum_{p,q}\sum_{k,l,c,d} f_q^p t_{kl}^{cd}\{\langle \Phi_0|N[\hat{a}_i^+\hat{a}_a](N[\hat{a}_p^+\hat{a}_q]N[\hat{a}_c^+\hat{a}_d^+\hat{a}_l\hat{a}_k])_{\mathrm{c}}|\Phi_0\rangle \\
&\qquad + \langle \Phi_0|N[\hat{a}_i^+\hat{a}_a](N[\hat{a}_p^+\hat{a}_q]N[\hat{a}_c^+\hat{a}_d^+\hat{a}_l\hat{a}_k])_{\mathrm{c}}|\Phi_0\rangle \\
&\qquad + \langle \Phi_0|N[\hat{a}_i^+\hat{a}_a](N[\hat{a}_p^+\hat{a}_q]N[\hat{a}_c^+\hat{a}_d^+\hat{a}_l\hat{a}_k])_{\mathrm{c}}|\Phi_0\rangle \\
&\qquad + \langle \Phi_0|N[\hat{a}_i^+\hat{a}_a](N[\hat{a}_p^+\hat{a}_q]N[\hat{a}_c^+\hat{a}_d^+\hat{a}_l\hat{a}_k])_{\mathrm{c}}|\Phi_0\rangle\} \\
&= \frac{1}{4}\sum_{p,q}\sum_{k,j,c,d} f_q^p t_{kl}^{cd}(-\delta_{il}\delta_{ac}\delta_{pk}\delta_{qd}+\delta_{il}\delta_{ad}\delta_{pk}\delta_{qc}-\delta_{ik}\delta_{ad}\delta_{pl}\delta_{qc}+\delta_{ik}\delta_{ac}\delta_{pl}\delta_{qd}) \\
&= \sum_{k,c} f_c^k t_{ik}^{ac} \qquad (3.76)
\end{aligned}
$$

第 4 項は二次の項であり，括弧 c 内の縮約に注意が必要である．ハミルトニアンの 1 電子演算子 $\hat{F}_N$ に対して完全縮約をとると次のようになる．

$$
\begin{aligned}
\frac{1}{2}\langle \Phi_i^a|(\hat{F}_N\hat{T}_1{}^2)_{\mathrm{c}}|\Phi_0\rangle &= \frac{1}{2}\sum_{p,q}\sum_{k,c}\sum_{l,d} f_q^p t_k^c t_l^d\langle \Phi_0|N[\hat{a}_i^+\hat{a}_a](N[\hat{a}_p^+\hat{a}_q]N[\hat{a}_c^+\hat{a}_k]N[\hat{a}_d^+\hat{a}_l])_{\mathrm{c}}|\Phi_0\rangle \\
&= \frac{1}{2}\sum_{p,q}\sum_{k,c}\sum_{l,d} f_q^p t_k^c t_l^d\{\langle \Phi_0|N[\hat{a}_i^+\hat{a}_a](N[\hat{a}_p^+\hat{a}_q]N[\hat{a}_c^+\hat{a}_k]N[\hat{a}_d^+\hat{a}_l])_{\mathrm{c}}|\Phi_0\rangle \\
&\qquad + \langle \Phi_0|N[\hat{a}_i^+\hat{a}_a](N[\hat{a}_p^+\hat{a}_q]N[\hat{a}_c^+\hat{a}_k]N[\hat{a}_d^+\hat{a}_l])_{\mathrm{c}}|\Phi_0\rangle\} \\
&= \frac{1}{2}\sum_{p,q}\sum_{k,l,c,d} f_q^p t_k^c t_l^d(-\delta_{ik}\delta_{ad}\delta_{pl}\delta_{qc}-\delta_{il}\delta_{ac}\delta_{pk}\delta_{qd}) \\
&= -\sum_{k,c} f_c^k t_i^c t_k^a \qquad (3.77)
\end{aligned}
$$

ここで，式(3.76)と式(3.77)の比較は興味深い．生成・消滅演算子のいずれも 4 組と等しいが，括弧 c 内の接続の条件から式(3.76)では 4 通りの完全縮約が導かれるのに対して，式(3.77)では 2 通りだけである．

T_1 振幅方程式の残りの項と T_2 振幅方程式のすべての項についても，上記と同様の手続きを行うことにより，これらの作業方程式を導くことができる（『手で解く量子化学 II』式(3.47), (3.48)参照）．この導出は多少退屈と感じる読者もいるかもしれないが，一度は実際に手で解いてもらいたい．

コラム　変分結合クラスター法とユニタリー結合クラスター法

変分結合クラスター（variational coupled cluster：VCC）法の計算は，古典コンピュータを用いると，無限項の打ち切りの問題が生じる．しかし，今日盛んに研究されている量子コンピュータを用いると，VCC 法の計算が可能となる．これは，量子コンピュータのゲート操作がユニタリー性を保証し，対応するエネルギー期待値を観測できるためである．この方法は，古典コンピュータを用いて有限項で打ち切る VCC 法と区別して，**ユニタリー結合クラスター**（unitary coupled cluster：UCC）法と呼ばれている．UCC 波動関数は式(3.34)とは異なり，次式で与えられる．

$$
\begin{aligned}
|\Psi^{\mathrm{UCC}}\rangle &= \exp \hat{U}|\Phi_0\rangle = \exp\left(\sum_n \hat{U}_n\right)|\Phi_0\rangle \\
&= \exp\left\{\sum_n \frac{1}{(n!)^2}\sum_{i,j,\cdots}\sum_{a,b,\cdots}\theta_{ij\cdots}^{ab\cdots}(\hat{\tau}_{ij\cdots}^{ab\cdots}-\hat{\tau}_{ab\cdots}^{ij\cdots})\right\}\Big|\Phi_0\Big\rangle
\end{aligned} \tag{3.78}
$$

ここで，$\hat{U}_n$ は n 電子ユニタリー演算子であり，それぞれ振幅 $\theta_{ij\cdots}^{ab\cdots}$ と n 電子励起演算子 $\hat{\tau}_{ij\cdots}^{ab\cdots}$ および n 電子脱励起演算子 $\hat{\tau}_{ab\cdots}^{ij\cdots}$ で表現される．励起演算子 $\hat{\tau}_{ij\cdots}^{ab\cdots}$ と脱励起演算子 $\hat{\tau}_{ab\cdots}^{ij\cdots}$ は互いに複素共役の関係にあるので，

$$
\hat{U}_n^{\dagger} = \frac{1}{(n!)^2}\sum_{i,j,\cdots}\sum_{a,b,\cdots}\theta_{ij\cdots}^{ab\cdots}(\hat{\tau}_{ij\cdots}^{ab\cdots}-\hat{\tau}_{ab\cdots}^{ij\cdots})^{\dagger} = \frac{1}{(n!)^2}\sum_{i,j,\cdots}\sum_{a,b,\cdots}\theta_{ij\cdots}^{ab\cdots}(\hat{\tau}_{ab\cdots}^{ij\cdots}-\hat{\tau}_{ij\cdots}^{ab\cdots}) = -\hat{U}_n \tag{3.79}
$$

となる．qUCC 法と呼ばれる量子コンピュータにおける UCC 法では，ユニタリー演算子 $\exp\left(\sum_n \hat{U}_n\right)$ に対する Suzuki-Trotter（鈴木-トロッター）分解（Suzuki-Trotter decomposition）を適用することで，UCC 波動関数を量子回路（quantum circuit）により作成する．2 電子励起・脱励起演算子を考慮する UCCD（UCC doubles）法では次式のようになる．

$$
\exp(\hat{U}_n) = \lim_{k\to\infty}\left\{\exp\left(\frac{\hat{U}_n}{k}\right)\right\}^k \tag{3.80}
$$

ここで，k は Trotter 数（Trotter number）と呼ばれる．Trotter 数を 1 とした場合，式(3.80)は次のようになる．

$$
\exp(\hat{U}_n) \cong \left(\frac{1}{4}\right)\prod_{i,j,a,b}\exp[\theta_{ij}^{ab}(\hat{\tau}_{ij}^{ab}-\hat{\tau}_{ab}^{ij})] \tag{3.81}
$$

2 電子 4 スピン軌道系に対する UCCD 法の量子回路は表 2.1 に示す量子ゲートを用いて図 3.1 のように表される．

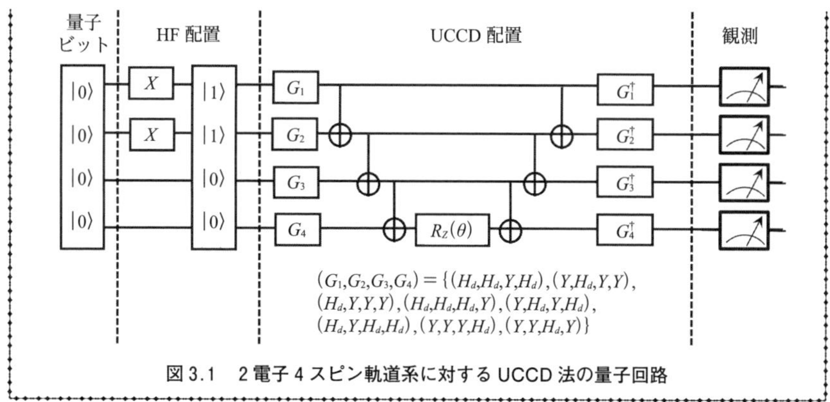

図 3.1　2 電子 4 スピン軌道系に対する UCCD 法の量子回路

3.5 多体摂動論

多体摂動論（many-body perturbation theory：MBPT）では，Schrödinger 方程式におけるハミルトニアンを次式のようにゼロ次ハミルトニアン $\hat{H}^{(0)}$ と摂動ハミルトニアン $\hat{V}^{(1)}$ に分割する．

$$\hat{H}=\hat{H}^{(0)}+\lambda\hat{V}^{(1)} \tag{3.82}$$

ここで，λ は摂動の次数を表現するために導入された任意のパラメータであり，最終的に $\lambda=1$ とする．ゼロ次ハミルトニアン $\hat{H}^{(0)}$ に対しては，基底状態だけでなくすべての励起状態に関して固有状態が求められる．

$$\hat{H}^{(0)}|\Phi_n^{(0)}\rangle=E_n^{(0)}|\Phi_n^{(0)}\rangle \tag{3.83}$$

上付き文字の (0) と (1) は，それぞれゼロ次の状態と一次の摂動状態であることを意味する．下付き文字の n は状態を表し，基底状態では n はゼロとする．

次式で与えられるゼロ次波動関数に基づく二つの射影演算子 $\hat{P}$ と $\hat{Q}$ を導入すると，MBPT に対する一般式が導ける（『手で解く量子化学 II』2.3 節参照）．

$$\hat{P}=|\Phi_0^{(0)}\rangle\langle\Phi_0^{(0)}| \tag{3.84}$$

$$\hat{Q}=\sum_{n\neq0}|\Phi_n^{(0)}\rangle\langle\Phi_n^{(0)}|=1-|\Phi_0^{(0)}\rangle\langle\Phi_0^{(0)}|=1-\hat{P} \tag{3.85}$$

射影演算子 $\hat{P}$ と $\hat{Q}$ を波動関数に作用すると，参照関数の空間とその補空間に分割でき，それぞれ P 空間と Q 空間と呼ばれる．

$$\begin{aligned}|\Psi_0\rangle&=(\hat{P}+\hat{Q})|\Psi_0\rangle\\&=|\Phi_0^{(0)}\rangle+\sum_{n\neq0}|\Phi_n^{(0)}\rangle\langle\Phi_n^{(0)}|\Psi_0\rangle\end{aligned} \tag{3.86}$$

射影演算子 $\hat{Q}$ が冪等性（idempotency）を満たし，$\hat{H}^{(0)}$ と可換であることを利用すると，パラメータ E を含む Schrödinger 方程式は，次式のように書き換えることができる．

$$\hat{Q}(E-\hat{H}^{(0)})\hat{Q}|\Psi_0\rangle=\hat{Q}(\hat{V}^{(1)}-E_0+E)|\Psi_0\rangle \tag{3.87}$$

E が Q 空間における $\hat{H}^{(0)}$ のすべての固有値と一致しない場合に限定すると，次式で表される $\hat{Q}(E-\hat{H}^{(0)})\hat{Q}$ の逆演算子である Green（グリーン）演算子（Green operator）$\hat{G}^{(0)}(E)$ が存在する．

$$\begin{aligned}\hat{G}^{(0)}(E)&=\frac{\hat{Q}}{E-\hat{H}^{(0)}}\\&=\sum_{n,m\neq 0}|\Phi_n^{(0)}\rangle\langle\Phi_n^{(0)}|(E-\hat{H}^{(0)})^{-1}|\Phi_m^{(0)}\rangle\langle\Phi_m^{(0)}|\\&=\sum_{n\neq 0}\frac{|\Phi_n^{(0)}\rangle\langle\Phi_n^{(0)}|}{E-E_n^{(0)}}\end{aligned} \tag{3.88}$$

$\hat{G}^{(0)}(E)$ を式(3.87)の両辺に作用させ，式(3.86)に代入すると，MBPT の摂動波動関数に対する形式的な一般式が得られる．

$$|\Psi_0\rangle=\sum_{n=0}^{\infty}\{\hat{G}^{(0)}(E)(\hat{V}^{(1)}-E_0+E)\}^n|\Phi_0^{(0)}\rangle \tag{3.89}$$

波動関数 $|\Psi_0\rangle$ は Schrödinger 方程式を満たすので，全摂動エネルギー ΔE は次式で与えられる．

$$\Delta E=\sum_{n=0}^{\infty}\langle\Phi_0^{(0)}|\hat{V}^{(1)}\{\hat{G}^{(0)}(E)(\hat{V}^{(1)}-E_0+E)\}^n|\Phi_0^{(0)}\rangle \tag{3.90}$$

ただし，式(3.89)と式(3.90)の右辺には摂動状態の Schrödinger 方程式を解くことで初めて得られる E_0 が含まれていることに注意が必要である．

Rayleigh-Schrödinger（レイリー-シュレディンガー）摂動論(RSPT)では，パラメータ E を次式のように無摂動状態に対する基底状態のエネルギーに設定する．

$$E=E_0^{(0)} \tag{3.91}$$

この場合，式(3.90)は次のようになる．

$$\Delta E=\sum_{n=0}^{\infty}\langle\Phi_0^{(0)}|\hat{V}^{(1)}\{\hat{G}^{(0)}(E_0^{(0)})(\hat{V}^{(1)}-\Delta E)\}^n|\Phi_0^{(0)}\rangle \tag{3.92}$$

ここで，

$$\Delta E=E_0-E_0^{(0)} \tag{3.93}$$

なので，式(3.92)には未定の E_0 が含まれている．しかし，式(3.92)の関係を反復して用いることで消去できる．ΔE を摂動ハミルトニアン $\hat{V}^{(1)}$ の次数ごとにまとめると，それぞれ次のように求められる．

$$E_0^{(1)}=\langle\Phi_0^{(0)}|\hat{V}^{(1)}|\Phi_0^{(0)}\rangle \tag{3.94}$$

$$E_0^{(2)} = \langle \Phi_0^{(0)} | \hat{V}^{(1)} \hat{G}^{(0)} \hat{V}^{(1)} | \Phi_0^{(0)} \rangle \tag{3.95}$$

$$E_0^{(3)} = \langle \Phi_0^{(0)} | \hat{V}^{(1)} \hat{G}^{(0)} (\hat{V}^{(1)} - E_0^{(1)}) \hat{G}^{(0)} \hat{V}^{(1)} | \Phi_0^{(0)} \rangle \tag{3.96}$$

$$E_0^{(4)} = \langle \Phi_0^{(0)} | \hat{V}^{(1)} \hat{G}^{(0)} (\hat{V}^{(1)} - E_0^{(1)}) \hat{G}^{(0)} (\hat{V}^{(1)} - E_0^{(1)}) \hat{G}^{(0)} \hat{V}^{(1)} | \Phi_0^{(0)} \rangle - \langle \Phi_0^{(0)} | \hat{V}^{(1)} \hat{G}^{(0)} E_0^{(2)} \hat{G}^{(0)} \hat{V}^{(1)} | \Phi_0^{(0)} \rangle \tag{3.97}$$

ここで，式(3.95)～(3.97)の $\hat{G}^{(0)}(E_0^{(0)})$ は $\hat{G}^{(0)}$ と記した．また，三次以上の摂動エネルギーには ΔE の消去からくる低次の摂動エネルギーが含まれる．そこで，高次の摂動エネルギーの簡略化のために，次のような演算子 $\hat{W}^{(1)}$ を導入する．

$$\hat{W}^{(1)} = \hat{V}^{(1)} - \langle \Phi_0^{(0)} | \hat{V}^{(1)} | \Phi_0^{(0)} \rangle = \hat{V}^{(1)} - E_0^{(1)} \tag{3.98}$$

$\hat{G}^{(0)}$ を基底状態のゼロ次波動関数に作用させると，励起配置との直交条件からゼロとなる．

$$\hat{G}^{(0)} | \Phi_0^{(0)} \rangle = 0 \tag{3.99}$$

このことを考慮すると，以下の関係が成り立つ．

$$\hat{G}^{(0)} \hat{V}^{(1)} | \Phi_0^{(0)} \rangle = \hat{G}^{(0)} \hat{W}^{(1)} | \Phi_0^{(0)} \rangle \tag{3.100}$$

したがって，式(3.95)～(3.97)の二～四次摂動エネルギーは，$\hat{V}^{(1)}$ の代わりに $\hat{W}^{(1)}$ を摂動ハミルトニアンとした式に変形できる．

$$E_0^{(2)} = \langle \Phi_0^{(0)} | \hat{W}^{(1)} \hat{G}^{(0)} \hat{W}^{(1)} | \Phi_0^{(0)} \rangle \tag{3.101}$$

$$E_0^{(3)} = \langle \Phi_0^{(0)} | \hat{W}^{(1)} \hat{G}^{(0)} \hat{W}^{(1)} \hat{G}^{(0)} \hat{W}^{(1)} | \Phi_0^{(0)} \rangle \tag{3.102}$$

$$E_0^{(4)} = \langle \Phi_0^{(0)} | \hat{W}^{(1)} \hat{G}^{(0)} \hat{W}^{(1)} \hat{G}^{(0)} \hat{W}^{(1)} \hat{G}^{(0)} \hat{W}^{(1)} | \Phi_0^{(0)} \rangle - \langle \Phi_0^{(0)} | \hat{W}^{(1)} \hat{G}^{(0)} E_0^{(2)} \hat{G}^{(0)} \hat{W}^{(1)} | \Phi_0^{(0)} \rangle \tag{3.103}$$

【演習問題 3.4】　式(3.100)を導出せよ．

3.6　Møller-Plesset 摂動論

Møller-Plesset（メラー–プレセット）摂動論（MPPT）は，RSPT のゼロ次ハミルトニアンとして Hartree-Fock ハミルトニアン（Hartree-Fock Hamiltonian：HF Hamiltonian）を用いる．HF ハミルトニアンは，第一量子化で表すと次式となる．

$$\hat{H}^{(0)} = \sum_{i=1}^{N} \hat{f}(i) = \sum_{i=1}^{N} [\hat{h}(i) + \hat{v}^{\mathrm{HF}}(i)] = \sum_{i=1}^{N} \left[\hat{h}(i) + \sum_{j=1}^{N} \{ \hat{J}_j(i) - \hat{K}_j(i) \} \right] \tag{3.104}$$

HF ハミルトニアンは，一電子演算子である Fock 演算子 $\hat{f}$ の N 電子に対する和である．そのため，フォッキアン（Fockian）とも呼ばれる．

本書の MPPT は，簡単のため正準 Hartree-Fock（canonical Hartree-Fock：canonical

HF）法の場合に限定する．正準 HF 法のスピン軌道を用いると，Fock 行列は対角行列となり，対角成分は軌道エネルギーに対応する．

$$f_q^p = f_p^p \delta_{pq} = \varepsilon_p \delta_{pq} \tag{3.105}$$

したがって，HF ハミルトニアン $\hat{H}^{(0)}$ をゼロ次波動関数である HF 配置 $|\Phi_0^{(0)}\rangle$ に作用させると，次のような関係式が成り立つ．

$$\hat{H}^{(0)}|\Phi_0^{(0)}\rangle = \left(\sum_i f_i^i\right)|\Phi_0^{(0)}\rangle = \left(\sum_i \varepsilon_i\right)|\Phi_0^{(0)}\rangle \tag{3.106}$$

つまり，HF ハミルトニアンに対する固有値は占有軌道エネルギーの単純和となる．HF 軌道を用いた励起配置も，HF ハミルトニアンの固有関数であることから，式(3.88)の $\hat{G}^{(0)}$ はすべての励起配置 $|\Phi_{ij\cdots}^{ab\cdots(0)}\rangle$ と軌道エネルギー差で展開できる．

$$\hat{G}^{(0)} = \sum_{i,a} \frac{|\Phi_i^{a(0)}\rangle\langle\Phi_i^{a(0)}|}{\varepsilon_i - \varepsilon_a} + \frac{1}{4}\sum_{i,j,a,b} \frac{|\Phi_{ij}^{ab(0)}\rangle\langle\Phi_{ij}^{ab(0)}|}{\varepsilon_i + \varepsilon_j - \varepsilon_a - \varepsilon_b} + \cdots \tag{3.107}$$

HF 配置 $|\Phi_0^{(0)}\rangle$ はすべての励起配置 $\{|\Phi_{ij\cdots}^{ab\cdots(0)}\rangle\}$ と直交するため，$\hat{G}^{(0)}$ を $|\Phi_0^{(0)}\rangle$ に作用させるとゼロとなる．これは一般的な RSPT の関係式(3.99)で確認した通りである．また，$\hat{G}^{(0)}$ を励起配置 $|\Phi_{ij\cdots}^{ab\cdots(0)}\rangle$ に作用させると，直交条件から次式のようになる．

$$\hat{G}^{(0)}|\Phi_{ij\cdots}^{ab\cdots(0)}\rangle = \left(\frac{1}{n!}\right)^2 \frac{|\Phi_{ij\cdots}^{ab\cdots(0)}\rangle}{\varepsilon_i + \varepsilon_j + \cdots - \varepsilon_a - \varepsilon_b - \cdots} = \left(\frac{1}{n!}\right)^2 \frac{|\Phi_{ij\cdots}^{ab\cdots(0)}\rangle}{\Delta\varepsilon_{ab\cdots}^{ij\cdots}} \tag{3.108}$$

結果として，励起配置の状態は変わらず軌道エネルギー差 $\Delta\varepsilon_{ab\cdots}^{ij\cdots}$ で割ることに相当する．

【演習問題 3.5】　式(3.108)を導出せよ．

式(3.104)の HF ハミルトニアンに対する第二量子化表現は次のようになる．

$$\hat{H}^{(0)} = \sum_p f_p^p \hat{a}_p^+ \hat{a}_p = \sum_p \varepsilon_p \hat{a}_p^+ \hat{a}_p \tag{3.109}$$

ここで式(2.28)を用いると，式(3.109)は次のように Fermi 真空に対する N 積に変形できる．

$$\hat{H}^{(0)} = \sum_i f_i^i + \sum_p f_p^p N[\hat{a}_p^+ \hat{a}_p] = \sum_i \varepsilon_i + \sum_p \varepsilon_p N[\hat{a}_p^+ \hat{a}_p] \tag{3.110}$$

摂動ハミルトニアン $\hat{V}^{(1)}$ は，式(2.2)のハミルトニアン $\hat{H}$ と式(3.109)のゼロ次ハミルトニアン $\hat{H}^{(0)}$ の差で定義されるので，次式のように表される．

$$\hat{V}^{(1)}=\hat{H}-\hat{H}^{(0)}$$

$$=\sum_{p,q}h_q^p\hat{a}_p^+\hat{a}_q+\frac{1}{4}\sum_{p,q,r,s}v_{rs}^{pq}\hat{a}_p^+\hat{a}_q^+\hat{a}_s\hat{a}_r-\sum_p\varepsilon_p\hat{a}_p^+\hat{a}_p \tag{3.111}$$

ここで式(2.32)と式(3.110)を用いると，式(3.111)も次のように Fermi 真空に対するN積に変形できる．

$$\hat{V}^{(1)}=-\frac{1}{2}\sum_{i,j}v_{ij}^{ij}+\frac{1}{4}\sum_{p,q,r,s}v_{rs}^{pq}N[\hat{a}_p^+\hat{a}_q^+\hat{a}_s\hat{a}_r] \tag{3.112}$$

【演習問題 3.6】 式(3.112)を導出せよ．

式(3.110), (3.112)に現れるN積の項は，Fermi 真空，すなわち，HF 配置 $|\Phi_0^{(0)}\rangle$ に対する期待値がゼロになるので，ゼロ次および一次のエネルギーはそれぞれ次式のように求められる．

$$E_0^{(0)}=\langle\Phi_0^{(0)}|\hat{H}^{(0)}|\Phi_0^{(0)}\rangle=\sum_i\varepsilon_i=\sum_i h_i^i+\sum_{i,j}v_{ij}^{ij} \tag{3.113}$$

$$E_0^{(1)}=\langle\Phi_0^{(0)}|\hat{V}^{(1)}|\Phi_0^{(0)}\rangle=-\frac{1}{2}\sum_{i,j}v_{ij}^{ij} \tag{3.114}$$

よって，$E_0^{(0)}$ と $E_0^{(1)}$ の和は HF エネルギー E_0^{HF} になる（『手で解く量子化学 II』式(2.93)参照）．

$$E_0^{(0)}+E_0^{(1)}=\sum_i h_i^i+\frac{1}{2}\sum_{i,j}v_{ij}^{ij}=E_0^{\mathrm{HF}} \tag{3.115}$$

式(3.107)の Green 演算子は，式(3.4), (3.5)の励起演算子を用いると次式のように表される．

$$\begin{aligned}\hat{G}^{(0)}&=\sum_{i,a}\frac{\hat{\tau}_i^a|\Phi_0\rangle\langle\Phi_0|(\hat{\tau}_i^a)^\dagger}{\varepsilon_i-\varepsilon_a}+\frac{1}{4}\sum_{i,j,a,b}\frac{\hat{\tau}_{ij}^{ab}|\Phi_0\rangle\langle\Phi_0|(\hat{\tau}_{ij}^{ab})^\dagger}{\varepsilon_i+\varepsilon_j-\varepsilon_a-\varepsilon_b}+\cdots\\&=\sum_{i,a}\frac{\hat{a}_a^+\hat{a}_i|\Phi_0\rangle\langle\Phi_0|\hat{a}_i^+\hat{a}_a}{\varepsilon_i-\varepsilon_a}+\frac{1}{4}\sum_{i,j,a,b}\frac{\hat{a}_a^+\hat{a}_b^+\hat{a}_j\hat{a}_i|\Phi_0\rangle\langle\Phi_0|\hat{a}_i^+\hat{a}_j^+\hat{a}_b\hat{a}_a}{\varepsilon_i+\varepsilon_j-\varepsilon_a-\varepsilon_b}+\cdots\\&=\sum_{i,a}\frac{N[\hat{a}_a^+\hat{a}_i]|\Phi_0\rangle\langle\Phi_0|N[\hat{a}_i^+\hat{a}_a]}{\Delta\varepsilon_a^i}+\frac{1}{4}\sum_{i,j,a,b}\frac{N[\hat{a}_a^+\hat{a}_b^+\hat{a}_j\hat{a}_i]|\Phi_0\rangle\langle\Phi_0|N[\hat{a}_i^+\hat{a}_j^+\hat{a}_b\hat{a}_a]}{\Delta\varepsilon_{ab}^{ij}}+\cdots\end{aligned} \tag{3.116}$$

ここで，2行目への変形では，励起演算子の共役である $(\hat{\tau}_i^a)^\dagger$, $(\hat{\tau}_{ij}^{ab})^\dagger$ はそれぞれ脱励起演算子 $\hat{\tau}_a^i$, $\hat{\tau}_{ab}^{ij}$ に等しいことを用いた．3行目への変形では，励起演算子 $\hat{\tau}_i^a$, $\hat{\tau}_{ij}^{ab}$ に含まれる粒子生成演算子および正孔消滅演算子はすべて Fermi 真空に対して生成演算子であること，脱励起演算子 $\hat{\tau}_a^i$, $\hat{\tau}_{ab}^{ij}$ に含まれる正孔生成演算子および粒子消滅演算子はすべて Fermi 真空に対して消滅演算子であることを利用した．

式(3.112)および式(3.116)を用いると，式(3.95)の二次摂動エネルギーは次式となる．

$$
\begin{aligned}
E_0^{(2)} = &\sum_{i,a} \frac{1}{\Delta\varepsilon_a^i} \left\langle \Phi_0 \middle| \left(-\frac{1}{2} \sum_{i',j'} v_{i'j'}^{i'j'} + \frac{1}{4} \sum_{p',q',r',s'} v_{r's'}^{p'q'} N[\hat{a}_{p'}^{+} \hat{a}_{q'}^{+} \hat{a}_{s'} \hat{a}_{r'}] \right) N[\hat{a}_a^{+} \hat{a}_i] \middle| \Phi_0 \right\rangle \\
&\times \left\langle \Phi_0 \middle| N[\hat{a}_i^{+} \hat{a}_a] \left(-\frac{1}{2} \sum_{i'',j''} v_{i''j''}^{i''j''} + \frac{1}{4} \sum_{p'',q'',r'',s''} v_{r''s''}^{p''q''} N[\hat{a}_{p''}^{+} \hat{a}_{q''}^{+} \hat{a}_{s''} \hat{a}_{r''}] \right) \middle| \Phi_0 \right\rangle \\
&+ \sum_{i,j,a,b} \frac{1}{\Delta\varepsilon_{ab}^{ij}} \left\langle \Phi_0 \middle| \left(-\frac{1}{2} \sum_{i',j'} v_{i'j'}^{i'j'} + \frac{1}{4} \sum_{p',q',r',s'} v_{r's'}^{p'q'} N[\hat{a}_{p'}^{+} \hat{a}_{q'}^{+} \hat{a}_{s'} \hat{a}_{r'}] \right) N[\hat{a}_a^{+} \hat{a}_b^{+} \hat{a}_j \hat{a}_i] \middle| \Phi_0 \right\rangle \\
&\times \left\langle \Phi_0 \middle| N[\hat{a}_i^{+} \hat{a}_j^{+} \hat{a}_b \hat{a}_a] \left(-\frac{1}{2} \sum_{i'',j''} v_{i''j''}^{i''j''} + \frac{1}{4} \sum_{p'',q'',r'',s''} v_{r''s''}^{p''q''} N[\hat{a}_{p''}^{+} \hat{a}_{q''}^{+} \hat{a}_{s''} \hat{a}_{r''}] \right) \middle| \Phi_0 \right\rangle \\
&+ \cdots
\end{aligned}
\tag{3.117}
$$

ここで，一般化 Wick の定理を用いると，二次摂動エネルギーに対する作業方程式が得られる（『手で解く量子化学 II』式(2.95)参照）．

$$
E_0^{(2)} = \frac{1}{4} \sum_{i,j,a,b} \frac{v_{ab}^{ij} v_{ij}^{ab}}{\Delta\varepsilon_{ab}^{ij}} = \frac{1}{4} \sum_{i,j,a,b} \frac{(v_{ab}^{ij})^2}{\Delta\varepsilon_{ab}^{ij}} \tag{3.118}
$$

三次以上の摂動エネルギーに対する作業方程式も，一般化 Wick の定理を用いると，同様に求めることができる．

【演習問題 3.7】　一般化 Wick の定理を用いて，式(3.117)から式(3.118)を導け．

コラム 軌道不変性

HF 波動関数は，占有軌道内でユニタリー変換を行っても変わらない．実際，正準 HF 法と**非正準 HF**（non–canonical HF）法は等しいエネルギーを与える．このような性質を**軌道不変性**（orbital invariance）という．この性質があるため，**Boys**（ボーイズ），**Edmiston–Ruedenberg**（エドミストン–リューデンベルグ），**Pipek–Mezey**（ピペック–メゼイ）の局在化法（Boys, Edmiston–Ruedenberg, Pipek–Mezey localization method）により，非局在化した分子軌道から**局在化軌道**（localized orbital）に変換される．非直交な原子軌道を用いる **Mulliken**（マリケン）の**電子密度解析**（Mulliken's population analysis）では非物理的な挙動を示すため，規格直交な**自然原子軌道**（natural atomic orbital）が用いられる．**自然結合軌道**（natural bond orbital）を用いた化学結合の解析も行われる．これらはいずれも HF 波動関数の占有軌道内でのユニタリー変換によって得られる．

CI 法や CC 法は，占有軌道内および仮想軌道内でのユニタリー変換によるスピン軌道を用いても相関エネルギーが変わらない．この軌道不変性は，打ち切った CI 法や CC 法においても成り立つ．電子相関，特に，**動的電子相関**（dynamical electron correlation）は局所的であるため，局在化軌道を用いて CI 計算や CC 計算の効率化が図られる．ただすべての項を考慮すると軌道不変性のため結果は変わらないので，何らかの数値的な打ち切りが行われる．

本章 2 節の CI 法や 3, 4 節の CC 法では，いずれも正準 HF 法に限定せず，スピン軌道に対する Fock 行列 f_q^p は対角行列に限っていない．本章 6 節の MPPT ではあらかじめ正準 HF 法に限定して数式を単純化した．実は，MPPT は CI 法や CC 法と異なり軌道不変性を満たすとは限らない．つまり，非正準 HF 法に対する MPPT は正準 HF 法の場合と異なる相関エネルギーを与える場合がある．式(3.109), (3.110)と同様，ゼロ次のハミルトニアンを式(3.119)のように Fock 行列の対角成分のみで定義すると，摂動ハミルトニアンは式(3.120)のようになる．

$$\hat{H}^{(0)}=\sum_p f_p^p \hat{a}_p^+ \hat{a}_p=\sum_i f_i^i+\sum_p f_p^p N[\hat{a}_p^+ \hat{a}_p] \tag{3.119}$$

$$\hat{V}^{(1)}=-\frac{1}{2}\sum_{i,j} v_{ij}^{ij}+\sum_{p\neq q} f_q^p N[\hat{a}_p^+ \hat{a}_p]+\frac{1}{4}\sum_{p,q,r,s} v_{rs}^{pq} N[\hat{a}_p^+ \hat{a}_q^+ \hat{a}_s \hat{a}_r] \tag{3.120}$$

式(3.112)と比べると，式(3.120)では Fock 行列の非対角成分に対応する右辺第 2 項が増えていることがわかる．

4

配置間相互作用（CI）法のダイアグラム

第二量子化表現を用いることにより，配置間相互作用（CI）法，多体摂動論（MBPT），結合クラスター（CC）法などの電子相関法に対する作業方程式を規則的に導くことができる．しかしながら，必要な生成・消滅演算子を記述し，非ゼロとなる縮約をすべて考慮する作業は煩雑である．作業方程式を手で導くためには，さらなるルールと情報の整理が必要となる．本章では，第二量子化表現の情報を幾何学的に図示するダイアグラム表記の基礎を紹介し，CI 計算に必要な行列要素をダイアグラムで描画し，作業方程式を導出する手続きを解説する．

4.1 ダイアグラムの構成要素

ダイアグラム（diagram）とは，情報を整理し線や矢印などを用いて幾何学的に図示するものである．Feynman（ファインマン）は，場の量子論において粒子の振舞いを表す計算式を視覚的に理解するためにダイアグラム表記を提唱した．そのため，Feynman ダイアグラム（Feynman diagram）と呼ばれることもある．ダイアグラムは，頂点（vertex），線（line），時間軸（time axis）の三つで構成される．頂点は相互作用を表し，1 電子演算子や 2 電子演算子などの作用点がある．線には，頂点に上下から出入りする外線（external line），一つあるいは複数の頂点とつながる水平な内線（internal line）がある．本書では，時間に依存しない量子化学の定式に限定するため，時間軸に関するダイアグラムは用いない．

頂点●では，実線で表される二つの外線 ｜ が出入りし，破線で表される内線 - - - により他方の頂点と接続する．頂点×では，一つの内線と接続しているが外線の出入りはない．第二量子化表現の 1 電子演算子は，それぞれ一つの頂点●と×，二つの外線 ｜，一つの内線 - - - からなり，図 4.1(a)のダイアグラムで表さ

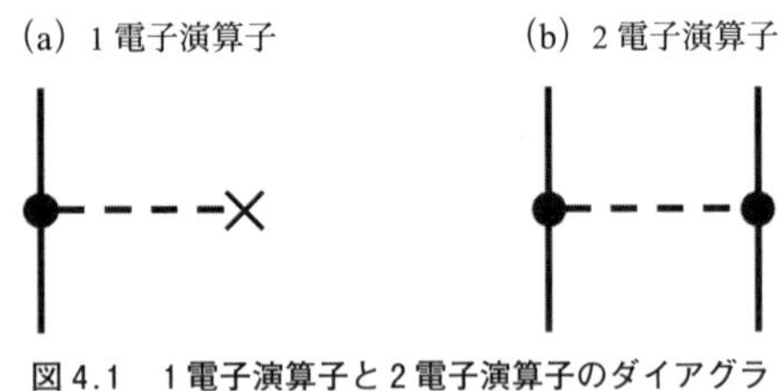

図 4.1　1電子演算子と2電子演算子のダイアグラム表現

れる．2電子演算子は，二つの頂点●，四つの外線｜，一つの内線 - - - からなり，図 4.1(b)のダイアグラムで表される．

4.2　粒子と正孔の生成・消滅演算子

HF 配置で表される多電子波動関数を Fermi 真空状態とする粒子-正孔形式では，粒子と正孔それぞれに対応する生成・消滅演算子を導入した（2.3 節参照）．Fermi 真空状態に対するダイアグラムは，二重線で表される内線══════である．粒子と正孔の生成・消滅演算子のダイアグラムは，頂点に出入りする外線の矢印で区別される．**粒子線**（particle line）は上向き矢印，**正孔線**（hole line）は下向き矢印で表される．頂点から矢印が出る粒子線は生成演算子，頂点に矢印が入る粒子線は消滅演算子に対応する．頂点に矢印が入る正孔線は生成演算子，頂点から矢印が出る正孔線は消滅演算子に対応する．外線の横には，スピン軌道 $\{\psi_i, \psi_j, \cdots ; \psi_a, \psi_b, \cdots\}$ に対応するラベル $\{i, j, \cdots ; a, b, \cdots\}$ を付ける（図 4.2）．以後，軌道 i などの表現を用いる．

1電子励起演算子 $\hat{\tau}_i^a$ は $\hat{a}_a^+ \hat{a}_i$ なので，粒子生成演算子に対応する粒子線と正孔生成演算子に対応する正孔線が一つの頂点でつながったダイアグラムで表される．一

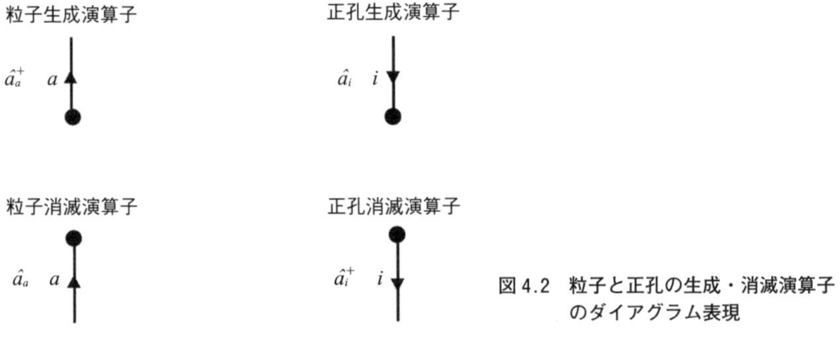

図 4.2　粒子と正孔の生成・消滅演算子のダイアグラム表現

方，1電子脱励起演算子 $\hat{\tau}_a^i$ は $\hat{a}_i^+\hat{a}_a$ なので，粒子消滅演算子に対応する粒子線と正孔消滅演算子に対応する正孔線が一つの頂点でつながったダイアグラムで表される．2電子励起演算子 $\hat{\tau}_{ij}^{ab}$ は $\hat{a}_a^+\hat{a}_b^+\hat{a}_j\hat{a}_i$ であり，さらに1電子励起演算子の積 $\hat{\tau}_i^a\hat{\tau}_j^b$ に変形できるので，二つの1電子励起演算子のダイアグラムを横に並べて表される．2電子脱励起演算子も同様である（図4.3）．

1電子励起配置 $|\Phi_i^a\rangle$ はFermi真空状態に1電子励起演算子 $\hat{\tau}_i^a$ を作用することで得られるので，これらのダイアグラムを組み合わせることで表される．その際，内線═══に重なる頂点●は省略する．1電子脱励起配置 $\langle\Phi_i^a|$ はFermi真空状態に1電子脱励起演算子 $\hat{\tau}_a^i$ を用いて同様に表される．2電子励起配置 $|\Phi_{ij}^{ab}\rangle$ や2電子脱励起配置 $\langle\Phi_{ij}^{ab}|$ も同様に表される（図4.4）．ただし，励起配置では二重線の下に，脱励起配置では二重線の上に，頂点，外線，内線は存在できない．

CI法のCI励起演算子 $\hat{C}=\{\hat{C}_1, \hat{C}_2, \cdots\}$ やCC法のクラスター演算子 $\hat{T}=\{\hat{T}_1, \hat{T}_2, \cdots\}$ には，励起演算子 $\{\hat{\tau}_i^a, \hat{\tau}_{ij}^{ab}, \cdots\}$ だけでなくCI係数 $\{C_i^a, C_{ij}^{ab}, \cdots\}$ やクラスター振幅 $\{t_i^a, t_{ij}^{ab}, \cdots\}$ が含まれる．CI係数やクラスター振幅には，一重線で表さ

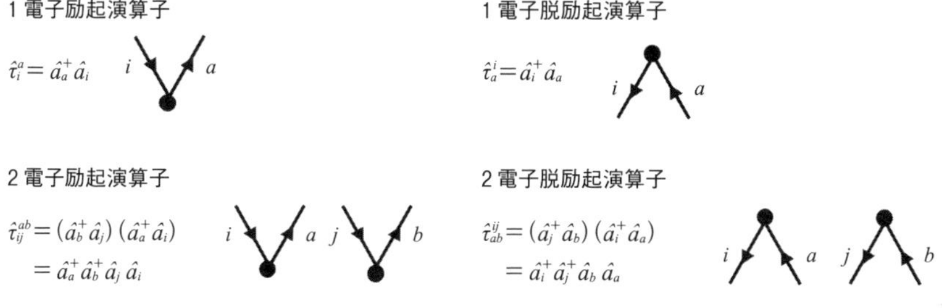

図4.3　励起演算子のダイアグラム表現

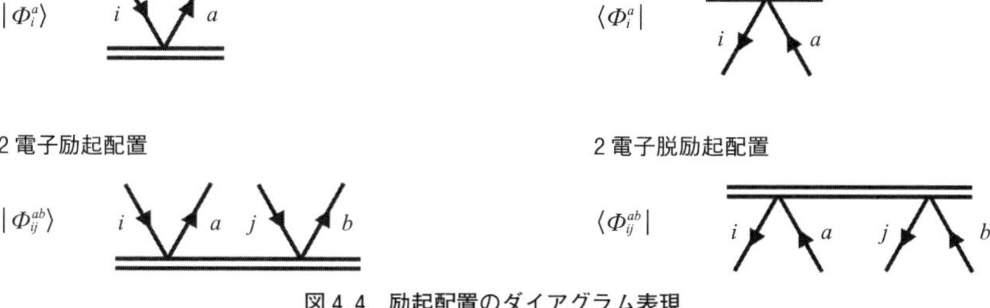

図4.4　励起配置のダイアグラム表現

図 4.5　CI 励起演算子およびクラスター演算子のダイアグラム表現

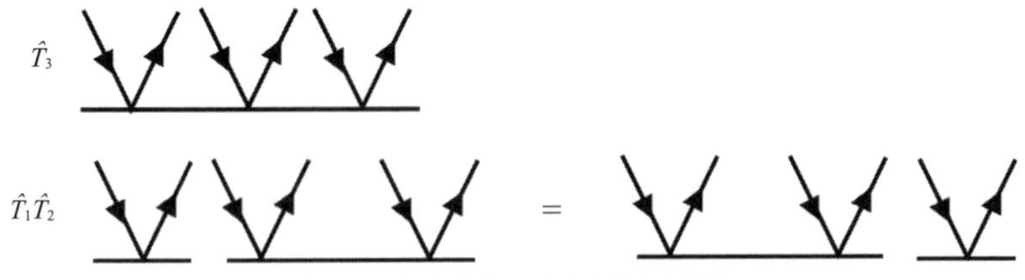

図 4.6　$\hat{T}_3$ と $\hat{T}_1\hat{T}_2$ のダイアグラム表現

れる内線——を用いる．したがって，CI 励起演算子 $\hat{C}$ や CC 法のクラスター演算子 $\hat{T}$ は，これらのダイアグラムを組み合わせることで表される（図 4.5）．

クラスター演算子は指数関数型で用いるため，BCH 展開するとクラスター演算子の積が現れる．ダイアグラム表記では，積の数だけクラスター演算子を横に並べて描く．たとえば，3 電子励起の場合，下の実線をつなげないことで，3 電子クラスター演算子 $\hat{T}_3$ と 1 電子クラスター演算子と 2 電子クラスター演算子の積 $\hat{T}_1\hat{T}_2$ を区別する．クラスター演算子は可換であるため，ダイアグラムの順序を変えても等価である（図 4.6）．

4.3　1 電子・2 電子演算子

第二量子化されたハミルトニアンの 1 電子演算子は 4 通り，2 電子演算子は 9 通りに分けられる．

$$\sum_{p,q} h_q^p \hat{a}_p^+ \hat{a}_q = \sum_{i,j} h_j^i \hat{a}_i^+ \hat{a}_j + \sum_{a,b} h_b^a \hat{a}_a^+ \hat{a}_b + \sum_{i,a} h_i^a \hat{a}_a^+ \hat{a}_i + \sum_{i,a} h_a^i \hat{a}_i^+ \hat{a}_a \tag{4.1}$$

$$\begin{aligned}\frac{1}{4}\sum_{p,q,r,s} v_{rs}^{pq} \hat{a}_p^+ \hat{a}_q^+ \hat{a}_s \hat{a}_r = &\frac{1}{4}\sum_{i,j,k,l} v_{kl}^{ij} \hat{a}_i^+ \hat{a}_j^+ \hat{a}_l \hat{a}_k + \frac{1}{4}\sum_{a,b,c,d} v_{cd}^{ab} \hat{a}_a^+ \hat{a}_b^+ \hat{a}_d \hat{a}_c + \sum_{i,j,a,b} v_{bj}^{ai} \hat{a}_a^+ \hat{a}_i^+ \hat{a}_j \hat{a}_b \\ &+ \frac{1}{2}\sum_{i,j,k,a} v_{jk}^{ia} \hat{a}_i^+ \hat{a}_a^+ \hat{a}_k \hat{a}_j + \frac{1}{2}\sum_{i,a,b,c} v_{ci}^{ab} \hat{a}_a^+ \hat{a}_b^+ \hat{a}_i \hat{a}_c + \frac{1}{2}\sum_{i,j,k,a} v_{ka}^{ij} \hat{a}_i^+ \hat{a}_j^+ \hat{a}_a \hat{a}_k \\ &+ \frac{1}{2}\sum_{i,a,b,c} v_{bc}^{ai} \hat{a}_a^+ \hat{a}_i^+ \hat{a}_c \hat{a}_b + \frac{1}{4}\sum_{i,j,a,b} v_{ij}^{ab} \hat{a}_a^+ \hat{a}_b^+ \hat{a}_j \hat{a}_i + \frac{1}{4}\sum_{i,j,a,b} v_{ab}^{ij} \hat{a}_i^+ \hat{a}_j^+ \hat{a}_b \hat{a}_a\end{aligned} \tag{4.2}$$

対応するダイアグラムは図 4.7 のように表される．1 電子積分 h の上付き添え字は頂点から出る外線，下付き添え字は頂点に入る外線の軌道に対応する．同様に反対称化された2電子積分 v の二つの上付き添え字は頂点から出る外線，二つの下付き添え字は頂点から入る外線の軌道に対応する．反対称化された2電子積分のダイアグラムでは，左側の頂点が電子1，右側の頂点が電子2に対応する．2電子演算子のダイアグラムと対応する式の係数には注意が必要である．粒子線同士や正孔線同士を入れ替えてもダイアグラムの形が変わらないときを等価な**外線対**（external line pair）といい，その対の数だけ係数として1/2を乗じる．たとえば，$v^{ij}_{kl}\hat{a}^+_i\hat{a}^+_j\hat{a}_l\hat{a}_k$ では頂点から出る正孔線対 $\{\psi_i, \psi_j\}$ と頂点に入る正孔線対 $\{\psi_k, \psi_l\}$ はそれぞれ等価であるため係数は $(1/2)^2=1/4$，$v^{ij}_{ka}\hat{a}^+_i\hat{a}^+_j\hat{a}_a\hat{a}_k$ では頂点から出る正孔線対 $\{\psi_i, \psi_j\}$ は等価であるため係数は $(1/2)^1=1/2$ となる．一方，$v^{ai}_{bj}\hat{a}^+_a\hat{a}^+_i\hat{a}_j\hat{a}_b$ ではすべての粒子線対・正孔線対はどちらも等価ではないため係数は $(1/2)^0=1$ となる．この係数はあらわにはダイアグラムに記載しない．

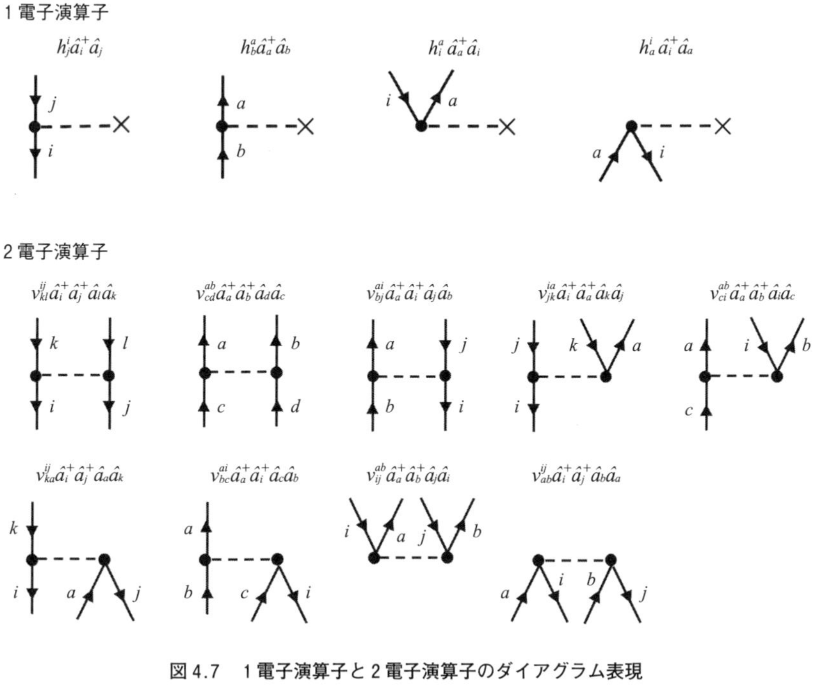

1電子演算子

$h^i_j\hat{a}^+_i\hat{a}_j$　$h^a_b\hat{a}^+_a\hat{a}_b$　$h^a_i\hat{a}^+_a\hat{a}_i$　$h^i_a\hat{a}^+_i\hat{a}_a$

2電子演算子

$v^{ij}_{kl}\hat{a}^+_i\hat{a}^+_j\hat{a}_l\hat{a}_k$　$v^{ab}_{cd}\hat{a}^+_a\hat{a}^+_b\hat{a}_d\hat{a}_c$　$v^{ai}_{bj}\hat{a}^+_a\hat{a}^+_i\hat{a}_j\hat{a}_b$　$v^{ia}_{jk}\hat{a}^+_i\hat{a}^+_a\hat{a}_k\hat{a}_j$　$v^{ab}_{ci}\hat{a}^+_a\hat{a}^+_b\hat{a}_i\hat{a}_c$

$v^{ij}_{ka}\hat{a}^+_i\hat{a}^+_j\hat{a}_a\hat{a}_k$　$v^{ai}_{bc}\hat{a}^+_a\hat{a}^+_i\hat{a}_c\hat{a}_b$　$v^{ab}_{ij}\hat{a}^+_a\hat{a}^+_b\hat{a}_j\hat{a}_i$　$v^{ij}_{ab}\hat{a}^+_i\hat{a}^+_j\hat{a}_b\hat{a}_a$

図4.7　1電子演算子と2電子演算子のダイアグラム表現

4.4 縮　　約

1.6 節では生成・消滅演算子の縮約は，生成・消滅演算子の反交換関係から，ゼロまたは Kronecker のデルタとなることを説明した．さらに 2.3 節では Fermi 真空状態に対する縮約は，正孔消滅演算子と正孔生成演算子という順の対と粒子消滅演算子と粒子生成演算子という順の対が非ゼロとなることを示した．

$$\overbrace{\hat{a}_i^+ \hat{a}_j} = \delta_{ij} \tag{4.3}$$

$$\overbrace{\hat{a}_a \hat{a}_b^+} = \delta_{ab} \tag{4.4}$$

図 4.8 には正孔と粒子の生成・消滅演算子の組すべてのダイアグラムを示している．図 4.8(a)では，正孔消滅演算子 $\hat{a}_i^+$ の頂点から出る正孔線と正孔生成演算子 $\hat{a}_j$ の頂点に入る正孔線を結ぶことができ，外線から内線に変わる．このように図形

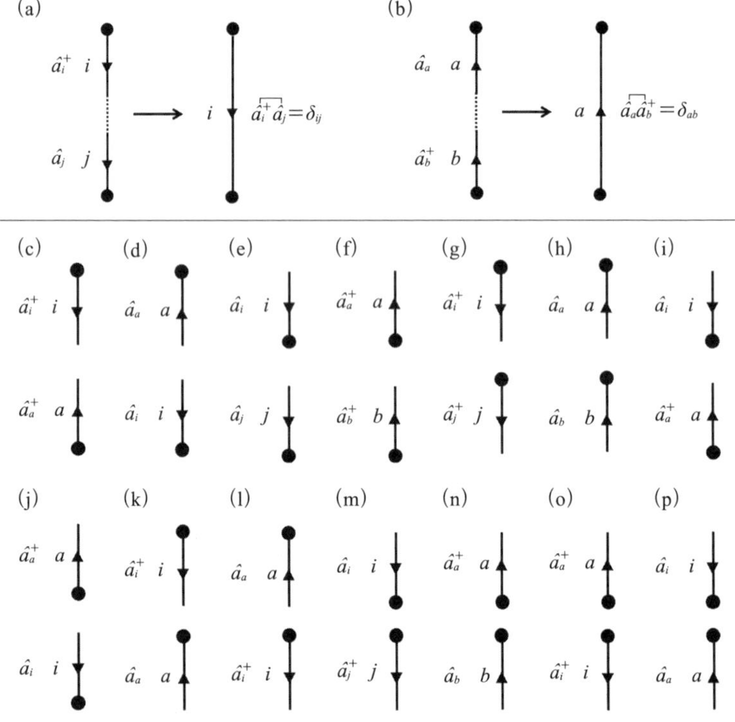

図 4.8　正孔線・粒子線縮約のダイアグラム表現
(c)～(p)は線を結ぶことができず，非ゼロの縮約をとることができない．

的に結ぶことできる場合，非ゼロの縮約に対応する．内線となった一つの正孔線の添え字 i と j，すなわち軌道 i と軌道 j が一致するということは，式(4.3) 右辺の Kronecker のデルタ δ_{ij} に対応する．

同様に図 4.8(b)では，粒子消滅演算子 $\hat{a}_a$ の頂点に入る粒子線と粒子生成演算子 $\hat{a}_b^+$ の頂点から出る粒子線を結ぶことができ，式(4.4) 右辺の Kronecker のデルタ δ_{ab} になる．図 4.8(c)では，正孔消滅演算子 $\hat{a}_i^+$ の頂点から出る正孔線と粒子生成演算子 $\hat{a}_a^+$ の頂点から出る粒子線の矢印はぶつかり結ぶことができず，非ゼロの縮約をとることができないことに対応する．同様に図 4.8(d)では，粒子消滅演算子 $\hat{a}_a$ の頂点に入る粒子線と正孔生成演算子 $\hat{a}_i$ の頂点に入る正孔線も矢印の方向が異なるため結ぶことができず，非ゼロの縮約をとることができない．図 4.8(e)～(p)に示すその他の組合せも正孔線・粒子線を結ぶことができず，非ゼロの縮約をとることができない．以上のようにダイアグラムを用いることにより，非ゼロの縮約を図形的に自然な形で導くことができる．

4.5　Wick の定理

Wick の定理を用いると，任意の生成・消滅演算子の積は縮約と N 積の線形結合で展開することができる．式(4.1)の 1 電子演算子の場合，右辺第 1 項の縮約のみが非ゼロとなるので次式のように展開できる．

$$
\begin{aligned}
\sum_{p,q} h_q^p \hat{a}_p^+ \hat{a}_q &= \sum_{i,j} h_j^i \hat{a}_i^+ \hat{a}_j + \sum_{a,b} h_b^a \hat{a}_a^+ \hat{a}_b + \sum_{i,a} h_i^a \hat{a}_a^+ \hat{a}_i + \sum_{i,a} h_a^i \hat{a}_i^+ \hat{a}_a \\
&= \sum_{i,j} h_j^i N[\overbrace{\hat{a}_i^+ \hat{a}_j}] + \sum_{i,j} h_j^i N[\hat{a}_i^+ \hat{a}_j] + \sum_{a,b} h_b^a N[\hat{a}_a^+ \hat{a}_b] + \sum_{i,a} h_i^a N[\hat{a}_a^+ \hat{a}_i] + \sum_{i,a} h_a^i N[\hat{a}_i^+ \hat{a}_a] \\
&= \sum_{i} h_i^i + \sum_{i,j} h_j^i N[\hat{a}_i^+ \hat{a}_j] + \sum_{a,b} h_b^a N[\hat{a}_a^+ \hat{a}_b] + \sum_{i,a} h_i^a N[\hat{a}_a^+ \hat{a}_i] + \sum_{i,a} h_a^i N[\hat{a}_i^+ \hat{a}_a] \\
&= \sum_{i} h_i^i - \sum_{i,j} h_j^i N[\hat{a}_j \hat{a}_i^+] + \sum_{a,b} h_b^a N[\hat{a}_a^+ \hat{a}_b] + \sum_{i,a} h_i^a N[\hat{a}_a^+ \hat{a}_i] + \sum_{i,a} h_a^i N[\hat{a}_i^+ \hat{a}_a] \qquad (4.5)
\end{aligned}
$$

ただし，ダイアグラムでは正孔線・粒子線の区別が重要なので，式(2.29)の任意のスピン軌道 $\{\psi_p, \psi_q\}$ に対する和を，式(4.5)では四つの場合 $\{\psi_i, \psi_j\}$，$\{\psi_a, \psi_b\}$，$\{\psi_i, \psi_a\}$，$\{\psi_a, \psi_i\}$ に区別していることに注意が必要である．式(4.5)をダイアグラムで表すと図 4.9 のような一つの閉じたダイアグラム（closed diagram）と四つの開いたダイアグラム（open diagram）となる．閉じたダイアグラムは，縮約による δ_{ij} に対応して軌道 i と軌道 j が等しい場合のみ二つの外線をつなぐことができる．開いたダイアグラムは，Wick の定理で展開する前の 1 電子演算子のダイアグラムと同様である（図 4.7 参照）．ただし，粒子および正孔の生成・消滅演算子の対は

閉じたダイアグラム

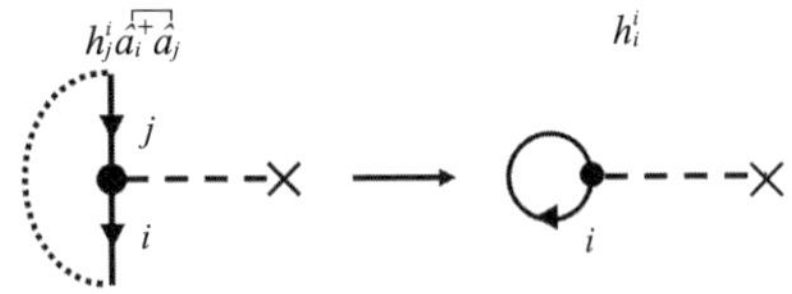

開いたダイアグラム

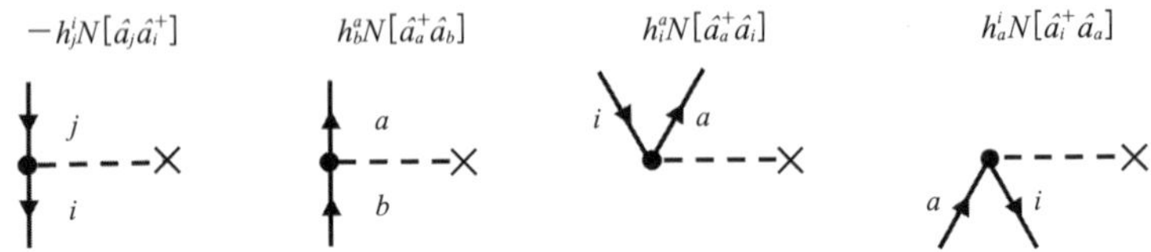

図 4.9　Wick の定理により展開された 1 電子演算子のダイアグラム表現

すべてN積であること，また，そのために正孔消滅演算子 $\hat{a}^+_i$ と正孔生成演算子 $\hat{a}_j$ の対ではN積括弧内の反交換関係により符号が負となることに注意が必要である．

式(4.2)の 2 電子演算子を展開しダイアグラムで表すと，図 4.10 のように一つの閉じたダイアグラムと 13 個の開いたダイアグラムとなる．図 4.10(a)に示す 2 個の縮約により閉じたダイアグラムは，v^{ij}_{ij} に対応する．図 4.10(b)～(e)に示す 1 個のみの縮約により，片側が開いたダイアグラムは四つある．図 4.10(f)～(n)に示す縮約のない開いたダイアグラムは，Wick の定理で展開する前の 2 電子演算子のダイアグラム（図 4.7）と同様である．ただし，粒子および正孔の生成・消滅演算子の対はすべてN積であること，また，そのためにN積括弧内の反交換関係により符号が正・負となることに注意が必要である．

N積で表されたハミルトニアンの 1 電子項は次式のように Fock 演算子 $\hat{f}$ の第二量子化表現で表される．

$$f^p_q N[\hat{a}^+_p \hat{a}_q] = h^p_q N[\hat{a}^+_p \hat{a}_q] + \sum_i v^{pi}_{qi} N[\hat{a}^+_p \hat{a}_q] \tag{4.6}$$

Fock 演算子 $\hat{f}$ に対応する相互作用の頂点は，1 電子演算子の相互作用の頂点×と 2 電子演算子の縮約の内線○を合わせた⊗で表す．正孔消滅演算子 $\hat{a}^+_i$ と正孔生成演算子 $\hat{a}_j$ の対に対応する Fock 演算子の場合，図 4.11 のようなダイアグラムとなる．また，N積括弧内の反交換関係による負符号にも注意が必要である．

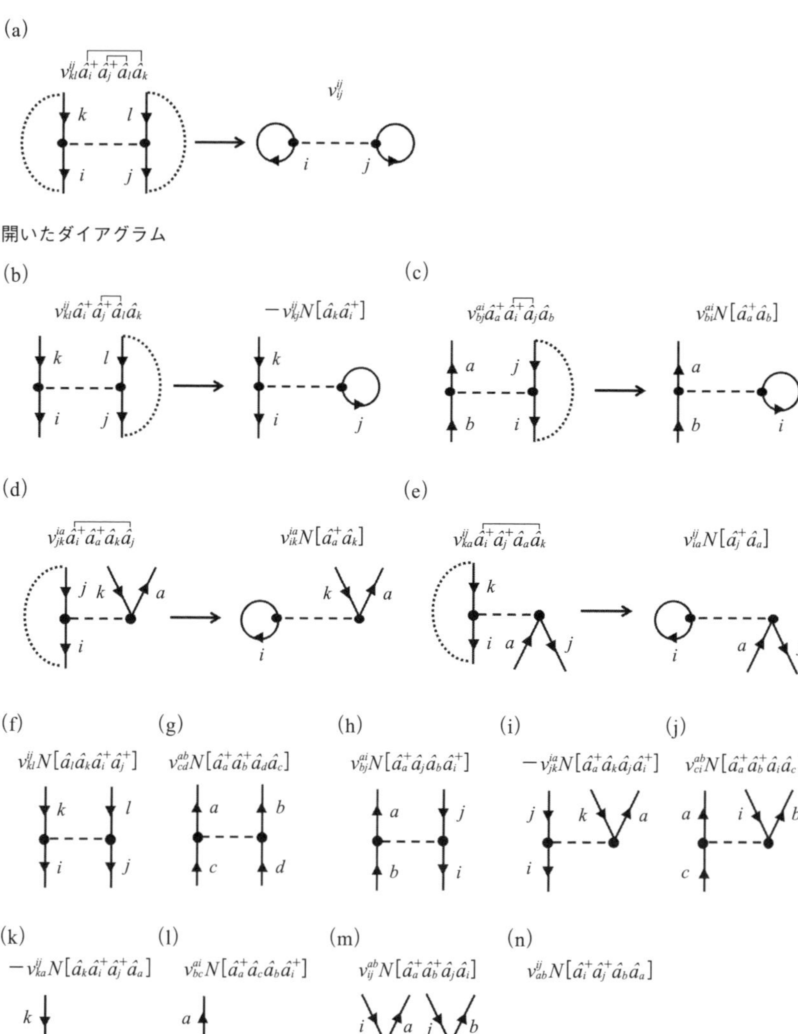

図 4.10 Wick の定理により展開された 2 電子演算子のダイアグラム表現

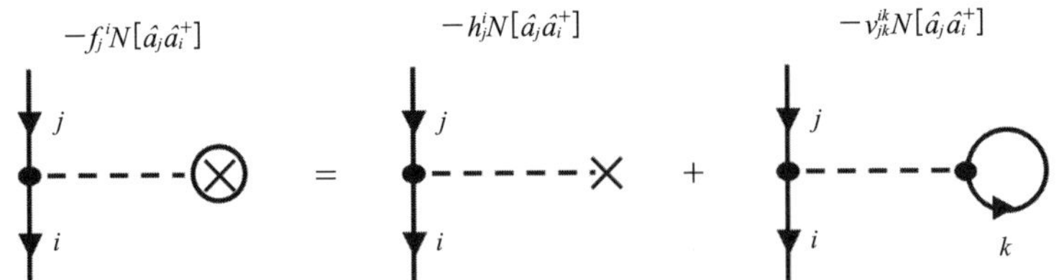

図 4.11　N 積型ハミルトニアンの 1 電子項のダイアグラム表現

コラム　バブルダイアグラムとオイスターダイアグラム

図 4.7 および図 4.10 のダイアグラムは，式(4.2)の反対称化された 2 電子積分 $\langle\psi_p\psi_q||\psi_r\psi_s\rangle$ を用いた 2 電子演算子に対応している．反対称化されていない 2 電子積分 $\langle\psi_p\psi_q|\psi_r\psi_s\rangle$ を用いた場合，2 電子演算子は以下の式となる．

$$\frac{1}{2}\sum_{i,j,k,l}\langle\psi_i\psi_j|\psi_k\psi_l\rangle\hat{a}_i^+\hat{a}_j^+\hat{a}_l\hat{a}_k+\frac{1}{2}\sum_{a,b,c,d}\langle\psi_a\psi_b|\psi_c\psi_d\rangle\hat{a}_a^+\hat{a}_b^+\hat{a}_d\hat{a}_c+\sum_{i,j,a,b}\langle\psi_a\psi_i|\psi_b\psi_j\rangle\hat{a}_a^+\hat{a}_i^+\hat{a}_j\hat{a}_b$$
$$+\sum_{i,j,a,b}\langle\psi_a\psi_i|\psi_j\psi_b\rangle\hat{a}_a^+\hat{a}_i^+\hat{a}_b\hat{a}_j+\sum_{i,j,k,a}\langle\psi_i\psi_a|\psi_j\psi_k\rangle\hat{a}_i^+\hat{a}_a^+\hat{a}_k\hat{a}_j+\sum_{i,a,b,c}\langle\psi_a\psi_b|\psi_c\psi_i\rangle\hat{a}_a^+\hat{a}_b^+\hat{a}_i\hat{a}_c$$
$$+\sum_{i,j,k,a}\langle\psi_i\psi_j|\psi_k\psi_a\rangle\hat{a}_i^+\hat{a}_j^+\hat{a}_a\hat{a}_k+\sum_{i,a,b,c}\langle\psi_a\psi_i|\psi_b\psi_c\rangle\hat{a}_a^+\hat{a}_i^+\hat{a}_c\hat{a}_b$$
$$+\frac{1}{2}\sum_{i,j,a,b}\langle\psi_a\psi_b|\psi_i\psi_j\rangle\hat{a}_a^+\hat{a}_b^+\hat{a}_j\hat{a}_i+\frac{1}{2}\sum_{i,j,a,b}\langle\psi_i\psi_j|\psi_a\psi_b\rangle\hat{a}_i^+\hat{a}_j^+\hat{a}_b\hat{a}_a \tag{4.7}$$

反対称化された 2 電子積分に対する式(4.2)右辺の第 3 項は，式(4.7)では第 3 項と第 4 項となり，ダイアグラムも二つに分かれ，計 10 種類となる（図 4.12）．外線対の考えは反対称化された 2 電子積分の場合と同様であり，粒子線と正孔線の対を入れ替えてもダイアグラムの形が変わらないとき係数として 1/2 を乗じる．

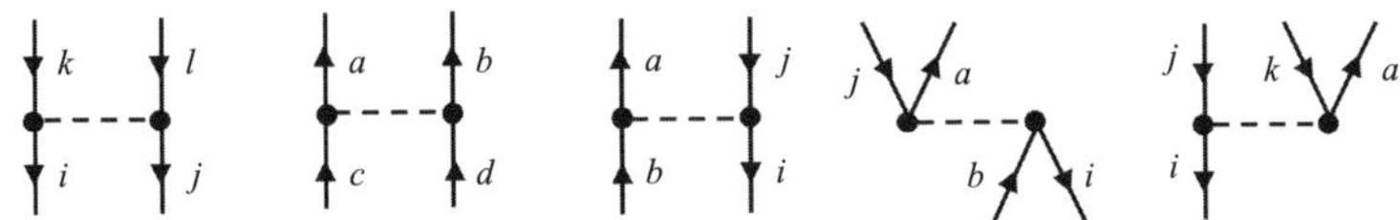

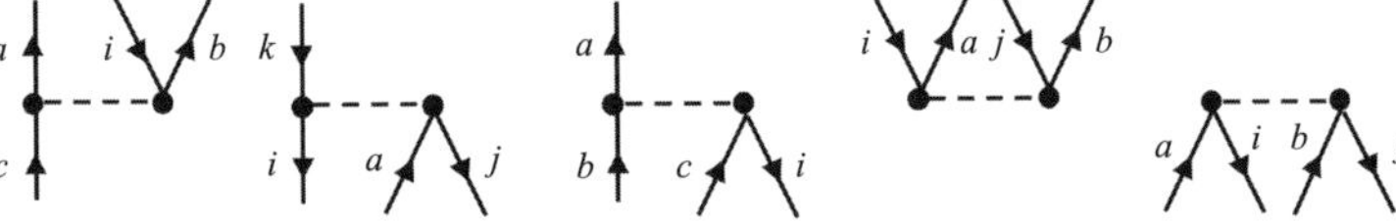

図 4.12　反対称化されていない 2 電子演算子のダイアグラム表現

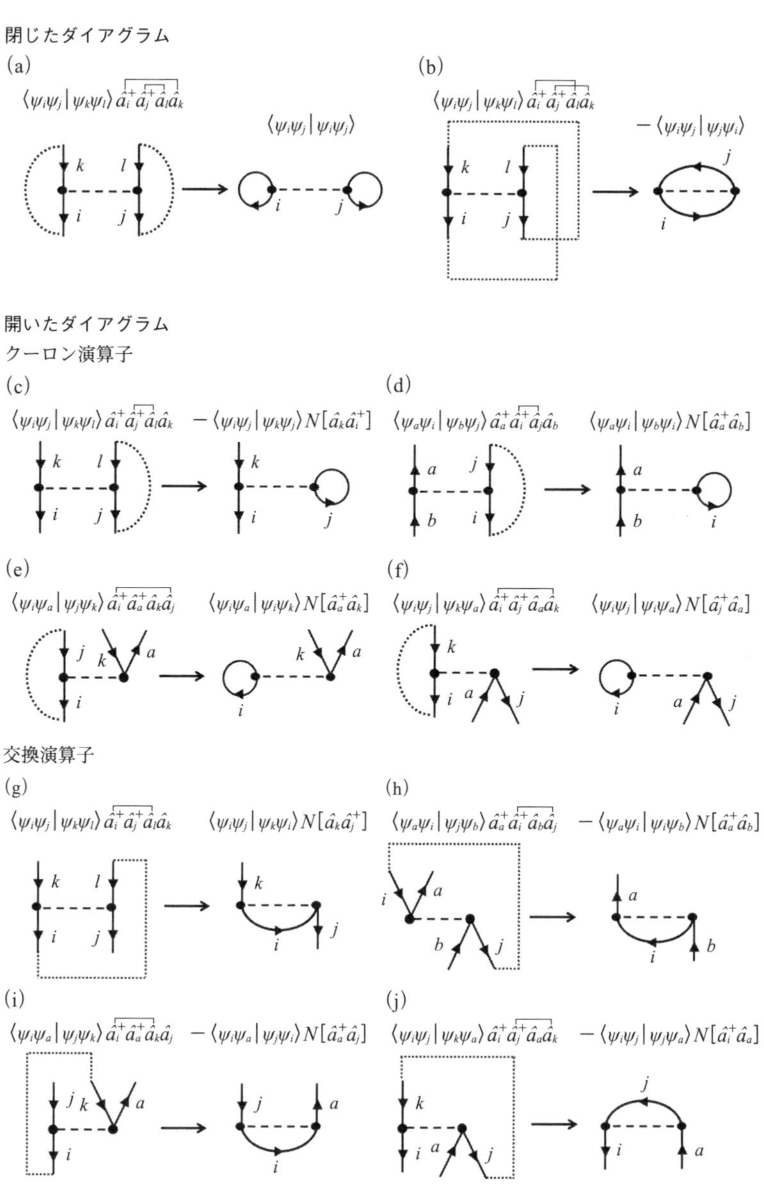

図 4.13　Wick の定理により展開された反対称化されていない 2 電子演算子のダイアグラム表現
縮約のない開いたダイアグラムは省略する.

Wick の定理を用いて式(4.7)の 2 電子演算子を展開すると，二つの閉じたダイアグラムと 18 個の開いたダイアグラムとなる．2 個の縮約により，閉じたダイアグラムは，図 4.13(a)のクーロン積分（Coulomb integral）$\langle\psi_i\psi_j|\psi_i\psi_j\rangle(=J_{ij})$ と図 4.13(b)の交換積分（exchange integral）$\langle\psi_i\psi_j|\psi_j\psi_i\rangle(=K_{ij})$ に対応する．1 個のみの縮約により，片側が開いたダイアグラムは八つあり，図 4.13(c)～(f)に示すような同じ頂点で縮約されたダイアグラムはクーロン演算子（Coulomb operator）$\hat{J}$ に対応し，図 4.13(g)～(j)に示すような異なる頂点で縮約されたダイアグラムは交換演算子（exchange operator）$\hat{K}$ に対応する．クーロン積分やクーロン演算子は泡のように見えることからバブルダイアグラム（bubble diagram），交換積分や交換演算子は牡蠣のように見えることからオイスターダイアグラム（oyster diagram）と呼ばれる．

縮約のない開いたダイアグラム 10 個は，Wick の定理で展開する前の 2 電子演算子のダイアグラム（図 4.12）と同様である．ただし，粒子および正孔の生成・消滅演算子の対はすべてN積であること，また，そのためにN積括弧内の反交換関係により符号が正・負となることに注意が必要である．

4.6　一般化 Wick の定理

CI 法，MBPT，CC 法などの電子相関法では，ハミルトニアンが HF 配置や種々の励起配置に作用したり，さらには HF 配置や励起配置との間のハミルトニアン行列要素を求めたりする必要がある．これらにはN積型ハミルトニアンと励起・脱励起演算子の積の形が現れる．N積型ハミルトニアンと励起・脱励起演算子に含まれる生成・消滅演算子はすべて Fermi 真空状態に対するN積であるが，それらの積は必ずしもN積ではない．

一般化 Wick の定理を用いると，すべての生成・消滅演算子がN積である項に展開できる．その際に，N積間の生成・消滅演算子に対してのみ縮約を考慮する．1 電子演算子 $\hat{F}_N$ が 1 電子励起配置 $|\Phi_i^a\rangle$ に作用する場合，式(3.21)の 4 項の展開から始め，任意の軌道の組 $\{\psi_p, \psi_q\}$ が占有・仮想軌道を取り得る 4 通りを考慮して 16 項に分ける．そのうち 12 項はゼロとなり，最終的に式(3.22)の 4 項になる（演習問題 3.2 の解答参照）．このような数学的操作は，ダイアグラムではどのような操作に対応するかを見ていこう．

まず，$\{\psi_p, \psi_q\}$ が占有軌道同士の組 $\{\psi_j, \psi_k\}$ の場合，図 4.14 のようなダイアグラムとなる．図 4.11 に示した Fock 演算子 $-f_k^j N[\hat{a}_k\hat{a}_j^+]$ のダイアグラムと図 4.4 に

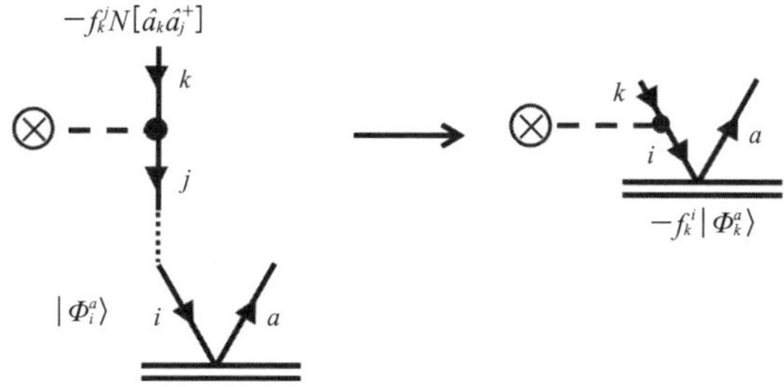

図 4.14　$\sum_{j,k}(-f_k^jN[\hat{a}_k\hat{a}_j^+])|\Phi_i^a\rangle=\sum_k(-f_k^i)|\Phi_k^a\rangle$ のダイアグラム表現

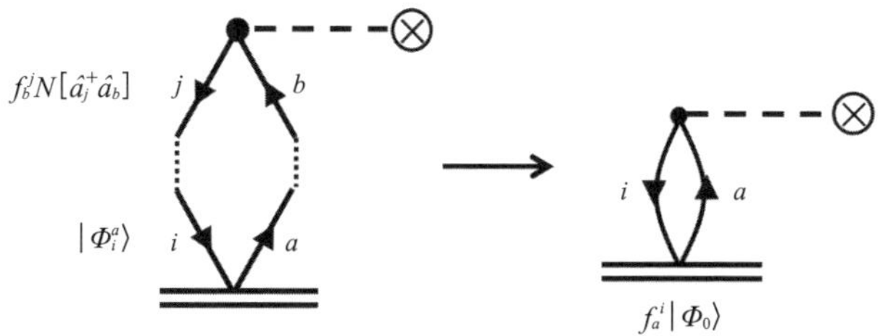

図 4.15　$\sum_{j,b}f_b^jN[\hat{a}_j^+\hat{a}_b]|\Phi_i^a\rangle=f_a^i|\Phi_i^a\rangle$ のダイアグラム表現

示した 1 電子励起配置 $|\Phi_i^a\rangle=N[\hat{a}_a^+\hat{a}_i]|\Phi_0\rangle$ のダイアグラムを考えた場合，これらの間の外線を結ぶことができるのは $\hat{a}_j^+$ と $\hat{a}_i$ に対応する正孔線同士である．これらの外線を結ぶことは縮約に対応するので，軌道 j が軌道 i と一致するとき，すなわち，δ_{ij} となり，係数は $-f_k^i$ となる．また，励起配置は $|\Phi_k^a\rangle$ となる．添え字 k の正孔線は外線のままであるため，占有軌道 k に対する和は残る．つまり，$\sum_k(-f_k^i)|\Phi_k^a\rangle$ である．

次に，$\{\psi_p,\psi_q\}$ が占有軌道と仮想軌道の組 $\{\psi_j,\psi_b\}$ の場合，図 4.15 のようなダイアグラムとなる．この場合，添え字 i と j の正孔線同士および添え字 a と b の粒子線同士を結ぶことができ，図のような閉じたダイアグラムが得られる．そして，これらの外線を結ぶことに対応する縮約より δ_{ij} と δ_{ab} が得られ，係数は f_a^i となる．

$\{\psi_p,\psi_q\}$ が仮想軌道と占有軌道の組 $\{\psi_b,\psi_j\}$ の場合，図 4.16 のようなダイアグラムとなる．この場合，結ぶことができる外線はないため，Fock 演算子に対するダイアグラムと励起配置に対するダイアグラムを上下に描く．添え字 j の正孔線と添え字 b の粒子線は外線のままであるため，占有軌道 j と仮想軌道 b に対する和は残る．つまり，$\sum_{j,b}f_j^bN[\hat{a}_b^+\hat{a}_j]|\Phi_i^a\rangle$ である．

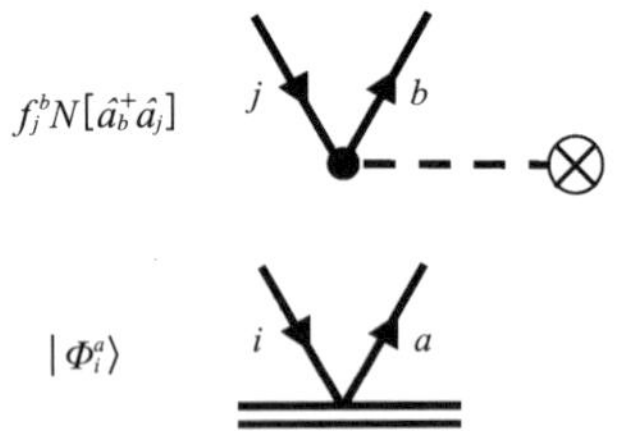

図 4.16　$\sum_{j,b} f_j^b N[\hat{a}_b^+ \hat{a}_j] | \Phi_i^a \rangle$ のダイアグラム表現

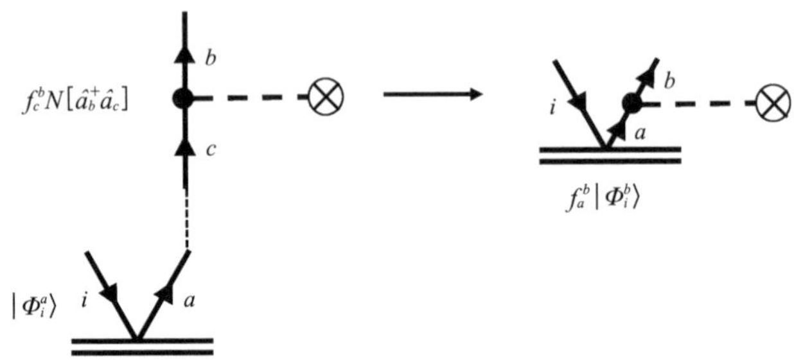

図 4.17　$\sum_{b,c} f_c^b N[\hat{a}_b^+ \hat{a}_c] | \Phi_i^a \rangle = \sum_b f_a^b | \Phi_i^b \rangle$ のダイアグラム表現

最後に，任意の軌道の組 $\{\psi_p, \psi_q\}$ が仮想軌道同士の組 $\{\psi_b, \psi_c\}$ の場合，図 4.17 のようなダイアグラムとなる．この場合，添え字 a と c の粒子線同士を結ぶことができる．これらの外線を結ぶことに対応する縮約より δ_{ac} が得られ，係数は f_a^b となる．また，励起配置は $|\Phi_i^b\rangle$ となる．添え字 b の粒子線は外線のままであるため，仮想軌道 b に対する和は残る．つまり，$\sum_b f_a^b | \Phi_i^b \rangle$ である．

4.7　ダイアグラムに対するパリティ

一般化 Wick の定理を用いて完全縮約すると多数の縮約線が存在する場合がある．その際，生成・消滅演算子を適宜交換することは面倒となるため，1.6 節では縮約線の交差数によりパリティを決定する規則を説明した．ダイアグラムを数式に変換するときにも，パリティに対する規則が必要となる．

まず，4.6 節で取り上げたダイアグラムに対するパリティの規則を考えていこう．図 4.17 の粒子線の接続ではパリティは生じないが，図 4.14 の正孔線の接続ではN積括弧内の反交換関係により負符号となる．つまり，正孔線の接続数 h だけパリティが生じる．図 4.15 のダイアグラムでは，正孔線が 1 本接続されているが，

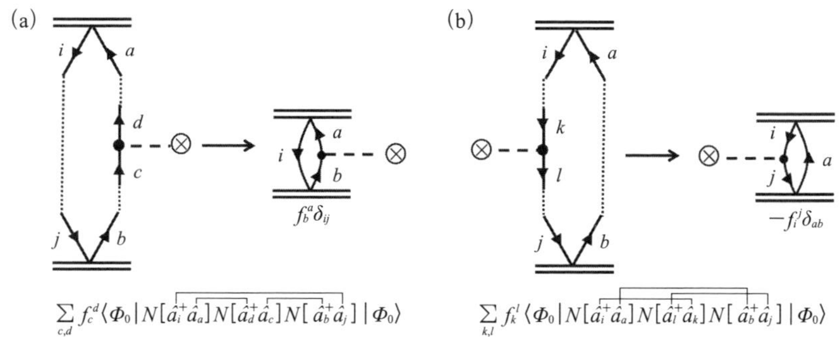

図 4.18　$\langle \Phi_i^a | \hat{F}_N | \Phi_j^b \rangle$ のダイアグラム表現

符号は正である．ただし，粒子線も接続され 1 本につながった輪（loop）と呼ばれる閉曲線となり，正孔線接続によるパリティを打ち消す．このことから，輪の個数 l より，ダイアグラムの符号は最終的に $(-1)^{h-l}$ となる．

次に，1 電子脱励起配置 $\langle \Phi_i^a |$ と 1 電子励起配置 $| \Phi_j^b \rangle$ に対する 1 電子項 $\hat{F}_N$ の行列要素 $\langle \Phi_i^a | \hat{F}_N | \Phi_j^b \rangle$ を考える．式(3.30)より，完全縮約できる縮約線の組合せは 2 種類ある．式(3.30) 2 行目第 1 項は，仮想軌道同士の組 $\{\psi_c, \psi_d\}$ に対応している．ダイアグラムで考える場合，正孔線は 1 個，粒子線は 2 個連結し，1 個の輪をもつダイアグラムとなる［図 4.18(a)］．正孔線の連結数は 1 個，輪の個数は 1 個であることからパリティは $(-1)^{1-1}=1$ となり，このダイアグラムの符号は正である．接続したダイアグラムでは，正孔線が接続すると外線が内線となるため，単に正孔内線の数と考えてよい．一方，式(3.30) 2 行目第 2 項は，占有軌道同士の組 $\{\psi_k, \psi_l\}$ に対応している．同様に考えると，正孔内線の数は 2 個，輪の個数は 1 個であることから $(-1)^{2-1}=-1$ となり，対応するダイアグラム［図 4.18(b)］は負符号となる．

Fermi 真空状態 $\langle \Phi_0 |$ と 2 電子励起配置 $| \Phi_{ij}^{ab} \rangle$ に対する 2 電子項 $\hat{V}_N$ の行列要素 $\langle \Phi_0 | \hat{V}_N | \Phi_{ij}^{ab} \rangle$ を例として，複数の輪がある場合に慣れていこう．完全縮約できる縮約線の組合せは 4 種類であり，対応するダイアグラムは図 4.19(a)～(d)で表される．ここで，4 個のダイアグラムにおいて，正孔内線の数はすべて 2 個で同じであるが，輪の個数は異なる．図 4.19(a)のダイアグラムでは，2 電子項の左右の頂点に出入りする粒子線・正孔線と 2 電子励起配置の左右の頂点に出入りする粒子線・正孔線がそれぞれ接続すると，二つの閉曲線が描画できる．輪の個数が 2 個であることから，$(-1)^{2-2}=1$ となり正符号となる．一方，図 4.19(b)のダイアグラムでは，2 電子項の左の頂点に出入りする粒子線・正孔線は 2 電子励起配置の頂点を経

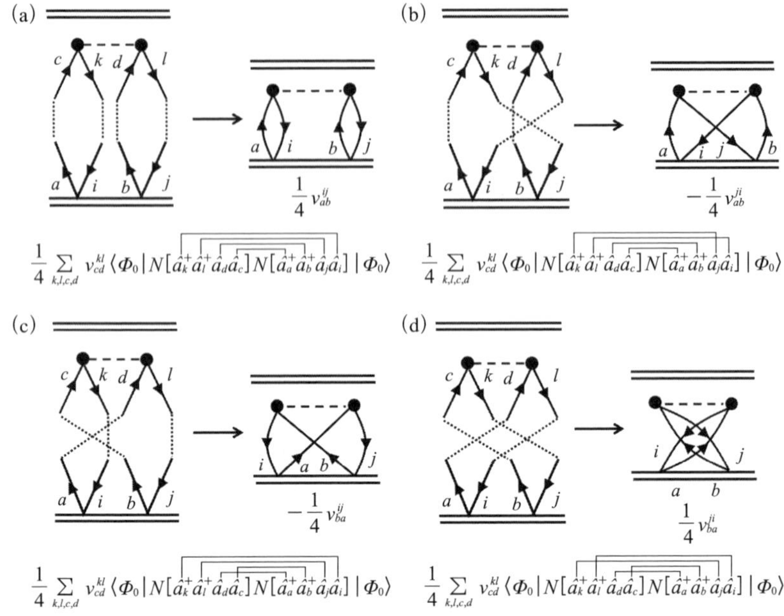

図 4.19　$\langle\Phi_0|\hat{V}_N|\Phi_{ij}^{ab}\rangle$ のダイアグラム表現

由して 2 電子項の右の頂点に出入りすると，一つの長い閉曲線となる．輪の個数が 1 であることより，$(-1)^{2-1}=-1$ より負となる．図 4.19(c)と図 4.19(d)のダイアグラムに対して同様にして考えると，輪の個数はそれぞれ 1 個と 2 個であるから，パリティはそれぞれ $(-1)^{2-1}=-1$ と $(-1)^{2-2}=1$ となる．

4.8　励起レベル

縮約に関する基本的な規則を用いれば，一般化 Wick の定理に基づくダイアグラムは自然と描画できる．ただし，N積型ハミルトニアンは 1 電子演算子と 2 電子演算子を合わせると 13 種類あるため，多電子励起配置の行列要素に必要なダイアグラムをすべて描画できるかを心配する読者もいるであろう．そこで，ダイアグラムの数え漏れを減らすために，**励起レベル**（excitation level）という概念を導入する．

Fermi 真空状態の励起レベルは (0) である．1 電子励起演算子の励起レベルは (+1) であるため，1 電子励起配置，1 電子 CI 励起演算子や 1 電子クラスター演算子の励起レベルもすべて (+1) である．一方，1 電子脱励起演算子の励起レベルは (−1) である（図 4.20）．

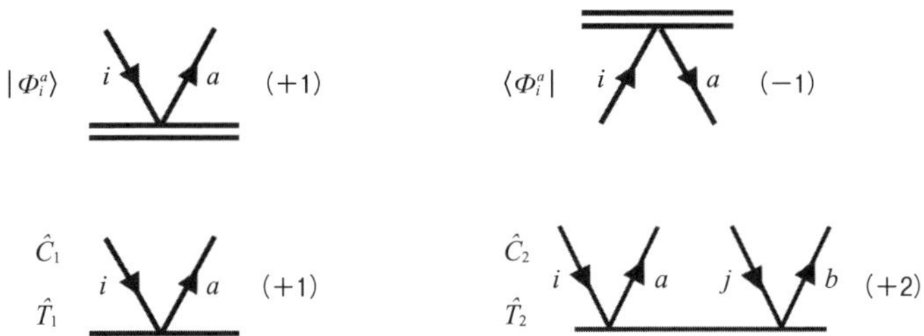

図 4.20　励起配置の励起レベル

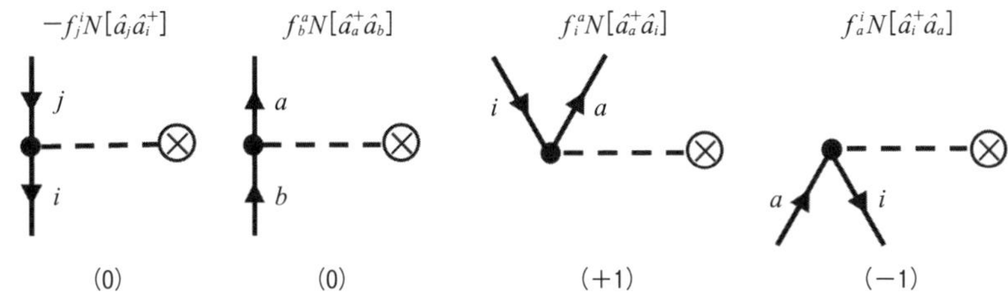

図 4.21　N 積型ハミルトニアンの 1 電子項の励起レベル

N 積型ハミルトニアンの 1 電子項や 2 電子項は種類によって励起レベルが異なる．一つの頂点で粒子線同士や正孔線同士が出入りする場合，励起レベルは (0) である．励起演算子と同様の粒子生成演算子・正孔生成演算子の対なら (+1)，脱励起演算子と同様の正孔消滅演算子・粒子消滅演算子の対なら (−1) である（図 4.21）．2 電子項も同様に，励起レベル (0) は三つ，(+1) は二つ，(−1) は二つ，(+2) は一つ，(−2) は一つである（図 4.22）．

行列要素が非ゼロとなるのは，それぞれのダイアグラムに対応する励起レベルの合計が (0) となる場合である．Fermi 真空状態 $\langle\Phi_0|$ と 1 電子励起配置 $|\Phi_i^a\rangle$ に対する 1 電子項 $\hat{F}_N$ の行列要素 $\langle\Phi_0|\hat{F}_N|\Phi_i^a\rangle$ を例として考えよう．一般化 Wick の定理で展開すると完全縮約して得られる項は一つのみである［式(3.24)参照］．ダイアグラムでは，ブラ状態 $\langle\Phi_0|$ とケット状態 $|\Phi_i^a\rangle$ のダイアグラムの間に 1 電子項のダイアグラム $\hat{F}_N$ を描画する．Fermi 真空状態と 1 電子励起配置の励起レベルは，それぞれ (0) と (+1) と一意に決まるが，$\hat{F}_N$ は 4 種類存在する．Fermi 真空状態と 1 電子励起配置の励起レベルの和が (0)＋(+1)＝(+1) となるため，$\hat{F}_N$ の励起レベルは (−1) と決まる（図 4.23）．

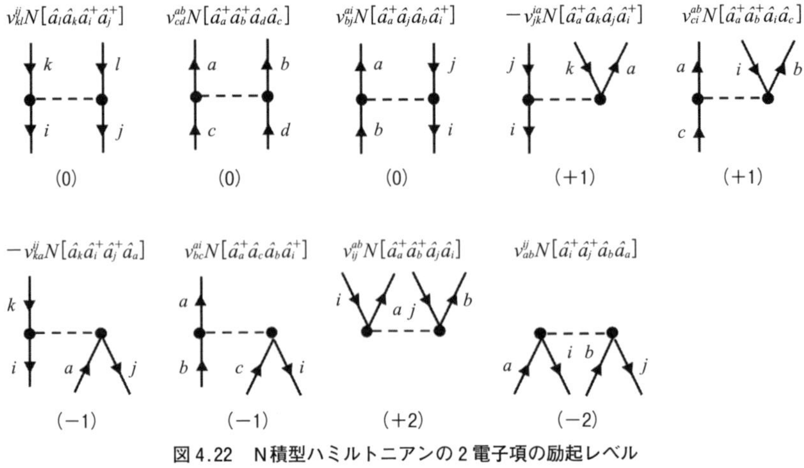

図 4.22　N積型ハミルトニアンの 2 電子項の励起レベル

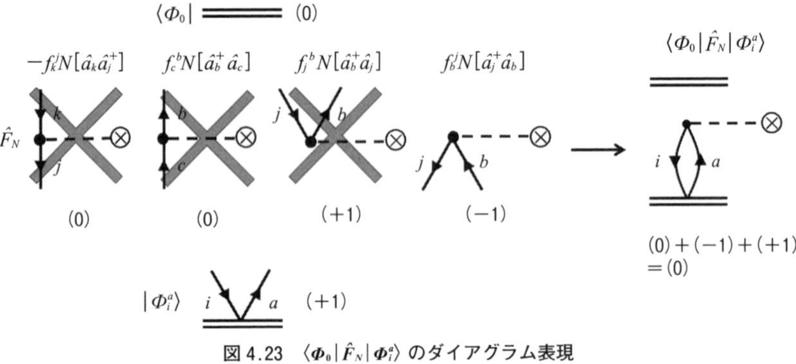

図 4.23　$\langle\Phi_0|\hat{F}_N|\Phi_i^a\rangle$ のダイアグラム表現

4.9　CI 行列要素のダイアグラム

CI 法に対する作業方程式を得るためには，基底状態や励起配置に対する行列要素の計算が必要となる．CI 行列要素を含む作業方程式を求めるためのダイアグラムの手続きを以下にまとめる．Step D1～D4 がダイアグラムを描画するための手続き，Step F1, F2 がダイアグラムを数式に変換し，作業方程式を導出するための手続きである．

CI 行列要素に対するダイアグラム描画の手続き

Step D1：ハミルトニアンの励起レベルの決定

励起レベルの合計がゼロとなるように，ブラ状態およびケット状態の励起レベルからN積型ハミルトニアンの励起レベルを決定する．

Step D2：ブラ・ケット状態とハミルトニアンのダイアグラムの描画

ブラ状態（上部）とケット状態（下部）のダイアグラムの間に Step D1 で決定した励起レベルに対するハミルトニアンダイアグラムを 1 電子演算子と 2 電子演算子を区別して描画する．

Step D3：ブラ・ケット状態とハミルトニアンのダイアグラムの連結

ブラ状態（上部），ハミルトニアン（中間），ケット状態（下部）のダイアグラムに属するすべての粒子線と正孔線を連結する．ただし，等価な外線対同士を連結する場合は，1 種類のみ考慮すればよい．

Step D4：軌道ラベルの記載

すべての正孔線に対して占有スピン軌道のラベル $\{i, j, k, \cdots\}$ を記載する．同様に，すべての粒子線に対して仮想スピン軌道のラベル $\{a, b, c, \cdots\}$ を記載する．

ダイアグラムから CI 行列要素の表式への変換手続き

Step F1：1 電子積分と 2 電子積分の決定

1 電子演算子に対するダイアグラム ●- - - - -⊗ につながる粒子線・正孔線のラベルから，1 電子積分 $f_{\text{in}}^{\text{out}}$ を決定する．同様に，2 電子演算子に対するダイアグラム ●- - - -● につながる粒子線・正孔線のラベルから，2 電子積分 $v_{\text{left-in},\text{right-in}}^{\text{left-out},\text{right-out}}$ を決定する．脱励起配置と励起配置を結ぶ粒子線・正孔線のラベルから，Kronecker のデルタ δ を決定する．

Step F2：パリティの決定

内線となる正孔線の本数 h と輪の個数 l に対応したパリティ $(-1)^{h-l}$ を乗じる．

行列要素 $\langle \Phi_0 | \hat{V}_N | \Phi_{ij}^{ab} \rangle$ を例として CI 行列要素に対するダイアグラム描画規則の使い方に慣れていこう．

Step D1

$\langle \Phi_0|$ と $|\Phi_{ij}^{ab}\rangle$ の励起レベルはそれぞれ (0) と (+2) であるため，合計がゼロとなる $\hat{V}_N$ の励起レベルは (−2) の一つとなる．

Step D2

$\langle \Phi_0|$（上部）と $|\Phi_{ij}^{ab}\rangle$（下部）のダイアグラムの間に励起レベル（−2）の 2 電子項 $\hat{V}_N$ を描画する（図 4.24）．

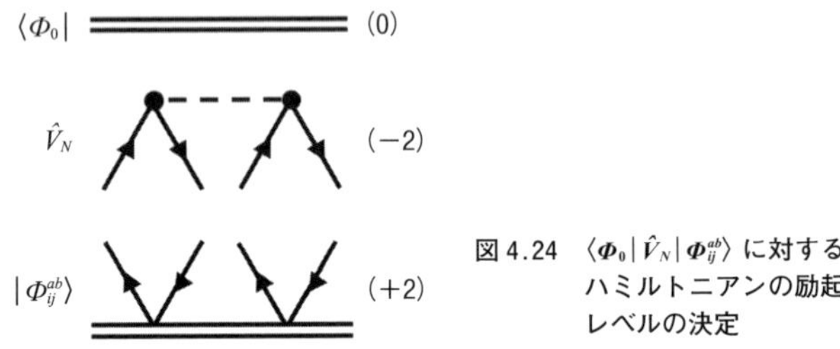

図 4.24　$\langle \boldsymbol{\Phi}_0|\hat{V}_N|\boldsymbol{\Phi}_{ij}^{ab}\rangle$ に対するハミルトニアンの励起レベルの決定

Step D3

$\langle \Phi_0|$ は外線が出ていないため，$\hat{V}_N$ と $|\Phi_{ij}^{ab}\rangle$ の外線をすべて連結する．$\hat{V}_N$ と $|\Phi_{ij}^{ab}\rangle$ の外線は粒子線・正孔線ともに等価な外線対であるため 1 種類の連結方法を考慮すれば十分であるが，この例題内ではすべてを考慮する．$\hat{V}_N$ に対する二つの粒子線と二つの正孔線の結び方はそれぞれ 2 種類あり，四つの外線の縮約を考えるとダイアグラムは合計で 4 種類となる（図 4.25）．

Step D4

図 4.25 の四つのダイアグラムに対して，二つの正孔線に占有スピン軌道のラベル i と j，二つの仮想スピン軌道のラベル a と b を記載する［図 4.26(a)～(d)］．スピン軌道ラベルは 2 電子励起配置の添え字に注意し，$|\Phi_{ij}^{ab}\rangle$ の二重線に対して左側に出入りする正孔線と粒子線を i, a，右側に出入りする正孔線と粒子線を j, b と記載する．

次に，得られたダイアグラムから数式変換規則を用いて，作業方程式を導出する．

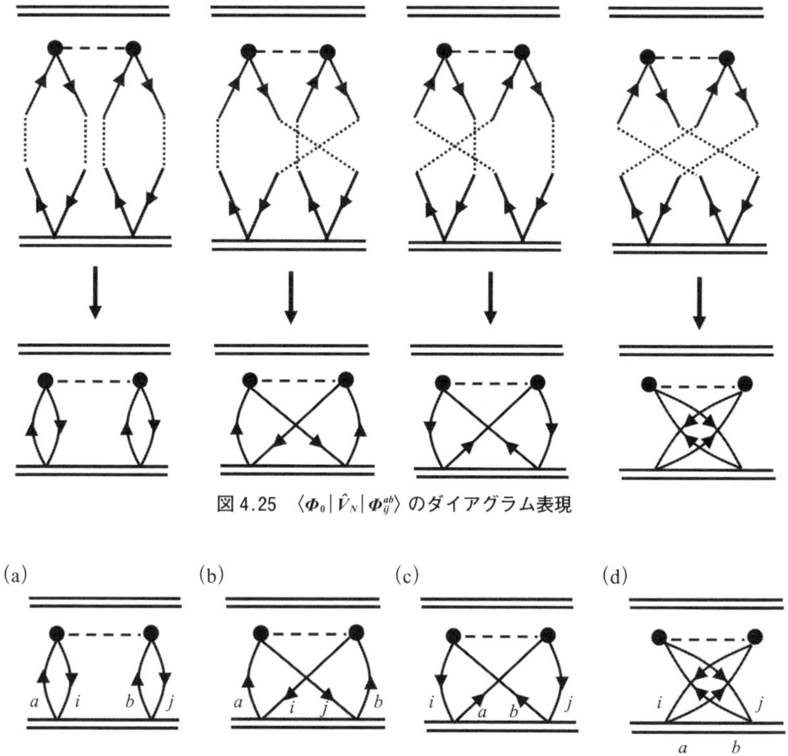

図 4.25　$\langle \boldsymbol{\Phi}_0 | \hat{V}_N | \boldsymbol{\Phi}_{ij}^{ab} \rangle$ のダイアグラム表現

図 4.26　$\langle \boldsymbol{\Phi}_0 | \hat{V}_N | \boldsymbol{\Phi}_{ij}^{ab} \rangle$ に対するスピン軌道ラベルの設定

Step F1

2 電子演算子に対するダイアグラム ●- - - -● につながる粒子線・正孔線のラベルから，2 電子積分 $v_{\text{left-in, right-in}}^{\text{left-out, right-out}}$ を決定する．図 4.26(a)は，軌道 i, j の正孔線がそれぞれ $\hat{V}_N$ の左側と右側の頂点から出ていき，軌道 a, b の粒子線がそれぞれ $\hat{V}_N$ の左側と右側の頂点に入っていくため v_{ab}^{ij} となる．同様に，図 4.26(b)～(d)は，それぞれ v_{ab}^{ji}，v_{ba}^{ij}，v_{ba}^{ji} となる．

Step F2

内線となる正孔線の本数と輪の個数からパリティを決定する．CI 行列要素の場合，すべての正孔線は内線であるため，単に正孔線の数と考えてよい．Step D4 より，図 4.26(a)は，2 個の正孔線と 2 個の輪から $(-1)^{2-2}=1$ となる．最終的には，このダイアグラムに対する数式は v_{ab}^{ij} となる．図 4.26 で示した残り三つのダイアグラムでは，正孔線の本数はいずれも2本であるが，輪の個数はそれぞれ1, 1, 2であり，対応する数式は $-v^{ji}_{ab}$，$-v^{ij}_{ba}$，v^{ji}_{ba} となる．しかし，反対称化された2電子積分の反交換関係式［式(2.4)参照］からこれらはすべて等しくなる．四つのダイアグラムを足し合わせると，等価な外線対の数だけ1/2を乗じた係数1/4［式(4.2)右辺第9項参照］が打ち消される［式(3.27)参照］.

$$\frac{1}{4}v^{ij}_{ab}-\frac{1}{4}v^{ji}_{ab}-\frac{1}{4}v^{ij}_{ba}+\frac{1}{4}v^{ji}_{ba}=v^{ij}_{ab} \tag{4.8}$$

本規則において等価な外線対を結ぶときは，1種類のみ考慮すれば十分である．よって，ダイアグラムから行列要素 $\langle\Phi_0|\hat{V}_N|\Phi^{ab}_{ij}\rangle$ に対する作業方程式が導かれる．

$$\langle\Phi_0|\hat{V}_N|\Phi^{ab}_{ij}\rangle=v^{ij}_{ab} \tag{4.9}$$

手で解く課題 4.1

2電子励起配置で打ち切るCISD（CI singles and doubles）計算に必要な以下の行列要素に対するダイアグラムを描画し，作業方程式を導け．

[1]　$\langle\Phi_0|\hat{H}_N|\Phi^a_i\rangle$　　[2]　$\langle\Phi^a_i|\hat{H}_N|\Phi^b_j\rangle$　　[3]　$\langle\Phi_0|\hat{H}_N|\Phi^{ab}_{ij}\rangle$　　[4]　$\langle\Phi^a_i|\hat{H}_N|\Phi^{bc}_{jk}\rangle$

注　行列要素 $\langle\Phi^{ab}_{ij}|\hat{H}_N|\Phi^{cd}_{kl}\rangle$ については，補遺Aで説明する．

手で解く課題　解答

手で解く課題 4.1

2電子励起配置で打ち切る CISD（CI singles and doubles）計算に必要な以下の行列要素に対するダイアグラムを描画し，作業方程式を導け．

[1]　$\langle \Phi_0 | \hat{H}_N | \Phi_i^a \rangle$　　[2]　$\langle \Phi_i^a | \hat{H}_N | \Phi_j^b \rangle$　　[3]　$\langle \Phi_0 | \hat{H}_N | \Phi_{ij}^{ab} \rangle$　　[4]　$\langle \Phi_i^a | \hat{H}_N | \Phi_{jk}^{bc} \rangle$

注　行列要素 $\langle \Phi_{ij}^{ab} | \hat{H}_N | \Phi_{kl}^{cd} \rangle$ については，補遺Aで説明する．

課題 4.1 を手で解く

[1]　$\langle \Phi_0 | \hat{H}_N | \Phi_i^a \rangle$ の場合

Step D1

$\langle \Phi_0 |$ と $| \Phi_i^a \rangle$ の励起レベルはそれぞれ (0) と (+1) であるため，合計がゼロとなる $\hat{H}_N$ の励起レベルは (−1) となる．

Step D2

$\langle \Phi_0 |$（上部）と $| \Phi_i^a \rangle$（下部）のダイアグラムの間に励起レベル (−1) の1電子項 $\hat{F}_N$ と2電子項 $\hat{V}_N$ を描画する（図1）．1電子項のダイアグラムはハミルトニアンの粒子線・正孔線を $| \Phi_i^a \rangle$ の粒子線・正孔線とすべて連結できる．

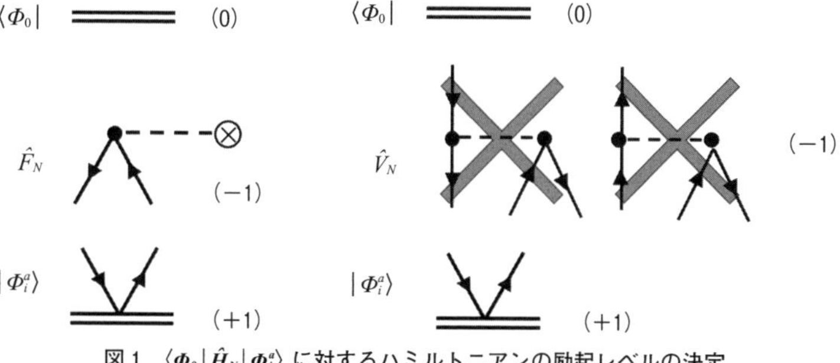

図1　$\langle \boldsymbol{\Phi}_0 | \hat{\boldsymbol{H}}_N | \boldsymbol{\Phi}_i^a \rangle$ に対するハミルトニアンの励起レベルの決定

Step D3

$\langle \Phi_0|$ は外線が出ていないため，$\hat{F}_N$ と $|\Phi_i^a\rangle$ の外線をすべて連結すると一つのダイアグラムとなる（図 2 ）.

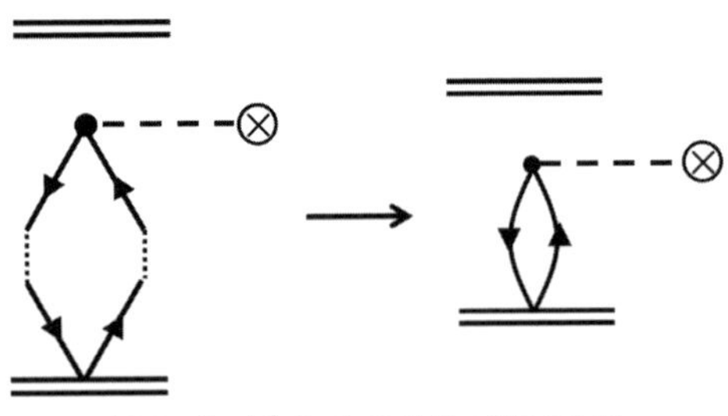

図 2　$\langle \boldsymbol{\Phi}_0|\hat{\boldsymbol{H}}_N|\boldsymbol{\Phi}_i^a\rangle$ のダイアグラム表現

Step D4

Step D3 のダイアグラムに対して，正孔線に占有スピン軌道のラベル i，粒子線に仮想スピン軌道のラベル a を記載する（図 3 ）.

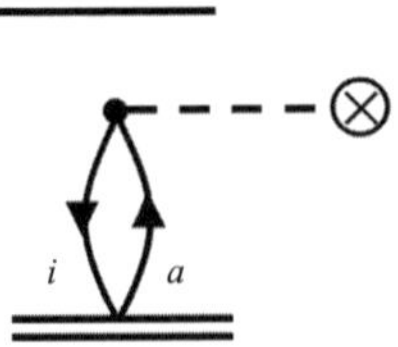

図 3　$\langle \boldsymbol{\Phi}_0|\hat{\boldsymbol{H}}_N|\boldsymbol{\Phi}_i^a\rangle$ に対するスピン軌道ラベルの設定

Step F1

1 電子演算子に対するダイアグラム ●-----⊗ につながる粒子線・正孔線のラベルから，1 電子積分 $f_{\mathrm{in}}^{\mathrm{out}}$ を決定する．Step D4 のダイアグラムでは，軌道 i の正孔線と軌道 a の粒子線がそれぞれ $\hat{F}_N$ の頂点に対して出入りするため，f_a^i となる.

Step F2

Step D4 のダイアグラムでは，1 個の正孔線と 1 個の輪から $(-1)^{1-1}=1$ となる．このダイアグラムから行列要素 $\langle \Phi_0|\hat{H}_N|\Phi_i^a\rangle$ に対する作業方程式は以下の式となる.

$$\langle \Phi_0|\hat{H}_N|\Phi_i^a\rangle = f_a^i$$

［2］　$\langle \Phi_i^a|\hat{H}_N|\Phi_j^b\rangle$ の場合

Step D1

$\langle \Phi_i^a|$ と $|\Phi_j^b\rangle$ の励起レベルはそれぞれ（−1）と（+1）であるため，合計がゼロとなる $\hat{H}_N$ の励起レベルは (0) となる.

Step D2

$\langle \Phi_i^a|$（上部）と $|\Phi_j^b\rangle$（下部）のダイアグラムの間に励起レベル (0) の 1 電子項と 2 電子項を描画する（図 4）．二つの 1 電子項のダイアグラムは，ハミルトニアンの粒子線・正孔線を $\langle \Phi_i^a|$ と $|\Phi_j^b\rangle$ の粒子線・正孔線とすべて連結できる．一方，ハミルトニアンの粒子線・正孔線をすべて連結できる 2 電子項のダイアグラムは一つである．

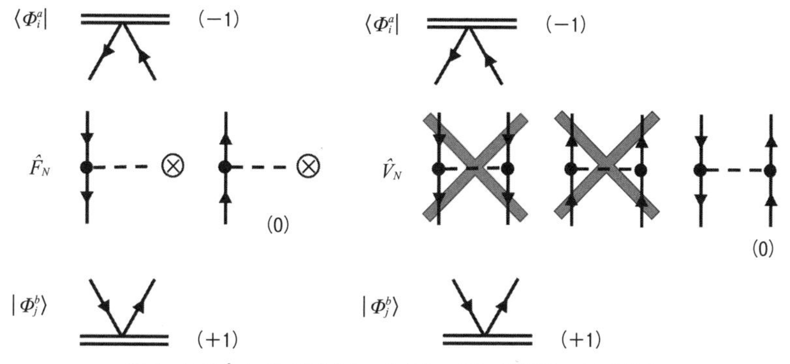

図 4　$\langle \Phi_i^a|\hat{H}_N|\Phi_j^b\rangle$ に対するハミルトニアンの励起レベルの決定

Step D3

Step D2 のダイアグラムに対して，すべての粒子線と正孔線を結ぶと，それぞれのハミルトニアンからダイアグラムを一つずつ描画できる（図 5）．

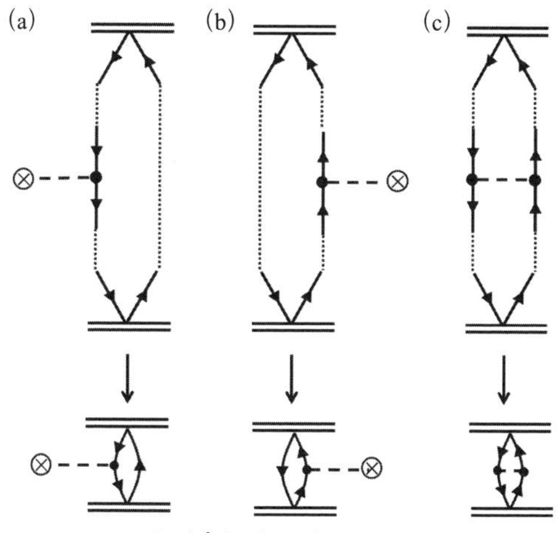

図 5　$\langle \Phi_i^a|\hat{H}_N|\Phi_j^b\rangle$ のダイアグラム表現

Step D4

$\langle \Phi_i^a |$ と $| \Phi_j^b \rangle$ から，上部の正孔線に占有スピン軌道のラベル i，粒子線に仮想スピン軌道のラベル a，下部の正孔線に占有軌道のラベル j，粒子線に仮想軌道のラベル b を記載する（図 6 ）．

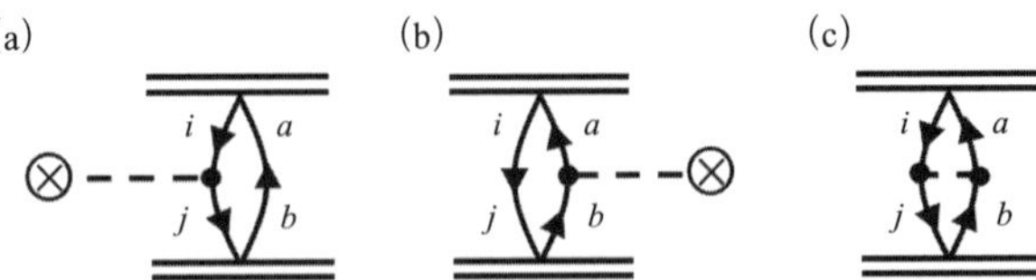

図 6　$\langle \Phi_i^a | \hat{H}_N | \Phi_j^b \rangle$ に対するスピン軌道ラベルの設定

Step F1, F2

1 電子演算子・2 電子演算子に対するダイアグラムにつながる粒子線・正孔線のラベルから 1 電子積分と 2 電子積分を決定する．Step D4 のダイアグラム［図 6(a), (b)］では，脱励起配置と励起配置を結ぶ粒子線・正孔線のラベルから，Kronecker のデルタ δ を決定する．さらに，Step D4 のダイアグラムからパリティを決定する（表 1 ）．

表 1　ダイアグラムから $\langle \Phi_i^a | \hat{H}_N | \Phi_j^b \rangle$ の表式への変換

	(a)	(b)	(c)
Step F1	$f_i^j \delta_{ab}$	$f_b^a \delta_{ij}$	v_{ib}^{ja}
Step F2	$-f_i^j \delta_{ab}$	$f_b^a \delta_{ij}$	$-v_{ib}^{ja}$

よって，3 個のダイアグラムから行列要素 $\langle \Phi_i^a | \hat{H}_N | \Phi_j^b \rangle$ に対する作業方程式は以下の式となる．

$$\langle \Phi_i^a | \hat{H}_N | \Phi_j^b \rangle = f_b^a \delta_{ij} - f_i^j \delta_{ab} - v_{ib}^{ja}$$

［3］　$\langle \Phi_0 | \hat{H}_N | \Phi_{ij}^{ab} \rangle$ の場合

Step D1

$\langle \Phi_0 |$ と $| \Phi_{ij}^{ab} \rangle$ の励起レベルはそれぞれ (0) と (+2) であるため，合計がゼロとなる $\hat{H}_N$ の励起レベルは (−2) となり，$\hat{V}_N$ のみである．

4.9 節の例題と同様であるため，Step D2～D4 と Step F1, F2 を省略し，行列要素 $\langle \Phi_0 | \hat{H}_N | \Phi_{ij}^{ab} \rangle$ に対する作業方程式は以下の式で表される．

$$\langle \Phi_0 | \hat{H}_N | \Phi_{ij}^{ab} \rangle = v_{ab}^{ij}$$

[4]　$\langle \Phi_i^a | \hat{H}_N | \Phi_{jk}^{bc} \rangle$ の場合

Step D1

$\langle \Phi_i^a|$ と $|\Phi_{jk}^{bc}\rangle$ の励起レベルはそれぞれ (−1) と (+2) であるため，合計がゼロとなる $\hat{H}_N$ の励起レベルは (−1) となる．

Step D2

$\langle \Phi_i^a|$（上部）と $|\Phi_{jk}^{bc}\rangle$（下部）のダイアグラムの間に励起レベル (−1) の 1 電子項と 2 電子項を描画する（図 7）．すべての 1 電子項・2 電子項のダイアグラムは，ハミルトニアンの粒子線・正孔線を $\langle \Phi_i^a|$ と $|\Phi_{jk}^{bc}\rangle$ の粒子線・正孔線とすべて連結できる．

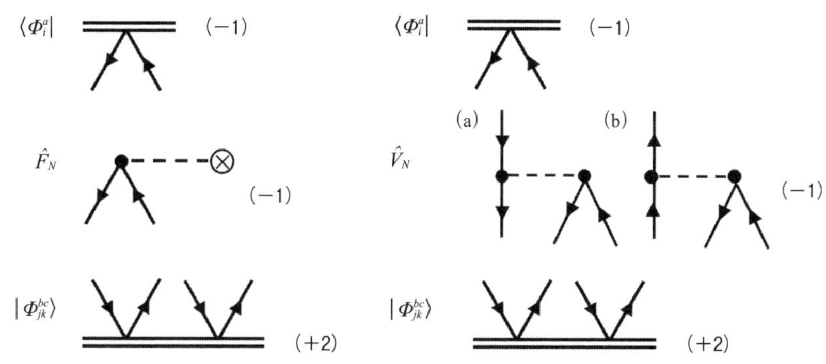

図 7　$\langle \Phi_i^a | \hat{H}_N | \Phi_{jk}^{bc} \rangle$ に対するハミルトニアンの励起レベルの決定

Step D3

1 電子項 $\hat{F}_N$ が，$\langle \Phi_i^a|$ と $|\Phi_{jk}^{bc}\rangle$ に連結する場合，4 種類のダイアグラムが描画できる［図 8(a)～(d)］．Step D2 のダイアグラム［図 7(a)］の 2 電子項 $\hat{V}_N$ が，$\langle \Phi_i^a|$ と $|\Phi_{jk}^{bc}\rangle$ に連結する場合，頂点から出る正孔線は等価な外線対であるため，正孔線の結び方は 2 種類あるが等価なダイアグラムとなる．粒子線は等価な外線対ではないため，二つの結び方がある［図 8(e), (f)］．同様に，Step D2 のダイアグラム［図 7(b)］の 2 電子項 $\hat{V}_N$ も二つのダイアグラムが描画できる［図 8(g), (h)］．

Step D4

$\langle \Phi_i^a|$ と $|\Phi_{jk}^{bc}\rangle$ から，上部の正孔線に占有軌道のラベル i，粒子線に仮想軌道のラベル a，下部の正孔線に占有軌道のラベル j, k，粒子線に仮想軌道のラベル b, c を記載する（図 9）．

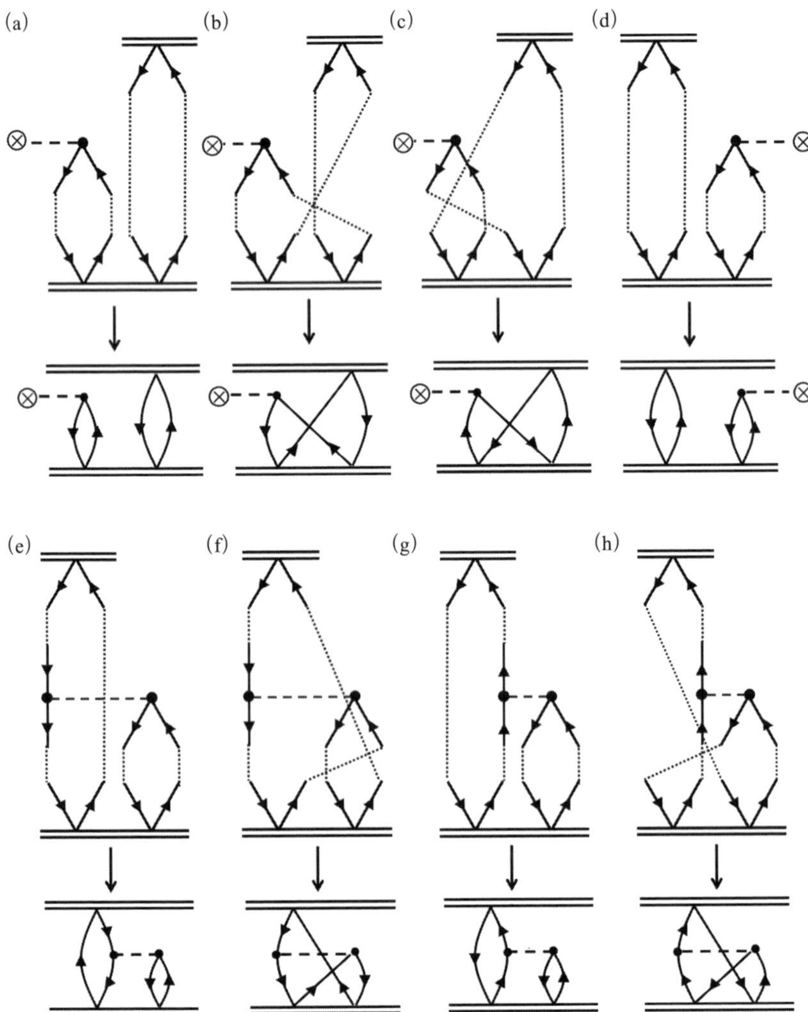

図 8　$\langle \boldsymbol{\Phi}_i^a | \hat{\boldsymbol{H}}_N | \boldsymbol{\Phi}_{jk}^{bc} \rangle$ のダイアグラム表現

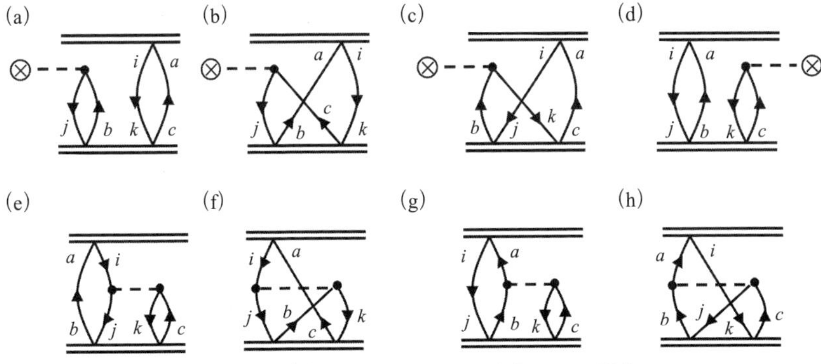

図 9　$\langle \Phi_i^a | \hat{H}_N | \Phi_{jk}^{bc} \rangle$ に対するスピン軌道ラベルの設定

Step F1, F2

Step D4 のダイアグラムから 1 電子積分，2 電子積分，Kronecker のデルタ δ とパリティを決定する（表 2）．

表 2　ダイアグラムから $\langle \Phi_i^a | \hat{H}_N | \Phi_{jk}^{bc} \rangle$ の表式への変換

	(a)	(b)	(c)	(d)	(e)	(f)	(g)	(h)
Step F1	$f_b^j\delta_{ik}\delta_{ac}$	$f_c^j\delta_{ik}\delta_{ab}$	$f_b^k\delta_{ij}\delta_{ac}$	$f_c^k\delta_{ij}\delta_{ab}$	$v_{ic}^{jk}\delta_{ab}$	$v_{ib}^{jk}\delta_{ac}$	$v_{bc}^{ak}\delta_{ij}$	$v_{bc}^{aj}\delta_{ik}$
Step F2	$f_b^j\delta_{ik}\delta_{ac}$	$-f_c^j\delta_{ik}\delta_{ab}$	$-f_b^k\delta_{ij}\delta_{ac}$	$f_c^k\delta_{ij}\delta_{ab}$	$-v_{ic}^{jk}\delta_{ab}$	$v_{ib}^{jk}\delta_{ac}$	$v_{bc}^{ak}\delta_{ij}$	$-v_{bc}^{aj}\delta_{ik}$

よって，8 個のダイアグラムから行列要素 $\langle \Phi_i^a | \hat{H}_N | \Phi_{jk}^{bc} \rangle$ に対する作業方程式は以下の式となる．

$$\langle \Phi_i^a | \hat{H}_N | \Phi_{jk}^{bc} \rangle = f_c^k\delta_{ij}\delta_{ab} - f_b^k\delta_{ij}\delta_{ac} + f_b^j\delta_{ik}\delta_{ac} - f_c^j\delta_{ik}\delta_{ab} + v_{bc}^{ak}\delta_{ij} - v_{bc}^{aj}\delta_{ik} - v_{ic}^{jk}\delta_{ab} + v_{ib}^{jk}\delta_{ac}$$

5

結合クラスター（CC）法のダイアグラム

結合クラスター（CC）法は指数関数型の励起演算子を用いることにより，効率的に電子相関の効果を取り込める．一方，複数のクラスター演算子の積が現れるため，第二量子化の手法だけを用いて作業方程式を手で導くことは困難である．本章では，ダイアグラム表現を用いることで，エネルギー方程式と振幅方程式に対する具体的な作業方程式が系統的に求められることを見ていく．

5.1 相互作用ラベル

4 章では，ダイアグラムを用いて CI 行列要素に対する作業方程式を導出した．その際，非ゼロとなるようなN積型ハミルトニアンの励起レベルを選択し，ブラ状態とケット状態に出入りするすべての外線とダイアグラムを結ぶ作業を行った．CC 法のエネルギー方程式や振幅方程式の場合も，同様に CC 法のハミルトニアンの励起レベルを選択し，ブラ状態とケット状態の外線とダイアグラムを結ぶ．ただし，BCH 展開を用いて導出した連結型 CC 方程式の場合，N積型 BCH ハミルトニアン $\bar{H}_N$ 自体が 1 個または複数個のクラスター演算子 $\hat{T}$ を含んだ形になっている．しかも，その際にN積型ハミルトニアン $\hat{H}_N$ はすべてのクラスター演算子 $\hat{T}$ と少なくとも 1 個は縮約をもたなければならない（3.3 節参照）．このような条件のもとで数え漏れや重複を防ぐために，新たに**相互作用ラベル**（interaction label）という概念を導入する．

$\bar{H}_N$ のダイアグラムでは，$\hat{H}_N$ の下に 1 個または複数の $\hat{T}$ を並べるため，$\hat{H}_N$ の頂点●の下部に出入りする外線は，$\hat{T}$ の内線を表す一重線 ―― に出入りする外線とつなげる必要がある．そこで，ハミルトニアンの相互作用ラベルは，頂点●下部の粒子線と正孔線に対してそれぞれ [+] と [−] と定義する．また，頂点●下部の粒子線・正孔線が存在しない場合は [0] と表記する．

図 5.1 に 4 個の 1 電子項に対する励起レベルと相互作用ラベルを示す．励起レベルが (0) の図 5.1(a)では，頂点●下部の正孔線が 1 個あり，相互作用ラベルは [−] となる．励起レベルが (0) の図 5.1(b)では頂点●の下部の粒子線が 1 個あり相互作用ラベルは [+]，励起レベルが (+1) の図 5.1(c)では頂点●の下部に粒子線・正孔線がないので [0]，励起レベルが (−1) の図 5.1(d)では頂点●の下部に粒子線と正孔線がそれぞれ 1 個あり [+ −] となる．

図 5.2 に 9 個の 2 電子項に対する励起レベルと相互作用ラベルを示す．2 電子項では，励起レベルが (0) のダイアグラムが 3 個，(+1) と (−1) のダイアグラムがそれぞれ 2 個，(+2) と (−2) のダイアグラムがそれぞれ 1 個ある．一方，相互作用ラベルを対応させることで，9 個のダイアグラムを区別することができる．相互作用ラベルは，頂点●下部の粒子線・正孔線の個数が重要であり，括弧内の順序は問題とならない．したがって，慣例的に括弧内には [+ + ⋯ − − ⋯] の順で記す．

クラスター演算子 $\hat{T}$ の相互作用ラベルは，粒子線と正孔線をそれぞれ [+] と [−] と定義する．したがって，1 電子クラスター演算子は [+ −]，2 電子クラスター演算子は [+ + − −] となる．クラスター演算子の積の相互作用ラベルは，それぞれの相互作用ラベルを垂直線 | で区切る．1 電子クラスター演算子の積 $(1/2)\hat{T}_1{}^2$ は [+ −|+ −]，1 電子クラスター演算子と 2 電子クラスター演算子 $\hat{T}_1\hat{T}_2$ の積は [+ −|+ + − −] と表す（図 5.3）．

$\bar{H}_N$ は Fermi 真空のケット状態 $|\Phi_0\rangle$ に作用するため，$\hat{H}_N$ の頂点●下部の粒子線・正孔線を $\hat{T}$ の外線にすべて接続させる必要がある．ただし，$\bar{H}_N$ の中には $\hat{T}$ と接続していない $\hat{H}_N$ だけの項が 1 個存在する［式(3.43) 2 行目第 1 項参照］．N 積型ハミルトニアン $\hat{H}_N$ と 1 電子クラスター演算子 $\hat{T}_1$ が接続したハミルトニアン $(\hat{H}_N\hat{T}_1)_c$ を例として，相互作用ラベルの使い方を確かめていこう．まずは，図 5.4 に示す 1 電子項 $\hat{F}_N$ の場合，図 5.4(a), (b), (d)のダイアグラムは，$\hat{T}_1$ と接続することができ

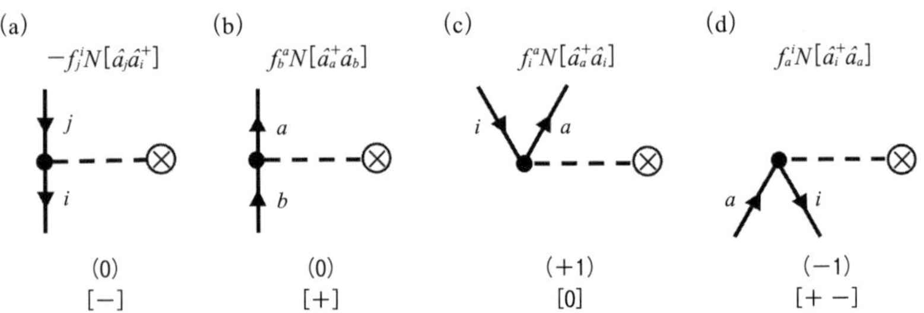

図 5.1　N 積型ハミルトニアンの 1 電子項に対する相互作用ラベル

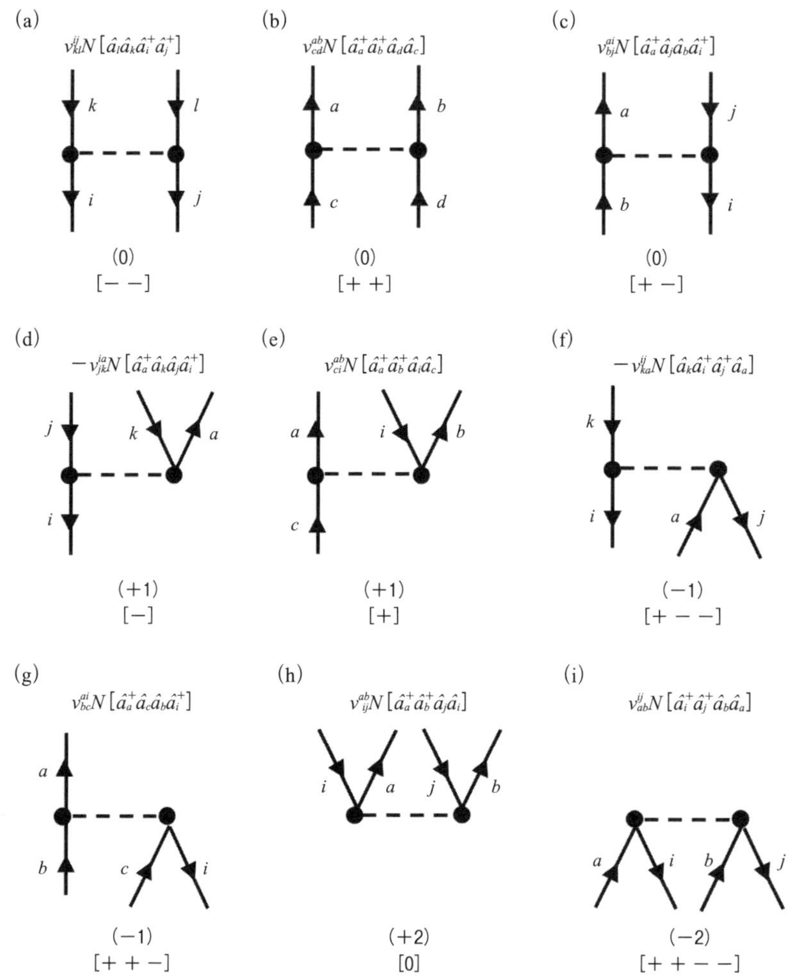

図 5.2　N積型ハミルトニアンの 2 電子項に対する相互作用ラベル

る．ここで，図 5.4(a)の開いたダイアグラムは 1 電子励起配置のダイアグラムと同じ形である（図 4.14 参照）．ただし，ダイアグラム下部の内線は，1 電子励起配置を表す二重線 ═══ ではなく 1 電子クラスター演算子を表す一重線 ─── である．上記の接続を相互作用ラベルで考えると，図 5.4(a)のダイアグラムにおいて，$\hat{F}_N$ の相互作用ラベルは [−] である．相互作用ラベルが [+ −] である $\hat{T}_1$ は，$\hat{F}_N$ の相互作用ラベル [−] とすべて対応させることができる．接続したダイアグラムの励起レベルは，$\hat{F}_N$ の (0) と $\hat{T}_1$ の (+1) を合計して (+1) となる．同様に，$\hat{F}_N$ の

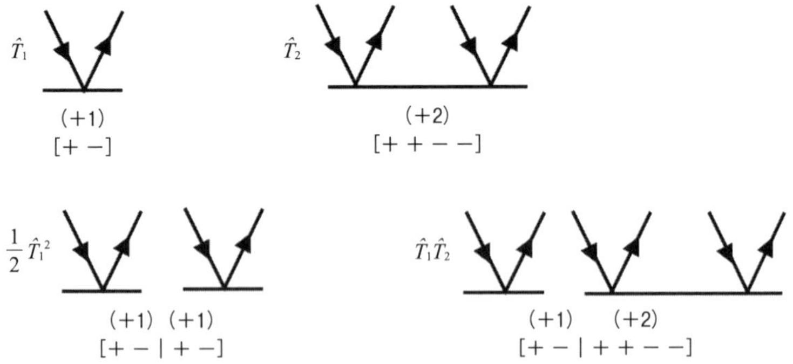

図 5.3　クラスター演算子に対する相互作用ラベル

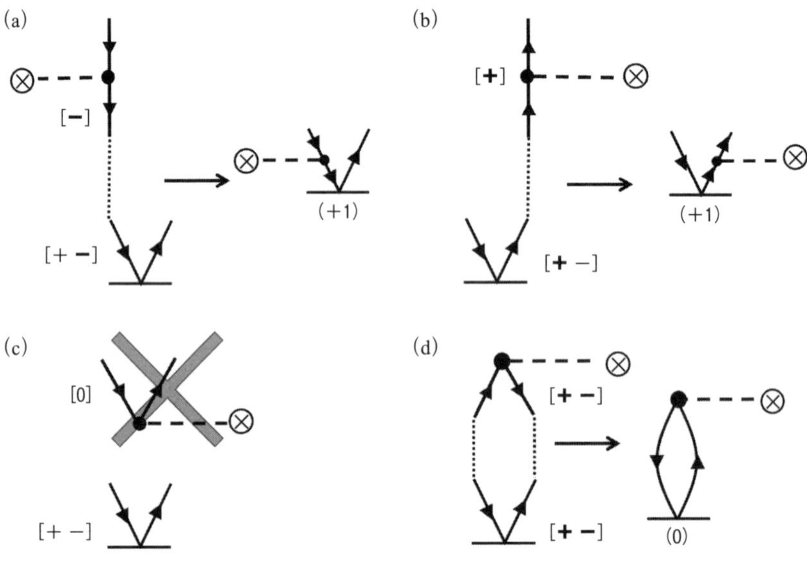

図 5.4　$(\hat{F}_N\hat{T}_1)_c$ の接続したダイアグラム表現
相互作用しているラベルは太字で記載.

相互作用ラベルが［+］である図 5.4(b)と［+ −］である図 5.4(d)のダイアグラムも，すべての相互作用ラベルを $\hat{T}_1$ と対応させることができる．また，それぞれが接続したダイアグラムの励起レベルは（+1）と（0）である．図 5.4(c)のダイアグラムは，$\hat{F}_N$ の相互作用ラベルが［0］である．これは，$\hat{T}_1$ と一つもつながらないことを意味し，接続したハミルトニアンは導くことができない．

次に，図 5.5 に示す 2 電子項 $\hat{V}_N$ の相互作用ラベルを考えよう．$\hat{V}_N$ は $\hat{T}_1$ と 1 個

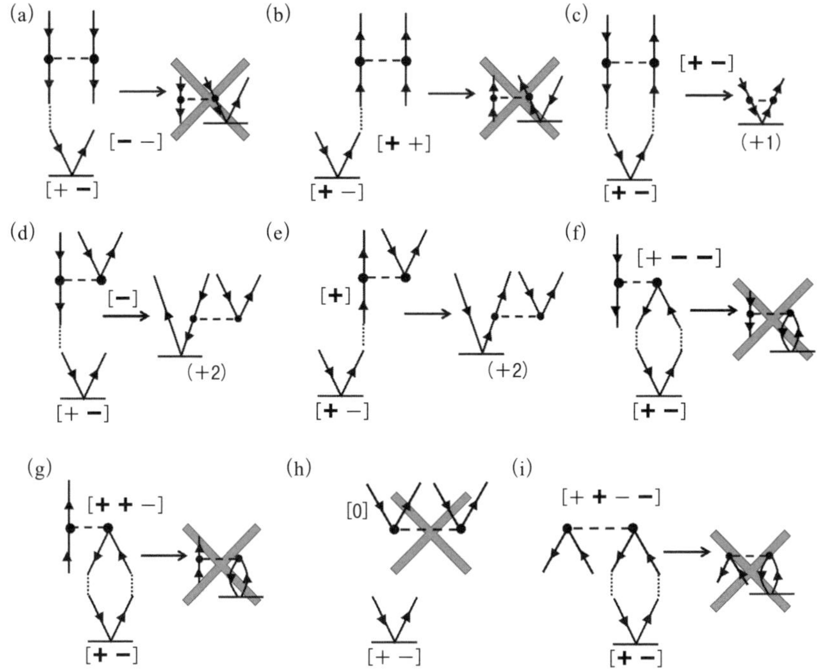

図 5.5 $(\hat{V}_N\hat{T}_1)_c$ の接続したダイアグラム表現
相互作用しているラベルは太字で記載.

以上相互作用しなければならないため，相互作用ラベルが [0] のダイアグラムは考慮しない［図 5.5(h)］．さらに，$\hat{V}_N$ の相互作用ラベルはすべて $\hat{T}_1$ の相互作用ラベルに対応させなければならない．$\hat{T}_1$ の相互作用ラベルは [+ −] なので，$\hat{V}_N$ の相互作用ラベルが [− −] のダイアグラムは片方の [−] しか $\hat{T}_1$ と対応させることができない［図 5.5(a)］．同様に，$\hat{V}_N$ の相互作用ラベルが [+ +]，[+ − −]，[+ + −]，[+ + − −] のダイアグラムも考慮しなくてよい［図 5.5(b), (f), (g), (i)］．図 5.5(c)のダイアグラムでは，$\hat{V}_N$ の相互作用ラベルは [+ −] なので，$\hat{T}_1$ の相互作用ラベルにすべて対応させることができる．同様に，$\hat{V}_N$ の相互作用ラベルが [−] である図 5.5(d)と [+] である図 5.5(e)のダイアグラムも，すべての相互作用ラベルを $\hat{T}_1$ と対応させることができる．最終的に得られた接続したダイアグラム［図 5.5(c)～(e)］の励起レベルは，それぞれ (+1)，(+2)，(+2) である．

【演習問題 5.1】 相互作用ラベルを用いて，次の接続したハミルトニアンのダイアグラムを描画せよ．

[1]　$(\hat{V}_N\hat{T}_2)_c$　　[2]　$\left(\hat{F}_N\frac{1}{2}\hat{T}_1{}^2\right)_c$

5.2　擬　似　輪

連結型 CC 方程式は，N 積型 BCH ハミルトニアン $\bar{H}_N$ を用いた Schrödinger 方程式に対して Fermi 真空状態 $\langle\Phi_0|$ や脱励起配置 $\langle\Phi_{ijk\cdots}^{abc\cdots}|$ に射影することで導出される［式(3.46), (3.47)参照］．エネルギー方程式において，ブラ状態およびケット状態はともに Fermi 真空状態であるため，$\bar{H}_N$ が閉じたダイアグラムの場合に非ゼロとなる．振幅方程式では，ブラ状態の $\langle\Phi_{ijk\cdots}^{abc\cdots}|$ と $\bar{H}_N$ の外線がすべてつなげられた連結型ダイアグラム（linked diagram）が非ゼロとなる．ここで，連結型ダイアグラムとは，配置間の期待値や行列要素に対して一連の接続（connected）によりすべてがつながったダイアグラムをいう．

$\langle\Phi_i^a|(\hat{H}_N\hat{T}_1)_c|\Phi_0\rangle$ を例として，1 電子脱励起配置 $\langle\Phi_i^a|$ と $(\hat{H}_N\hat{T}_1)_c|\Phi_0\rangle$ の連結を考えていこう．4 章の CI 法と同様に，合計の励起レベルがゼロとなるように，$(\hat{H}_N\hat{T}_1)_c$ のダイアグラムを選択する．$\langle\Phi_i^a|$ と $|\Phi_0\rangle$ の励起レベルはそれぞれ（−1）と（0）であるため，合計がゼロとなる $(\hat{H}_N\hat{T}_1)_c$ の励起レベルは（+1）である．条件を満たすダイアグラムは，1 電子項 $(\hat{F}_N\hat{T}_1)_c$ の図 5.4(a), (b)，2 電子項 $(\hat{V}_N\hat{T}_1)_c$ の図 5.5(c)の 3 個である．すべてのダイアグラムは外線である粒子線と正孔線が 1 本ずつあるため，$\langle\Phi_i^a|$ の粒子線と正孔線と接続させることでそれぞれ 1 種類の閉じたダイアグラムとなる［図 5.6(a)～(c)］．

次に，$\langle\Phi_{ij}^{ab}|(\hat{H}_N\hat{T}_1)_c|\Phi_0\rangle$ を例として，2 電子脱励起配置 $\langle\Phi_{ij}^{ab}|$ と $(\hat{H}_N\hat{T}_1)_c|\Phi_0\rangle$ の連結を考えていこう．$\langle\Phi_{ij}^{ab}|$ と $|\Phi_0\rangle$ の励起レベルはそれぞれ（−2）と（0）であるため，合計がゼロとなる $(\hat{H}_N\hat{T}_1)_c$ の励起レベルは（+2）である．条件を満たすダイアグラムは，2 電子項 $(\hat{V}_N\hat{T}_1)_c$ の図 5.5(d), (e)の 2 個である．図 5.7(a)の $(\hat{V}_N\hat{T}_1)_c$ は異なる粒子線対と等価な正孔線対をもつ．$\langle\Phi_{ij}^{ab}|$ と $(\hat{H}_N\hat{T}_1)_c$ の外線を連結する場合，異なる粒子線対の結び方の組合せのみ考慮すると，2 種類のダイアグラムが描画できる．同様に，図 5.7(b)の $(\hat{V}_N\hat{T}_1)_c$ は等価な粒子線対と異なる正孔線対をもつため，$\langle\Phi_{ij}^{ab}|$ と $(\hat{H}_N\hat{T}_1)_c$ の外線を結ぶときもダイアグラムは 2 種類となる．図 5.7(a), (b)のように，2 電子以上の脱励起配置と $\bar{H}_N$ を連結する場合，1 個の $\bar{H}_N$ から複数

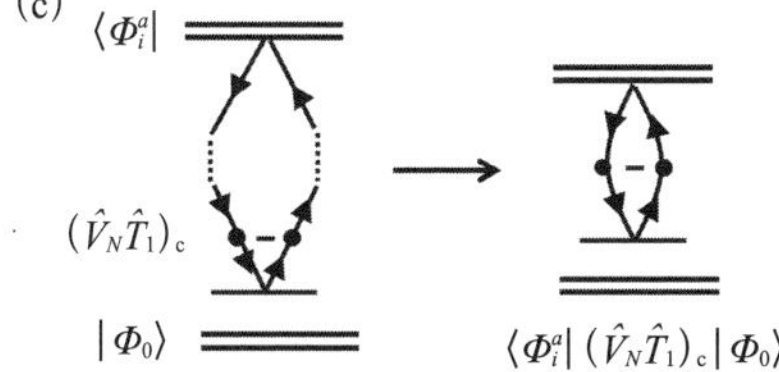

図 5.6 $\langle \Phi_i^a | (\hat{H}_N\hat{T}_1)_c | \Phi_0 \rangle$ のダイアグラム表現

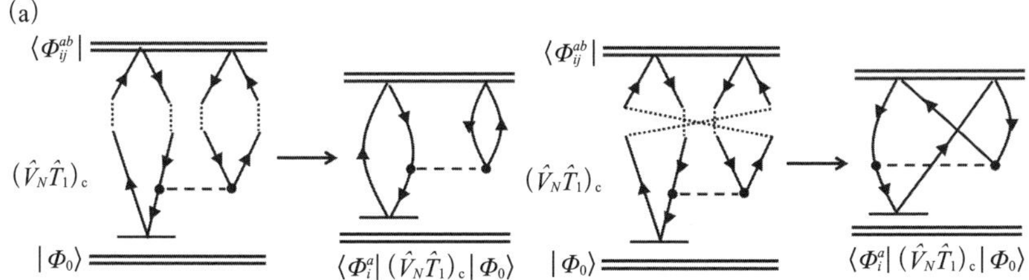

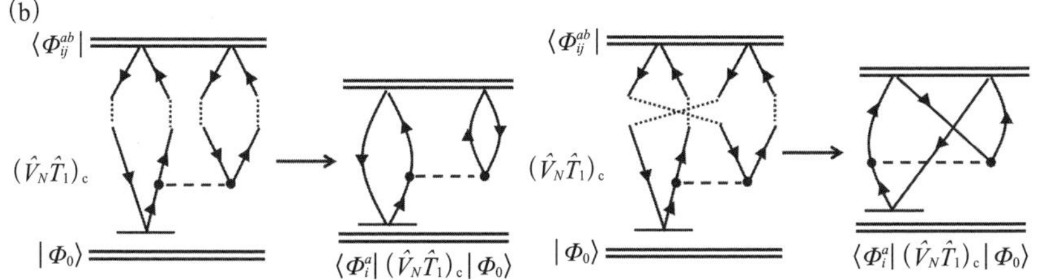

図 5.7 $\langle \Phi_{ij}^{ab} | (\hat{H}_N\hat{T}_1)_c | \Phi_0 \rangle$ のダイアグラム表現

のつなぎ方があり，ダイアグラムの描画が煩雑となる．このような脱励起配置と $\bar{H}_N$ の連結を簡素化するために，擬似輪（quasi-loop）という概念を導入する．

図 5.6 や図 5.7 において，$\langle \Phi_i^a |$ あるいは $\langle \Phi_{ij}^{ab} |$ と $(\hat{H}_N\hat{T}_1)_c$ の粒子線同士および正孔線同士を連結して閉曲線とした．上記の閉曲線の代わりに，$(\hat{H}_N\hat{T}_1)_c$ の正孔線と粒子線を擬似的につないで表現する方法を擬似輪という（図 5.8, 5.9）．複数の擬似輪がある場合は，粒子線および正孔線を入れ替えて等価なダイアグラムとなるか

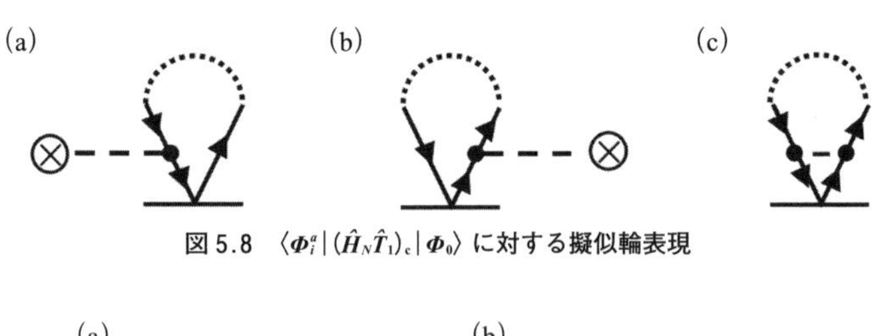

図 5.8　$\langle \boldsymbol{\Phi}_i^a | (\hat{H}_N \hat{T}_1)_c | \boldsymbol{\Phi}_0 \rangle$ に対する擬似輪表現

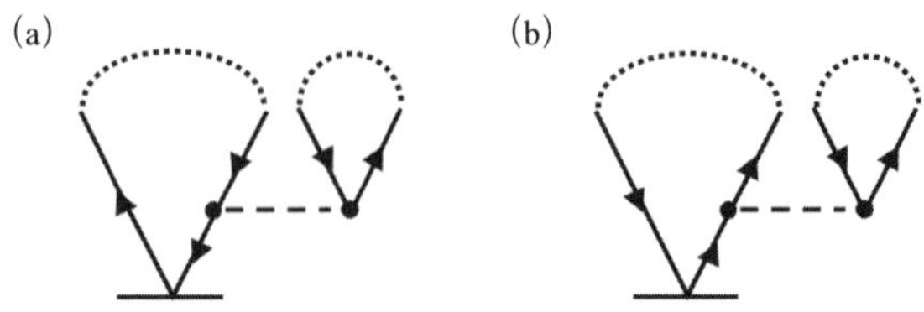

図 5.9　$\langle \boldsymbol{\Phi}_{ij}^{ab} | (\hat{H}_N \hat{T}_1)_c | \boldsymbol{\Phi}_0 \rangle$ に対する擬似輪表現

を確認することで，考慮すべきダイアグラムの数が決定される．$\langle \Phi_i^a | (\hat{H}_N \hat{T}_1)_c | \Phi_0 \rangle$ において，励起レベルが（−1）である $(\hat{H}_N \hat{T}_1)_c$ の開いたダイアグラム［図 5.4(a), (b)，図 5.5(c)］に対して擬似輪を導入する．3 個のダイアグラムに対して，外線である粒子線と正孔線を結ぶとそれぞれ図 5.8(a)～(c)のように擬似的に閉じたダイアグラムとなる．擬似輪であることを明示するために点線で連結する．擬似輪が 1 個であるため，入れ替えを考慮する必要はない．

次に，$\langle \Phi_{ij}^{ab} | (\hat{H}_N \hat{T}_1)_c | \Phi_0 \rangle$ において，励起レベルが（−2）である $(\hat{H}_N \hat{T}_1)_c$ の開いたダイアグラム［図 5.5(d), (e)］に対して擬似輪を導入する．正孔線と粒子線が 2 本ずつあるため，擬似輪の描画方法は 2 通り考えられるが，1 種類のみ考慮すればよい［図 5.9(a), (b)］．擬似輪が 2 個であるため，正孔線および粒子線の入れ替えを考慮する．図 5.9(a)のダイアグラムにおいて，正孔線はともに $\hat{V}_N$ の頂点●上部に入るため入れ替えても同じダイアグラムとなるが，粒子線はそれぞれクラスター演算子の内線 ─── と $\hat{V}_N$ の頂点●上部から出ていくため入れ替えることができない．これは，$\langle \Phi_{ij}^{ab} |$ に射影することで 2 種類のダイアグラム［図 5.7(a)］が描画できることに対応している．数学的な操作としては，異なる粒子線対に対して**置換演算子**（substitution operator）$\hat{P}(ab)$ を作用することに相当する．図 5.9(b)のダイアグラムに対して同様に考えると，正孔線の入れ替えはできないため，$\langle \Phi_{ij}^{ab} |$ を射影することで 2 種類のダイアグラム［図 5.7(b)］が描画できる．上記の議論は，擬似輪を描画せずに開いたダイアグラムのままでも確認できる．そのため，連結型 CC 方程式は，開いたダイアグラムのままで作業方程式を導出することが慣習となっている．

5.3　CC 法のダイアグラムの描画

連結型 CC 方程式に対応するダイアグラムを描画する手続きを以下にまとめる.

連結型 CC 方程式に対応するダイアグラムの描画

Step D1：N 積型 BCH ハミルトニアンの励起レベルの決定

励起レベルの合計がゼロとなるように，ブラ状態およびケット状態の励起レベルから N 積型 BCH ハミルトニアン $\bar{H}_N$ の励起レベルを決定する.

Step D2：N 積型ハミルトニアンの励起レベルの決定

$\bar{H}_N$ に含まれるクラスター演算子を考慮して，Step D1 で決定した $\bar{H}_N$ の励起レベルを満たすように N 積型ハミルトニアン $\hat{H}_N$ の励起レベルを決定する.

Step D3：相互作用ラベルによる判定

相互作用ラベルを利用して，$\hat{H}_N$ の頂点●下部の粒子線と正孔線が，クラスター演算子 $\hat{T}$ とすべて接続できる 1 電子項と 2 電子項を選択する．$\hat{T}$ の積の場合は，頂点●下部の粒子線と正孔線が，少なくとも 1 個はそれぞれの $\hat{T}$ と接続する必要がある．$\hat{T}$ が存在しない場合は，相互作用ラベルが [0] の 1 電子項と 2 電子項を選択する.

Step D4：N 積型ハミルトニアンとクラスター演算子のダイアグラムを接続

$\hat{H}_N$（上部）の頂点●下部の粒子線・正孔線を $\hat{T}$（下部）の粒子線と正孔線にすべて接続する．振幅方程式の場合は，$\hat{H}_N$ の頂点●上部と一部の $\hat{T}$ に属する粒子線と正孔線は接続せず開いたダイアグラムとなる．ただし，クラスター演算子が複数ある場合，ハミルトニアンとクラスター演算子との相互作用ラベルの組合せを考慮し，その組合せに対して 1 種類のみ描画する.

Step D5：軌道ラベルの記載

すべての正孔線に対して占有スピン軌道のラベル $\{i, j, k, \cdots\}$ を記載する．同様に，すべての粒子線に対して仮想スピン軌道のラベル $\{a, b, c, \cdots\}$ を記載する．ただし，開いたダイアグラムでは，連結していない外線から順番にスピン軌道ラベルをつける.

2 電子クラスター演算子のみ考慮する CCD 法に対して，エネルギー方程式と振幅方程式に対する具体的な作業方程式をダイアグラムから導出する．CCD 法の N

積型 BCH ハミルトニアンは，次式のように 5 項に展開される．

$$\bar{H}_N = \hat{H}_N + (\hat{H}_N \hat{T}_2)_c + \left(\hat{H}_N \frac{1}{2!} \hat{T}_2{}^2\right)_c + \left(\hat{H}_N \frac{1}{3!} \hat{T}_2{}^3\right)_c + \left(\hat{H}_N \frac{1}{4!} \hat{T}_2{}^4\right)_c \quad (5.1)$$

エネルギー方程式 $\langle \Phi_0 | \bar{H}_N | \Phi_0 \rangle$ において，励起レベルと相互作用ラベルを用いて，エネルギー方程式で必要な N 積型 BCH ハミルトニアンを選択しダイアグラムを連結する．

Step D1

$\langle \Phi_0 |$ と $| \Phi_0 \rangle$ の励起レベルはどちらも (0) であるため，合計がゼロとなる $\bar{H}_N$ の励起レベルは (0) である．

Step D2

$\hat{H}_N$ の励起レベルの範囲は (−2)～(+2) であるため，$\bar{H}_N$ の項の中で上記の条件を満たすものは，$\hat{H}_N$ と $(\hat{H}_N \hat{T}_2)_c$ の 2 個である．一つ目は，合計がゼロとなるためには $\hat{H}_N$ の励起レベルは (0) となる［図 5.10(a)］．二つ目は，$\hat{T}_2$ の励起レベルが (+2) であるため，$\hat{H}_N$ の励起レベルは (−2) となる［図 5.10(b)］．

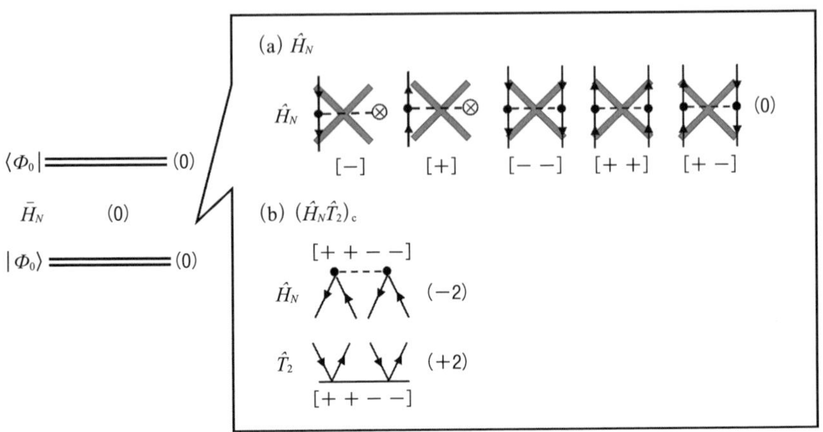

図 5.10　CCD 法におけるエネルギー方程式の励起レベルの決定

Step D3

$\hat{H}_N$ は，クラスター演算子がないため相互作用ラベルが [0] とならなければならない．しかしながら，励起レベルが (0) かつ相互作用ラベルが [0] である $\hat{H}_N$ のダイアグラムは存在しない［図 5.10(a)］．$(\hat{H}_N \hat{T}_2)_c$ において，$\hat{H}_N$ は相互作用ラベル

が [+ + − −] であるため，$\hat{T}_2$ の相互作用ラベル [+ + − −] とすべて対応させることができる．結果として，CCD 法におけるエネルギー方程式を展開すると 1 項のみとなる．

$$E_{\text{corr}}^{\text{CCD}} = \langle \Phi_0 | (\hat{H}_N \hat{T}_2)_c | \Phi_0 \rangle \tag{5.2}$$

Step D4

$(\hat{H}_N \hat{T}_2)_c$ において，$\hat{H}_N$ は等価な粒子線対と正孔線対をもつため，$\hat{H}_N$ と $\hat{T}_2$ の外線を結ぶとき，CI 行列要素の場合と同様に 1 個のダイアグラムのみ考慮する（図 5.11）．

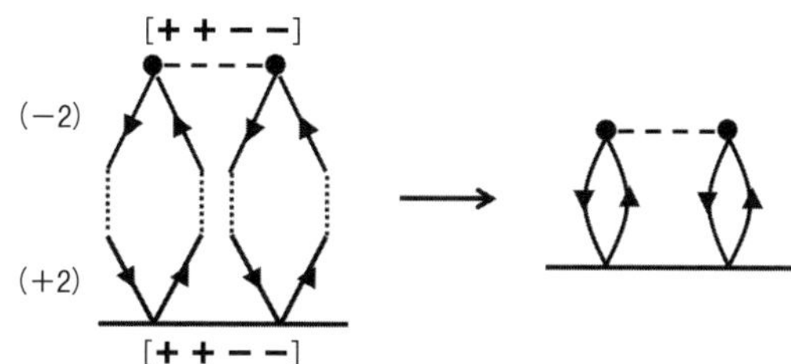

図 5.11　CCD 法におけるエネルギー方程式のダイアグラム表現

Step D5

図 5.11 のダイアグラムに対して，2 個の正孔線に占有スピン軌道のラベル i と j，2 個の仮想スピン軌道のラベル a と b を記載する（図 5.12）．

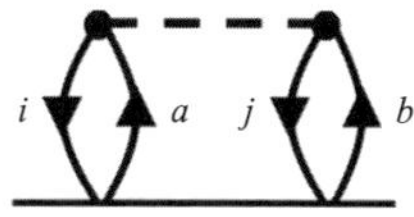

図 5.12　CCD 法のエネルギー方程式のダイアグラムに対するスピン軌道ラベル

5.4　CC 法のダイアグラムの数式変換

連結型 CC 法のダイアグラムを数式に変換し，作業方程式を導出するための手続きを以下にまとめる．

ダイアグラムから連結型 CC 方程式の表式への変換手続き

Step F1：1 電子積分と 2 電子積分の決定

1 電子演算子に対するダイアグラム ●-----⊗ につながる粒子線・正孔線のラベルから，1 電子積分 $f_{\text{in}}^{\text{out}}$ を決定する．同様に，2 電子演算子に対するダ

イアグラム ●----● につながる粒子線・正孔線のラベルから，2 電子積分 $v_{\text{left-in},\text{right-in}}^{\text{left-out},\text{right-out}}$ を決定する．

Step F2：クラスター振幅の決定

クラスター演算子に対するダイアグラム —— につながる粒子線・正孔線のラベルからクラスター振幅 $t_{ij\cdots}^{ab\cdots}$ を決定する．また，$\hat{H}_N$ と $\hat{T}$ の間で接続したすべての内線に対して $\sum$ 記号で表記し和をとる．

Step F3：等価な内線対の判定

等価な内線対（internal line pair）の数に対して 1/2 ずつ係数をかける．等価な内線対とは，$\hat{H}_N$ と $\hat{T}$ の外線で接続した 2 個の内線が，同じ頂点でつながりその矢印の向きが同じ場合である．

Step F4：等価なクラスター演算子の判定

等価なクラスター演算子対（cluster operator pair）の数に対して 1/2 ずつ係数をかける．等価なクラスター演算子対とは，クラスター演算子の励起レベルおよび $\hat{H}_N$ と $\hat{T}$ の外線で接続した内線の数が等しく，すべての内線対が同じ方向で $\hat{H}_N$ の頂点と出入りする場合である．

Step F5：パリティの決定

内線となる正孔線の本数 h と輪の個数 l に対応したパリティ $(-1)^{h-l}$ を乗じる．

Step F6：置換演算子の判定

異なる外線対があるとき，外線のスピン軌道ラベル p, q に対して置換演算子 $\hat{P}(pq)$ を作用させる．ただし，同じクラスター演算子または 2 電子演算子から出る外線対は等価とする．

Step F7：置換演算子の展開

等価なクラスター演算子をもつ場合，Step F6 の置換演算子を作用させることで，Step F4 で生じた係数 1/2 を打ち消す．

上記の規則を用いて，図 5.12 のダイアグラムを数式に変換し，作業方程式を導出しよう．

Step F1

2 電子演算子に対するダイアグラム ●----● につながる粒子線・正孔線のラベルから，2 電子積分 $v_{\text{left-in},\text{right-in}}^{\text{left-out},\text{right-out}}$ を決定する．図 5.12 は，軌道 i, j の正孔線がそれ

ぞれ $\hat{V}_N$ の左側と右側の頂点から出ていき，軌道 a, b の粒子線がそれぞれ $\hat{V}_N$ の左側と右側の頂点に入っていくため，v_{ab}^{ij} となる．

Step F2

クラスター演算子に対するダイアグラム ―― につながる粒子線・正孔線のラベルから，2 電子クラスター振幅 t を決定する．軌道 i, j の正孔線がそれぞれ $\hat{T}_2$ の左側と右側の頂点に入っていき，軌道 a, b の粒子線がそれぞれ $\hat{T}_2$ の左側と右側の頂点から出ていくため，2 電子クラスター演算子の振幅 t_{ij}^{ab} を乗じる．軌道 i, j と軌道 a, b は接続した内線であるため $\sum$ 記号で和をとり，$\sum_{i,j,a,b} v_{ab}^{ij} t_{ij}^{ab}$ となる．

Step F3

粒子線，正孔線ともに同じクラスター演算子 $\hat{T}_2$ と 2 電子演算子 $\hat{V}_N$ に接続しているため，粒子線と正孔線はどちらも等価な内線対であり $(1/2)^2 = 1/4$ をかけ，$(1/4) \sum_{i,j,a,b} v_{ab}^{ij} t_{ij}^{ab}$ となる．

Step F4

クラスター演算子が 1 個なので，等価なクラスター演算子はない．

Step F5

内線となる正孔線の本数と輪の個数からパリティを決定する．2 個の正孔内線と 2 個の輪から $(-1)^{2-2} = 1$ を乗じ，$(1/4) \sum_{i,j,a,b} v_{ab}^{ij} t_{ij}^{ab}$ となる．

Step F6, F7

閉じたダイアグラムであるため外線はない．

よって，CCD 法のエネルギーに対する以下の作業方程式が導出できる．

$$E_{\text{corr}}^{\text{CCD}} = \frac{1}{4} \sum_{i,j,a,b} v_{ab}^{ij} t_{ij}^{ab} \tag{5.3}$$

手で解く課題 5.1

CCD 法の T_2 振幅方程式に対して，ダイアグラムを描画し，作業方程式を導け．

注　CCSD 法のエネルギー方程式，T_1, T_2 振幅方程式については，補遺 B で説明する．

コラム　非連結型 CC 方程式のダイアグラム

本章では，BCH 展開した連結型 CC 方程式に対するダイアグラムを説明した．非連結型 CC 方程式はどのようなダイアグラムとなるか，CCD 法の T_2 振幅方程式を例として考えてみよう．

$$\langle \Phi_{ij}^{ab} | \hat{H}_N \exp(\hat{T}_2) | \Phi_0 \rangle = E_{\text{corr}}^{\text{CCD}} \langle \Phi_{ij}^{ab} | \exp(\hat{T}_2) | \Phi_0 \rangle \tag{5.4}$$

連結型 CC 方程式と同様に，式(5.4) 左辺は 3 個の項，右辺は 1 個の項に展開される．

$$\langle \Phi_{ij}^{ab} | \hat{H}_N | \Phi_0 \rangle + \langle \Phi_{ij}^{ab} | \hat{H}_N \hat{T}_2 | \Phi_0 \rangle + \left\langle \Phi_{ij}^{ab} \middle| \hat{H}_N \frac{1}{2} \hat{T}_2{}^2 \middle| \Phi_0 \right\rangle = E_{\text{corr}}^{\text{CCD}} \langle \Phi_{ij}^{ab} | \hat{T}_2 | \Phi_0 \rangle \tag{5.5}$$

式(5.5) 左辺第 1 項と第 2 項は，連結型 CC 法と同様のダイアグラムとなる．一方，式(5.5) 左辺第 3 項では，連結型 CC 方程式のようにそれぞれの $\hat{T}_2$ のダイアグラムが少なくとも $\hat{H}_N$ のダイアグラムと 1 個は接続しなければならないという制約はない．そのため，図 5.13 のような非連結型ダイアグラムが存在する．

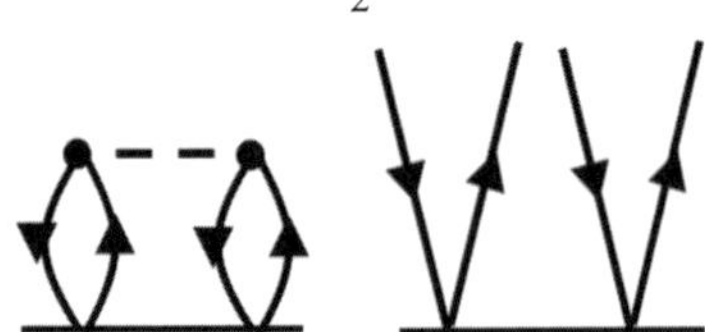

図 5.13　非連結型 CCD 法の T_2 振幅方程式に現れる非連結型ダイアグラム

非連結型ダイアグラムは大きさに対する整合性（size-consistency）を満たさない（6.5 節参照）．しかし，式(5.5) 右辺のダイアグラムは，図 5.14 のように CCD 法のエネルギー $E_{\text{corr}}^{\text{CCD}}$ に対する閉じたダイアグラムと $\hat{T}_2$ に対する開いたダイアグラムとなる．このダイアグラムは図 5.13 と等しいため両辺で相殺され，結果として非連結型 CC 法においても大きさに対する整合性が満たされることになる．

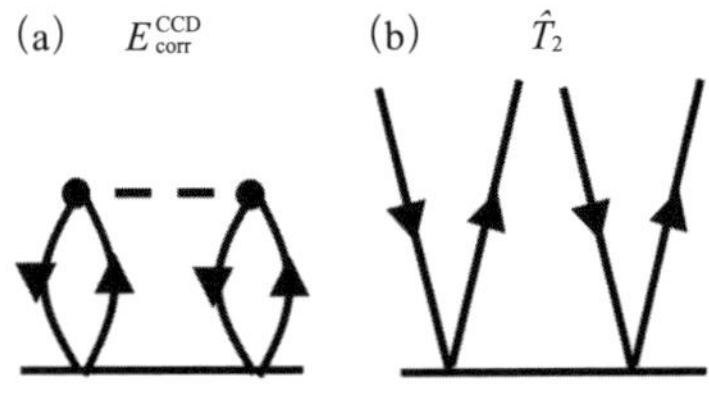

図 5.14　非連結型 CCD 法の T_2 振幅方程式の右辺のダイアグラム

手で解く課題　解答

手で解く課題 5.1

CCD 法の T_2 振幅方程式に対して，ダイアグラムを描画し，作業方程式を導け．

注　CCSD 法のエネルギー方程式，T_1, T_2 振幅方程式については，補遺 B で説明する．

課題 5.1 を手で解く

Step D1

$\langle\Phi_{ij}^{ab}|$ と $|\Phi_0\rangle$ の励起レベルはそれぞれ (−2) と (0) であるため，合計がゼロとなる $\bar{H}_N$ の励起レベルは (+2) である．

Step D2

$\hat{H}_N$ の励起レベルの範囲は (−2)～(+2) であるため，上記の条件を満たすものは，$\hat{H}_N$, $(\hat{H}_N\hat{T}_2)_c$, $(\hat{H}_N(1/2)\hat{T}_2^2)_c$ の 3 個である．一つ目は，合計が (+2) となるためには $\hat{H}_N$ の励起レベルが (+2) となる必要がある．二つ目は，$\hat{T}_2$ の励起レベルが (+2) であるため，$\hat{H}_N$ の励起レベルは (0) となる．三つ目は，$(1/2)\hat{T}_2^2$ の励起レベルが (+4) であるため，$\hat{H}_N$ の励起レベルは (−2) となる．

Step D3

Step D2 のダイアグラム［図 1(a)］の $\hat{H}_N$ は，クラスター演算子がないため，$\hat{H}_N$ の励起レベルは (+2) かつ相互作用ラベルが [0] の 1 個だけである．図 1(b)の $(\hat{H}_N\hat{T}_2)_c$ において，$\hat{H}_N$ の相互作用ラベルは，1 電子項では [+] と [−] の 2 種類，2 電子項では [+ +]，[+ −] と [− −] の 3 種類である．それらすべて，$\hat{T}_2$ の相互作用ラベル [+ + − −] とすべて対応させることができる．図 1(c)の $(\hat{H}_N(1/2)\hat{T}_2^2)_c$ において，$\hat{H}_N$ の相互作用ラベルは [+ + − −] であるため，$(1/2)\hat{T}_2^2$ の相互作用ラベル [+ + − −|+ + − −] とすべて対応させることができる．そのため，CCD 法における T_2 振幅方程式は 3 個の項に展開される．

$$\langle\Phi_{ij}^{ab}|\bar{H}_N|\Phi_0\rangle = \langle\Phi_{ij}^{ab}|\hat{H}_N|\Phi_0\rangle + \langle\Phi_{ij}^{ab}|(\hat{H}_N\hat{T}_2)_c|\Phi_0\rangle + \left\langle\Phi_{ij}^{ab}\middle|\left(\hat{H}_N\frac{1}{2}\hat{T}_2^{\,2}\right)_c\middle|\Phi_0\right\rangle$$

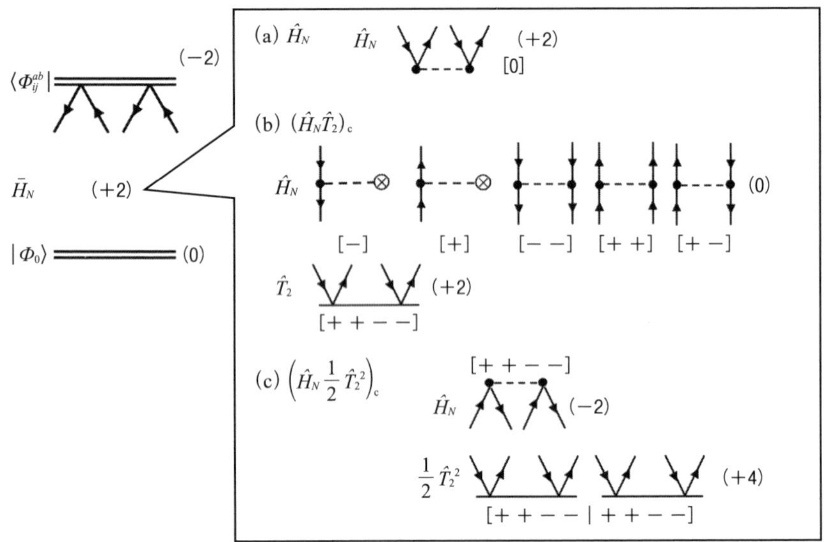

図 1　CCD 法における T_2 振幅方程式の励起レベルの決定

Step D4

$\hat{H}_N$ は，励起レベルは (+2) かつ相互作用ラベル [0] のダイアグラムを描画する［図 2 (a)］．$(\hat{H}_N\hat{T}_2)_c$ において，クラスター演算子は等価な粒子線対と正孔線対をもつため，5 種類の $\hat{H}_N$ と $\hat{T}_2$ の外線をそれぞれ接続するとき，すべて 1 個ずつダイアグラムを考慮する［図 2(b)～(f)］．$(\hat{H}_N(1/2)\hat{T}_2^2)_c$ は，$\hat{T}_2$ の積であるため，$\hat{H}_N$ はそれぞれの $\hat{T}_2$ と少なくとも 1 個は接続しなければならない．$\hat{H}_N$ の相互作用ラベルの組合せは [+ +|− −], [+ −|+ −], [+ + −|−], [+ − −|+] となり，4 種類のダイアグラムを区別して描画する［図 2(g)～(j)］．

Step D5

開いたダイアグラムでは，外線である正孔線に左から軌道ラベル i, j，粒子線に左から軌道ラベル a, b と記載する．次に，内線の正孔線に軌道ラベル $\{k, l, \cdots\}$，粒子線に軌道ラベル $\{c, d, \cdots\}$ と記載する（図 3 ）．

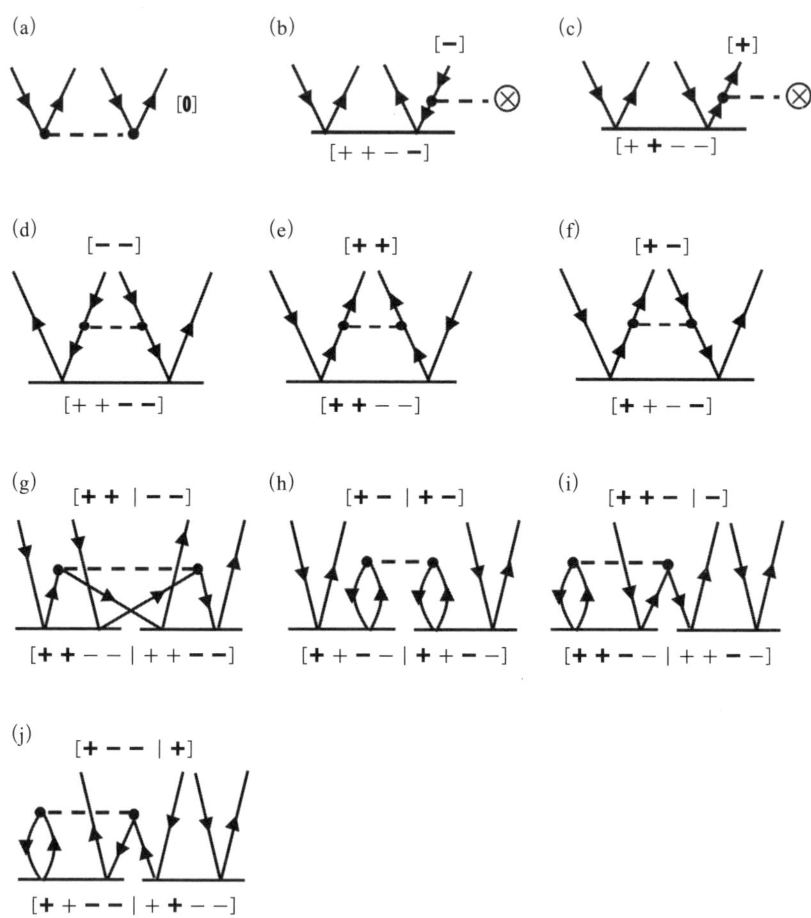

図 2　CCD 法における T_2 振幅方程式のダイアグラム
相互作用しているラベルは太字で記載.

Step F1〜F7

Step D5 のダイアグラムから 1 電子積分，2 電子積分，クラスター振幅を決定し，接続した内線に対して，Σ 記号で和をとる．等価な内線対とクラスター演算子対を判定したのちに，パリティを決定する．Step D5 のダイアグラムはすべて開いたダイアグラムであるため，異なる外線対の判定を行い，置換演算子を作用させる．この操作をまとめると表 1 のようになる．

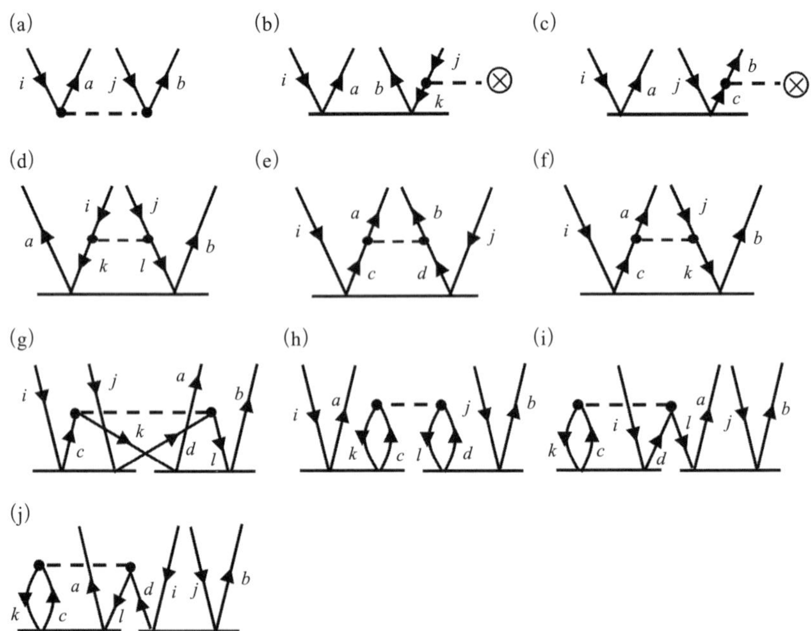

図3　CCD 法における T_2 振幅方程式のダイアグラムに対するスピン軌道ラベル

表1　ダイアグラムから CCD 法における T_2 振幅方程式の表式への変換

	(a)	(b)	(c)	(d)	(e)
Step F1	v_{ij}^{ab}	f_j^k	f_c^b	v_{ij}^{kl}	v_{cd}^{ab}
Step F2	v_{ij}^{ab}	$\sum_k f_j^k t_{ik}^{ab}$	$\sum_c f_c^b t_{ij}^{ac}$	$\sum_{k,l} v_{ij}^{kl} t_{kl}^{ab}$	$\sum_{c,d} v_{cd}^{ab} t_{ij}^{cd}$
Step F3	v_{ij}^{ab}	$\sum_k f_j^k t_{ik}^{ab}$	$\sum_c f_c^b t_{ij}^{ac}$	$\frac{1}{2}\sum_{k,l} v_{ij}^{kl} t_{kl}^{ab}$	$\frac{1}{2}\sum_{c,d} v_{cd}^{ab} t_{ij}^{cd}$
Step F4	v_{ij}^{ab}	$\sum_k f_j^k t_{ik}^{ab}$	$\sum_c f_c^b t_{ij}^{ac}$	$\frac{1}{2}\sum_{k,l} v_{ij}^{kl} t_{kl}^{ab}$	$\frac{1}{2}\sum_{c,d} v_{cd}^{ab} t_{ij}^{cd}$
Step F5	v_{ij}^{ab}	$-\sum_k f_j^k t_{ik}^{ab}$	$\sum_c f_c^b t_{ij}^{ac}$	$\frac{1}{2}\sum_{k,l} v_{ij}^{kl} t_{kl}^{ab}$	$\frac{1}{2}\sum_{c,d} v_{cd}^{ab} t_{ij}^{cd}$
Step F6	v_{ij}^{ab}	$-\hat{P}(ij)\sum_k f_j^k t_{ik}^{ab}$	$\hat{P}(ab)\sum_c f_c^b t_{ij}^{ac}$	$\frac{1}{2}\sum_{k,l} v_{ij}^{kl} t_{kl}^{ab}$	$\frac{1}{2}\sum_{c,d} v_{cd}^{ab} t_{ij}^{cd}$
Step F7	v_{ij}^{ab}	$-\hat{P}(ij)\sum_k f_j^k t_{ik}^{ab}$	$\hat{P}(ab)\sum_c f_c^b t_{ij}^{ac}$	$\frac{1}{2}\sum_{k,l} v_{ij}^{kl} t_{kl}^{ab}$	$\frac{1}{2}\sum_{c,d} v_{cd}^{ab} t_{ij}^{cd}$

表1　ダイアグラムから CCD 法における T_2 振幅方程式の表式への変換（つづき）

	(f)	(g)	(h)
Step F1	v_{cj}^{ak}	v_{cd}^{kl}	v_{cd}^{kl}
Step F2	$\sum_{c,k} v_{cj}^{ak} t_{ik}^{cb}$	$\sum_{k,l,c,d} v_{cd}^{kl} t_{ij}^{cd} t_{kl}^{ab}$	$\sum_{k,l,c,d} v_{cd}^{kl} t_{ik}^{ac} t_{lj}^{db}$
Step F3	$\sum_{c,k} v_{cj}^{ak} t_{ik}^{cb}$	$\frac{1}{4} \sum_{k,l,c,d} v_{cd}^{kl} t_{ij}^{cd} t_{kl}^{ab}$	$\sum_{k,l,c,d} v_{cd}^{kl} t_{ik}^{ac} t_{lj}^{db}$
Step F4	$\sum_{c,k} v_{cj}^{ak} t_{ik}^{cb}$	$\frac{1}{4} \sum_{k,l,c,d} v_{cd}^{kl} t_{ij}^{cd} t_{kl}^{ab}$	$\frac{1}{2} \sum_{k,l,c,d} v_{cd}^{kl} t_{ik}^{ac} t_{lj}^{db}$
Step F5	$-\sum_{c,k} v_{cj}^{ak} t_{ik}^{cb}$	$\frac{1}{4} \sum_{k,l,c,d} v_{cd}^{kl} t_{ij}^{cd} t_{kl}^{ab}$	$\frac{1}{2} \sum_{k,l,c,d} v_{cd}^{kl} t_{ik}^{ac} t_{lj}^{db}$
Step F6	$-\hat{P}(ij)\hat{P}(ab)\sum_{c,k} v_{cj}^{ak} t_{ik}^{cb}$	$\frac{1}{4} \sum_{k,l,c,d} v_{cd}^{kl} t_{ij}^{cd} t_{kl}^{ab}$	$\frac{1}{2}\hat{P}(ij)\hat{P}(ab) \sum_{k,l,c,d} v_{cd}^{kl} t_{ik}^{ac} t_{lj}^{db}$
Step F7	$-\hat{P}(ij)\hat{P}(ab)\sum_{c,k} v_{cj}^{ak} t_{ik}^{cb}$	$\frac{1}{4} \sum_{k,l,c,d} v_{cd}^{kl} t_{ij}^{cd} t_{kl}^{ab}$	$\sum_{k,l,c,d} \{v_{cd}^{kl} t_{ik}^{ac} t_{lj}^{db} - v_{cd}^{kl} t_{jk}^{ac} t_{li}^{db}\}$

	(i)	(j)
Step F1	v_{cd}^{kl}	v_{cd}^{kl}
Step F2	$\sum_{k,l,c,d} v_{cd}^{kl} t_{ki}^{cd} t_{lj}^{ab}$	$\sum_{k,l,c,d} v_{cd}^{kl} t_{kl}^{ca} t_{ij}^{db}$
Step F3	$\frac{1}{2} \sum_{k,l,c,d} v_{cd}^{kl} t_{ki}^{cd} t_{lj}^{ab}$	$\frac{1}{2} \sum_{k,l,c,d} v_{cd}^{kl} t_{kl}^{ca} t_{ij}^{db}$
Step F4	$\frac{1}{2} \sum_{k,l,c,d} v_{cd}^{kl} t_{ki}^{cd} t_{lj}^{ab}$	$\frac{1}{2} \sum_{k,l,c,d} v_{cd}^{kl} t_{kl}^{ca} t_{ij}^{db}$
Step F5	$-\frac{1}{2} \sum_{k,l,c,d} v_{cd}^{kl} t_{ki}^{cd} t_{lj}^{ab}$	$-\frac{1}{2} \sum_{k,l,c,d} v_{cd}^{kl} t_{kl}^{ca} t_{ij}^{db}$
Step F6	$-\frac{1}{2}\hat{P}(ij) \sum_{k,l,c,d} v_{cd}^{kl} t_{ki}^{cd} t_{lj}^{ab}$	$-\frac{1}{2}\hat{P}(ab) \sum_{k,l,c,d} v_{cd}^{kl} t_{kl}^{ca} t_{ij}^{db}$
Step F7	$-\frac{1}{2}\hat{P}(ij) \sum_{k,l,c,d} v_{cd}^{kl} t_{ki}^{cd} t_{lj}^{ab}$	$-\frac{1}{2}\hat{P}(ab) \sum_{k,l,c,d} v_{cd}^{kl} t_{kl}^{ca} t_{ij}^{db}$

ただし，等価なクラスター演算子対をもつダイアグラム［図 3(h)］の Step F7 において，置換演算子を展開し作用させると，2 個の項に展開できる．

$$\frac{1}{2}\hat{P}(ij)\hat{P}(ab) \sum_{k,l,c,d} v_{cd}^{kl} t_{ik}^{ac} t_{lj}^{db} = \frac{1}{2}\{1-\hat{P}_{ij}-\hat{P}_{ab}+\hat{P}_{ij}\hat{P}_{ab}\} \sum_{k,l,c,d} v_{cd}^{kl} t_{ik}^{ac} t_{lj}^{db}$$

$$= \frac{1}{2} \sum_{k,l,c,d} \{v_{cd}^{kl} t_{ik}^{ac} t_{lj}^{db} - v_{cd}^{kl} t_{jk}^{ac} t_{li}^{db} - v_{cd}^{kl} t_{ik}^{bc} t_{lj}^{da} + v_{cd}^{kl} t_{jk}^{bc} t_{li}^{da}\}$$

$$=\sum_{k,l,c,d}\{v_{cd}^{kl}t_{ik}^{ac}t_{lj}^{db}-v_{cd}^{kl}t_{jk}^{ac}t_{li}^{db}\}$$

置換演算子を作用させると，上式 2 行目第 1 項と第 4 項は等価となり係数の 1/2 を打ち消す． 2 行目第 2 項と第 3 項も同様である．よって，CCD 法の T_2 振幅方程式に対する以下の作業方程式が導出できる．

$$v_{ij}^{ab}-\hat{P}(ij)\sum_{k}f_{j}^{k}t_{ik}^{ab}+\hat{P}(ab)\sum_{c}f_{c}^{b}t_{ij}^{ac}+\frac{1}{2}\sum_{k,l}v_{ij}^{kl}t_{kl}^{ab}+\frac{1}{2}\sum_{c,d}v_{cd}^{ab}t_{ij}^{cd}-\hat{P}(ij)\hat{P}(ab)\sum_{c,k}v_{cj}^{ak}t_{ik}^{cb}$$
$$+\frac{1}{4}\sum_{k,l,c,d}v_{cd}^{kl}t_{ij}^{cd}t_{kl}^{ab}+\sum_{k,l,c,d}\{v_{cd}^{kl}t_{ik}^{ac}t_{lj}^{db}-v_{cd}^{kl}t_{jk}^{ac}t_{li}^{db}\}-\frac{1}{2}\hat{P}(ij)\sum_{k,l,c,d}v_{cd}^{kl}t_{ki}^{cd}t_{lj}^{ab}-\frac{1}{2}\hat{P}(ab)\sum_{k,l,c,d}v_{cd}^{kl}t_{kl}^{ca}t_{ij}^{db}=0$$

6

多体摂動論（MBPT）のダイアグラム

多体摂動論（MBPT）は電子相関の効果を系統的に取り込む方法である．本章では，4 章で導入したダイアグラム表現を拡張し，ゼロ次のハミルトニアンとして Hartree–Fock ハミルトニアンを用いた Rayleigh–Schrödinger 摂動論（RSPT）である Møller–Plesset 摂動論（MPPT）の作業方程式を系統的に求める方法を解説する．

6.1 MPPT のダイアグラム表現の基礎

3.5 節では RSPT の一般論について説明し，3.6 節では正準 HF 法に対する MPPT を解説した．本節では，MPPT に対するダイアグラム表現を解説し，ダイアグラムを用いて二次・三次摂動エネルギーに対する作業方程式を導出する．摂動エネルギー［式(3.94)～(3.97)，(3.101)～(3.103)参照］は，HF 配置 $\langle \Phi_0^{(0)} |$ と $| \Phi_0^{(0)} \rangle$，Green 演算子 $\hat{G}^{(0)}$，摂動ハミルトニアン $\hat{V}^{(1)}$，$\hat{W}^{(1)}$ で表現される．本節では，それぞれの要素に対してダイアグラム表現を定義する．

$\langle \Phi_0^{(0)} |$ と $| \Phi_0^{(0)} \rangle$ は Fermi 真空状態に対応するため，CI 法や CC 法と同様に二重線 ═══ で描画する．$\hat{G}^{(0)}$ は，頂点や二重線の間を横切る一重線 ─── で描画する．式(3.108)より，$\hat{G}^{(0)}$ が励起配置 $| \Phi_{ij\cdots}^{ab\cdots(0)} \rangle$ に作用する場合，励起配置の状態は変わらず軌道エネルギー差 $\Delta\varepsilon_{ab\cdots}^{ij\cdots}$ で割ることに相当する．ダイアグラムから数式に変換する場合，─── が交差した粒子線・正孔線のスピン軌道ラベルから $\Delta\varepsilon_{ab\cdots}^{ij\cdots}$ を決定する［図 6.1(a)］．また，励起配置が変わらないことから，$\hat{G}^{(0)}$ の励起レベルは (0) とする．$\hat{G}^{(0)}$ には HF 配置が含まれないため，$\hat{G}^{(0)}$ が HF 配置 $| \Phi_0^{(0)} \rangle$ に作用する場合はゼロとなる［式(3.99)参照］．ダイアグラムでは，$\hat{G}^{(0)}$ の ─── が粒子線や正孔線と一度も交差しないことに対応する［図 6.1(b)］．

摂動ハミルトニアン $\hat{V}^{(1)}$ は，2 電子演算子と一次摂動エネルギー $E_0^{(1)}$ で表され

(a)

$\hat{G}^{(0)}$

$|\Phi_{ij\cdots}^{ab\cdots(0)}\rangle$

$$\hat{G}^{(0)}|\Phi_{ij\cdots}^{ab\cdots(0)}\rangle = \frac{|\Phi_{ij\cdots}^{ab\cdots(0)}\rangle\langle\Phi_{ij\cdots}^{ab\cdots(0)}|}{\Delta\varepsilon_{ab\cdots}^{ij\cdots}}$$

(b)

$\hat{G}^{(0)}$

$|\Phi_0^{(0)}\rangle$

$$\hat{G}^{(0)}|\Phi_0^{(0)}\rangle = 0$$

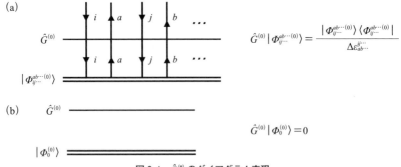

図 6.1　$\hat{G}^{(0)}$ のダイアグラム表現

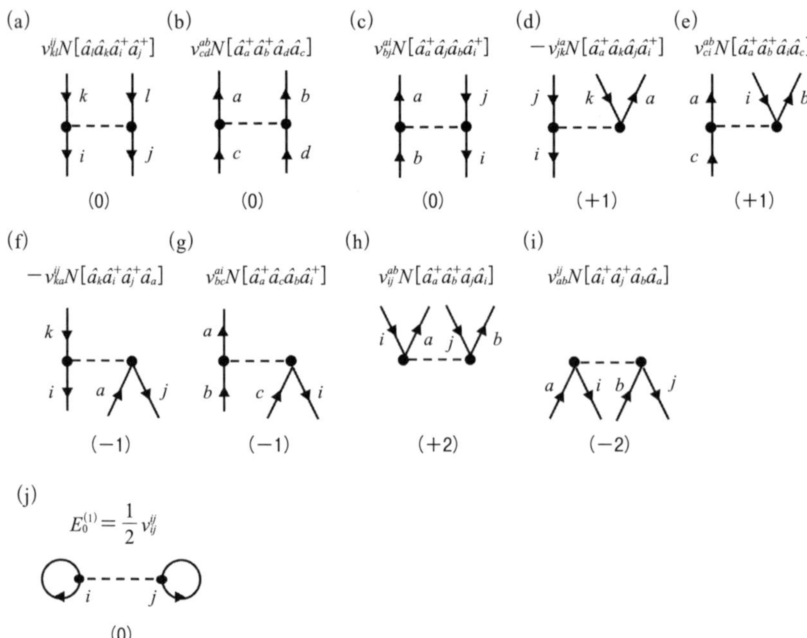

図 6.2　$\hat{V}^{(1)}$ のダイアグラム表現

る．2 電子演算子は 9 個の開いたダイアグラムで描画する［図 6.2(a)～(i)］．開いたダイアグラムの励起レベルは 2 電子演算子のダイアグラムと同じである（図 4.22 参照）．$E_0^{(1)}$ は 1 個の閉じたダイアグラムで描画する［図 6.2(j)］．閉じたダイアグラムの励起レベルは (0) である．

$\hat{W}^{(1)}$ は，$\hat{V}^{(1)}$ のダイアグラムから図 6.2(j)を除いた 2 電子演算子のみのダイアグラム［図 6.2(a)～(i)］で示される．

6.2 Hugenholtz ダイアグラム

二次摂動エネルギー $E_0^{(2)}$［式(3.101)参照］を例として MPPT のダイアグラムに慣れていこう．CI 法や CC 法と同様に，複数のダイアグラムをもつ摂動ハミルトニアン $\hat{W}^{(1)}$ の励起レベルを決定する．ブラ状態 $\langle\Phi_0^{(0)}|$ およびケット状態 $|\Phi_0^{(0)}\rangle$ は

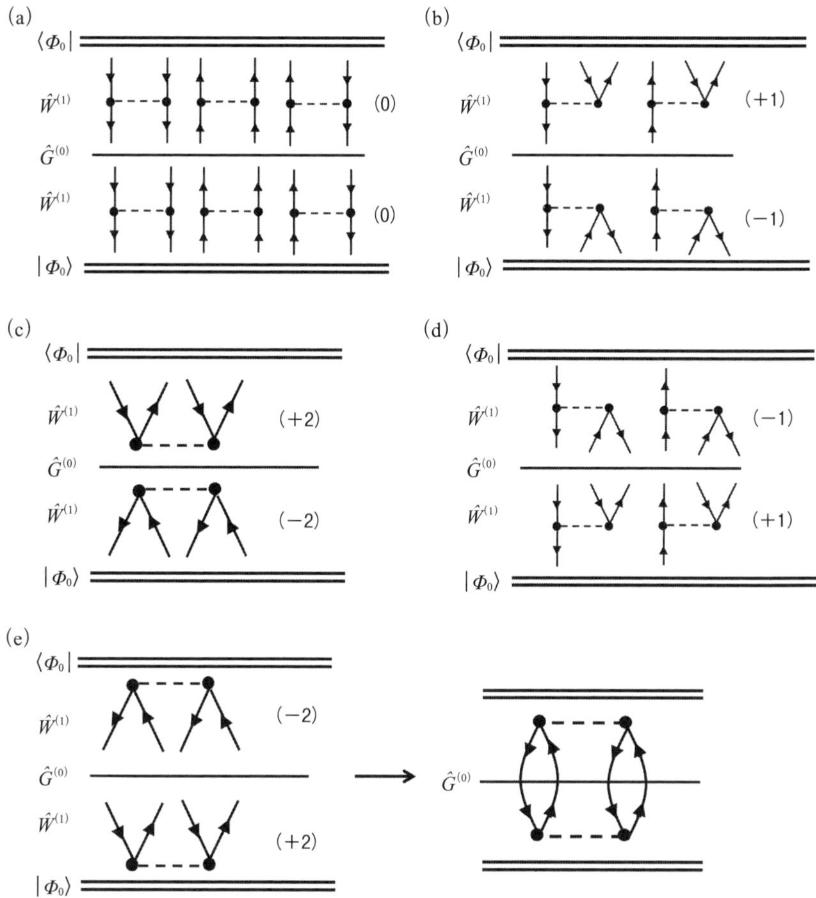

図 6.3 二次摂動エネルギーのダイアグラム表現

ともに励起レベルが (0) なので，合計の励起レベルがゼロとなるには，残りの演算子 $\hat{W}^{(1)}\hat{G}^{(0)}\hat{W}^{(1)}$ の励起レベルも (0) とならなければならない．$\hat{G}^{(0)}$ の励起レベルは (0) であることから，左右の $\hat{W}^{(1)}$ の励起レベルの組合せは，(0) と (0) [図 6.3(a)]，(+1) と (−1) [図 6.3(b)]，(+2) と (−2) [図 6.3(c)]，(−1) と (+1) [図 6.3(d)]，(−2) と (+2) [図 6.3(e)] の 5 種類である．演算子 $\hat{W}^{(1)}\hat{G}^{(0)}\hat{W}^{(1)}$ を描画する場合，上下の $\hat{W}^{(1)}$ の頂点の間に演算子 $\hat{G}^{(0)}$ に対応する ―― を挿入する．すべての外線が連結した閉じたダイアグラムのみ非ゼロとなる．二つの $\hat{W}^{(1)}$ に対して閉じたダイアグラムが描画できるのは図 6.3(e)の 1 個のみである．摂動エネルギーのブラ状態とケット状態は Fermi 真空状態であり，他のダイアグラムと接続しない．これ以降の MPPT のダイアグラムでは ═══ を省略する．

摂動ハミルトニアン $\hat{V}^{(1)}$ を用いた二次摂動エネルギー [式(3.95)参照] はどうであろうか．$\hat{V}^{(1)}$ には $\hat{W}^{(1)}$ にない図 6.2(j)が含まれるため，2 個の $\hat{V}^{(1)}$ が連結していない閉じたダイアグラムも描画できる（図 6.4）．ただし，図 6.4 の非連結型ダイアグラムは，$\hat{G}^{(0)}$ の ―― が $\hat{V}^{(1)}$ の粒子線や正孔線と交差しないためゼロとなり，式(3.95)と式(3.101)に対する数式は等しくなる．

三次以上の摂動エネルギーに対する作業方程式を導出する場合，$\hat{W}^{(1)}$ の励起レベルの組合せは増大するため，数え漏れを防ぐ工夫が必要となる．5 章の連結型 CC 方程式と同様に，MPPT のエネルギー方程式においても，非ゼロとなるダイアグラムはすべて連結されている必要がある．MPPT では，Hugenholtz（フーゲンホルツ）ダイアグラム（Hugenholtz diagram）を用いた表記法と一筆書きの規則を導入する．$\hat{W}^{(1)}$ に対する Hugenholtz ダイアグラムは，2 電子演算子の 2 個の頂点を 1 個にして表記する [図 6.5(a)～(i)]．Hugenholtz ダイアグラムにおいて，一筆書きで描画されたダイアグラムはすべての $\hat{W}^{(1)}$ が接続していることに相当する．4, 5 章で利用したダイアグラムは，反対称化された Goldstone（ゴールドストーン）ダイアグラム（antisymmetrized Goldstone diagram）とも呼ばれる．反対称化された Goldstone ダイアグラムでは，すべてが接続したダイアグラムを一筆書きで描画することはできないため目視で確認する必要がある．

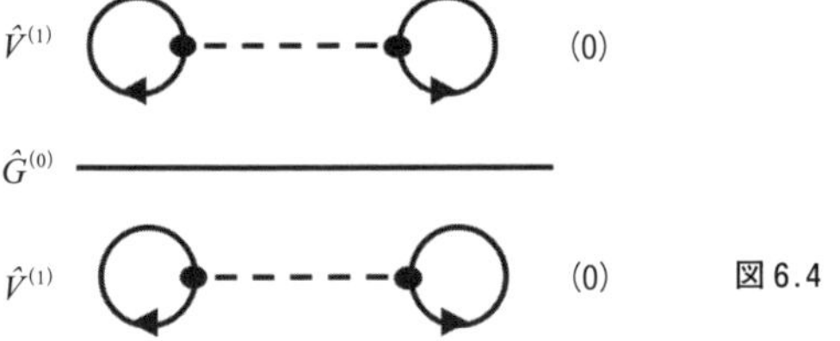

図 6.4　式(3.95)に対する非連結型ダイアグラム表現

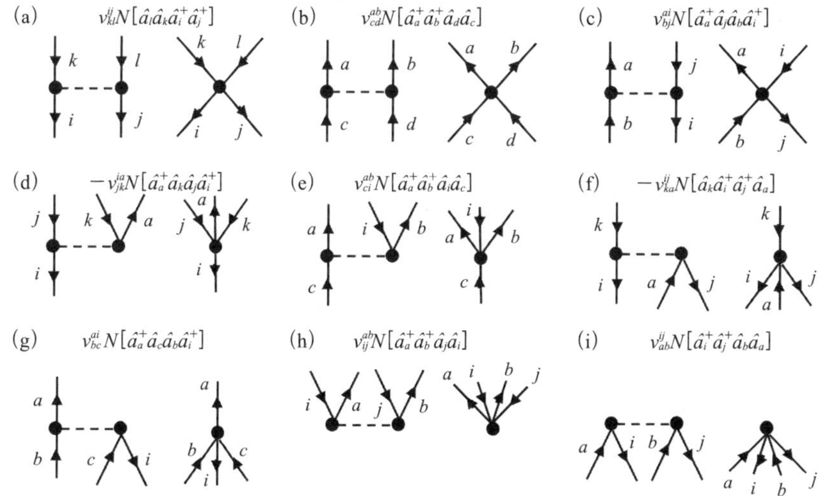

図 6.5　$\hat{V}^{(1)}$ に対する反対称化された Goldstone（左）と Hugenholtz（右）ダイアグラム表現

6.3　MPPT のダイアグラム表現の手続き

MPPT の n 次の摂動エネルギーに対応するダイアグラムを描画する手続きを以下にまとめる．

MPPT の摂動エネルギーに対応するダイアグラムの描画

Step D1：n 次の頂点の描画

摂動次数の個数 n 個の頂点●を縦に並べる．

Step D2：Hugenholtz 骨格の描画

各頂点から 4 本の線が出入りするように，一筆書きで描画できる Hugenholtz 骨格（Hugenholtz skeleton）を描画する．ただし，始点と終点が一致した内線があってはならない．また，四次以上の摂動エネルギーでは，主要項から二次以上の摂動エネルギーを含む繰込み項を差し引く必要がある［式(3.103)参照］．しかし，繰込み項は描画された Hugenholtz 骨格の中で一筆書きできないものに相当するため，一筆書きできるものだけを書き出すことで重複項を打ち消すことができる．

Step D3：Hugenholtz ダイアグラムの描画

Hugenholtz 骨格において，1 個の頂点に粒子線 2 本と正孔線 2 本を割り振り，書き順が異なる Hugenholtz ダイアグラムを描画する．

Step D4：反対称化された Goldstone ダイアグラムへの変換

Hugenholtz ダイアグラムを反対称化された Goldstone ダイアグラムに変換し，各頂点の間に粒子線と正孔線を横切るように Green 演算子の —— を描画する．

Step D5：軌道ラベルの記載

すべての正孔線に対して占有スピン軌道のラベル $\{i, j, k, \cdots\}$ を記載する．同様に，すべての粒子線に対して仮想スピン軌道のラベル $\{a, b, c, \cdots\}$ を記載する．

上記の規則に従い，二次摂動エネルギーに対応するダイアグラムを描画しよう．

Step D1

二次摂動エネルギーであるため，2 個の頂点を縦に並べる．

Step D2

頂点は二つしかないため，一筆書きをするためには，上下の点から出入りする線の数は等しい必要がある．一筆書きで描画できる Hugenholtz 骨格は 1 個だけである［図 6.6(a)］．ただし，$\hat{W}^{(1)}$ はN積のみの 2 電子演算子で表されるため，同じ演算子の外線が接続した，始点と終点の頂点が一致した内線を含むダイアグラムは考慮しない［図 6.6(b), (c)］．

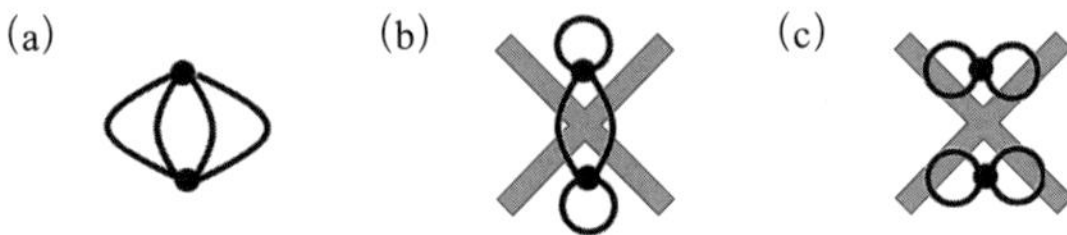

図 6.6　$E_0^{(2)}$ の Hugenholtz 骨格表現

Step D3

Hugenholtz 骨格［図 6.6(a)］に対して書き順を考慮して，粒子線と正孔線に対応する矢印を追加する．書き順を考慮すると 6 個の Hugenholtz ダイアグラム［図 6.7(a)～(f)］を描画することができるが，同じ頂点で接続した内線は交換できるので，一つのみ考慮すればよい．

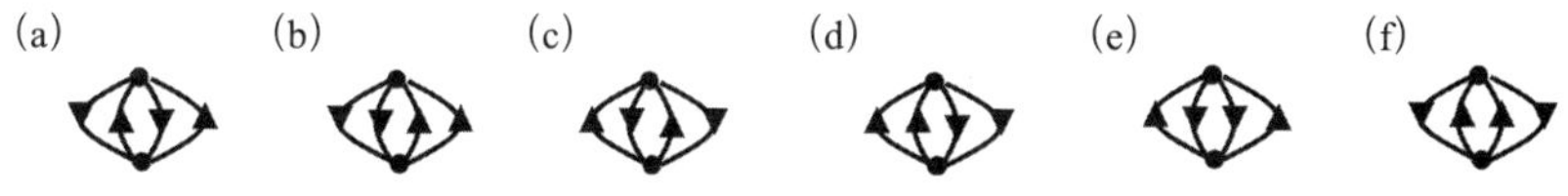

図 6.7　$E_0^{(2)}$ の Hugenholtz ダイアグラム表現

Step D4

図 6.7(a)の Hugenholtz ダイアグラムを，反対称化された Goldstone ダイアグラムに変換する．頂点の間に Green 演算子の ―― を挿入すると，図 6.3(e)と同じダイアグラムが得られる．

Step D5

図 6.3(e)のダイアグラムに，二つの正孔線に左から占有スピン軌道のラベル i と j，二つの粒子線に左から仮想スピン軌道のラベル a と b を記載する（図 6.8）．

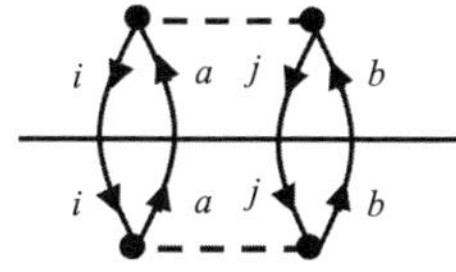

図 6.8　$E_0^{(2)}$ のダイアグラムに対するスピン軌道ラベル

6.4　MPPT ダイアグラムの数式変換

ダイアグラムを MPPT 摂動エネルギーの表式へ変換し，作業方程式を導出するための手続きを以下にまとめる．

ダイアグラムから MPPT 摂動エネルギーの表式への変換手続き

Step F1：2 電子積分の決定

2 電子演算子に対するダイアグラム ●- - - -● につながる粒子線・正孔線のラベルから，2 電子積分 $v_{\text{left-in, right-in}}^{\text{left-out, right-out}}$ を決定する．演算子 $\hat{G}^{(0)}$ に対するダイアグラム ―― が交差したスピン軌道ラベルを用いて軌道エネルギー差 $\Delta\varepsilon_{ab\cdots}^{ij\cdots}$ で割る．接続したすべての内線に対して Σ 記号を表記し，対応するラベルに対する和をとる．

Step F2：等価な内線対の判定

等価な内線対の数に対して 1/2 ずつ係数をかける．

Step F3：パリティの決定

内線となる正孔線の本数 h と輪の個数 l に対応したパリティ $(-1)^{h-l}$ を乗じる．

上記の規則を用いて，二次摂動エネルギーに対応するダイアグラム（図 6.8）から作業方程式を導出しよう．

Step F1

2 電子演算子に対するダイアグラム ●- - - -● につながる粒子線・正孔線のラベルから，2 電子積分 $v_{\text{left-in, right-in}}^{\text{left-out, right-out}}$ を決定する．図 6.8 上部の頂点では，軌道ラベル a, b の粒子線が入り，軌道ラベル i, j の正孔線が出ていくので，対応する 2 電子積分は v_{ab}^{ij} である．図 6.8 下部の頂点では，軌道ラベル i, j の正孔線が入り，軌道ラベル a, b の粒子線が出ていくので，v_{ij}^{ab} である．$\hat{G}^{(0)}$ が横切る軌道ラベルから軌道エネルギー差は $\Delta\varepsilon_{ab}^{ij}$ となる．さらに，軌道 i, j と軌道 a, b は接続した内線であるため $\sum$ 記号で和をとり，$\sum_{i,j,a,b}(v_{ab}^{ij}v_{ij}^{ab}/\Delta\varepsilon_{ab}^{ij})$ となる．

Step F2

図 6.8 のダイアグラムでは，粒子線と正孔線はどちらも一つ目の頂点と二つ目の頂点で接続しているため，等価な内線対が二つある．したがって，$(1/2)^2=1/4$ を係数として乗じ $(1/4)\sum_{i,j,a,b}(v_{ab}^{ij}v_{ij}^{ab}/\Delta\varepsilon_{ab}^{ij})$ となる．

Step F3

図 6.8 のダイアグラムに対して，内線となる正孔線の本数と輪の個数からパリティを決定する．2 個の正孔内線と 2 個の輪から $(-1)^{2-2}=1$ を乗じ，$(1/4)\sum_{i,j,a,b}(v_{ab}^{ij}v_{ij}^{ab}/\Delta\varepsilon_{ab}^{ij})$ となる．

以上の操作から，二次摂動エネルギーに対する以下の作業方程式が導出できる．

$$E_0^{(2)}=\frac{1}{4}\sum_{i,j,a,b}\frac{v_{ab}^{ij}v_{ij}^{ab}}{\Delta\varepsilon_{ab}^{ij}} \tag{6.1}$$

図 6.8 の下部の内線を点線から直線に変更すると，CCD 法のエネルギー方程式と同じダイアグラムとなることがわかる（図 5.12 参照）．このことから，二次摂動エネルギーは CCD 法の T_2 振幅の初期値として用いられる．

手で解く課題 6.1

正準 HF 法に基づく三次摂動エネルギーに対するダイアグラムを描画し，作業方程式を導け．

注　四次の摂動エネルギーについては，補遺 C で説明する．

6.5 連結クラスター定理

『手で解く量子化学 II』2.7 節では，水素分子の n 量体を例に，三次摂動エネルギーに関する大きさに対する拡張性（size-extensivity）が説明されている．三次摂動エネルギーは摂動ハミルトニアン $\hat{V}^{(1)}$ と Green 演算子 $\hat{G}^{(0)}$ のみを含む主要項 $P_0^{(3)}$ と，一次摂動エネルギー $E_0^{(1)}$ を含む繰込み項 $R_0^{(3)}$ に分解される（『手で解く量子化学 II』式(2.109)参照）．

$$\begin{aligned}E_0^{(3)} &= \langle \Phi_0^{(0)} | \hat{V}^{(1)} \hat{G}^{(0)} \hat{V}^{(1)} \hat{G}^{(0)} \hat{V}^{(1)} | \Phi_0^{(0)} \rangle - E_0^{(1)} \langle \Phi_0^{(0)} | \hat{V}^{(1)} \hat{G}^{(0)} \hat{G}^{(0)} \hat{V}^{(1)} | \Phi_0^{(0)} \rangle \\ &= P_0^{(3)} + R_0^{(3)} \end{aligned} \tag{6.2}$$

$P_0^{(3)}$ と $R_0^{(3)}$ ともに分子数の 2 乗 n^2 に比例する項を含むため，$P_0^{(3)}$ と $R_0^{(3)}$ 項の単独では大きさに対する拡張性を満たさない．しかし，$P_0^{(3)}$ と $R_0^{(3)}$ を足し合わせると，n^2 に比例する項は相殺され，三次摂動エネルギー全体としては大きさに対する拡張性を満たす．

本節ではダイアグラムの観点からこのことを見ていく．式(6.2)の $P_0^{(3)}$ に関して，摂動ハミルトニアン $\hat{V}^{(1)}$ を用いて Goldstone ダイアグラムを描画すると，図 6.9(a) のような閉じたダイアグラムを二つ含んだ非連結型ダイアグラム（unlinked diagram）が現れる．式(6.2)の繰込み項 $R_0^{(3)}$ は，図 6.9(b)のように一次摂動エネルギー $E_0^{(1)}$ に対する閉じたダイアグラムと $\langle \Phi_0^{(0)} | \hat{V}^{(1)} \hat{G}^{(0)} \hat{G}^{(0)} \hat{V}^{(1)} | \Phi_0^{(0)} \rangle$ に対する閉じ

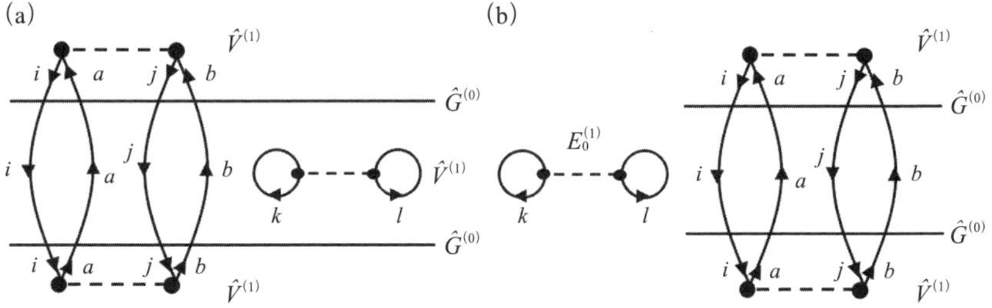

図 6.9　三次摂動エネルギーの主要項に現れる非連結型ダイアグラム(a)と繰込み項のダイアグラム(b)

たダイアグラムからなる．一次摂動エネルギー $E_0^{(1)}$ は大きさに対する拡張性を満たすので，分子数 n に比例する．同様に，閉じたダイアグラムで表される $\langle \Phi_0^{(0)} | \hat{V}^{(1)} \hat{G}^{(0)} \hat{G}^{(0)} \hat{V}^{(1)} | \Phi_0^{(0)} \rangle$ の項も分子数 n に比例する．結果として，繰込み項 $R_0^{(3)}$ は分子数の 2 乗 n^2 に比例する．主要項 $P_0^{(3)}$ に含まれる非連結型ダイアグラムに対する項は繰込み項 $R_0^{(3)}$ と等しいため，相殺される．結局，三次摂動エネルギー全体としては，連結型ダイアグラム（linked diagram）のみが残り，大きさに対する拡張性を満たす．

四次摂動エネルギーは，二次以上の摂動エネルギーを含む繰込み項が存在し，演算子 $\hat{W}^{(1)}$ のダイアグラムで考慮しても繰込み項に対するダイアグラムは削除できない．本章で説明した n 次の摂動エネルギーに対するダイアグラムの規則では，n 個の頂点をすべて通過し一筆書きできるダイアグラムのみ考慮した．四次摂動エネルギーの主要項には，Hugenholtz 骨格で一筆書きできない非連結型ダイアグラムが三つある［図 6.10(a)～(c)］．

それぞれの Hugenholtz 骨格を反対称化された Goldstone ダイアグラム表現に変換すると，図 6.11(a)は粒子線・正孔線を 1 本も横切らない Green 演算子 —— が中央にあるため，値はゼロとなる．残り二つのダイアグラム［図 6.11(b), (c)］を合計すると次のような式となる．

$$\frac{1}{16}\sum_{i,j,k,l,a,b,c,d}\frac{v_{ab}^{ij}v_{ij}^{ab}v_{cd}^{kl}v_{kl}^{cd}}{\Delta\varepsilon_{ab}^{ij}\Delta\varepsilon_{abcd}^{ijkl}\Delta\varepsilon_{ab}^{ij}}+\frac{1}{16}\sum_{i,j,k,l,a,b,c,d}\frac{v_{ab}^{ij}v_{ij}^{ab}v_{cd}^{kl}v_{kl}^{cd}}{\Delta\varepsilon_{ab}^{ij}\Delta\varepsilon_{abcd}^{ijkl}\Delta\varepsilon_{cd}^{kl}}=\frac{1}{16}\sum_{i,j,k,l,a,b,c,d}\frac{v_{ab}^{ij}v_{ij}^{ab}v_{cd}^{kl}v_{kl}^{cd}}{\Delta\varepsilon_{ab}^{ij}\Delta\varepsilon_{ab}^{ij}\Delta\varepsilon_{cd}^{kl}} \tag{6.3}$$

一方，繰込み項は二次摂動エネルギー $E_0^{(2)}$ と $\langle \Phi_0^{(0)} | \hat{W}^{(1)} \hat{G}^{(0)} \hat{G}^{(0)} \hat{W}^{(1)} | \Phi_0^{(0)} \rangle$ の積で表され，$\langle \Phi_0^{(0)} | \hat{W}^{(1)} \hat{G}^{(0)} \hat{G}^{(0)} \hat{W}^{(1)} | \Phi_0^{(0)} \rangle$ は図 6.12 のダイアグラムで記述される．ダイアグラムを数式に変換し，さらに以下の式変形を行うと，式(6.3)と等価となり，打ち消し合うことがわかる．

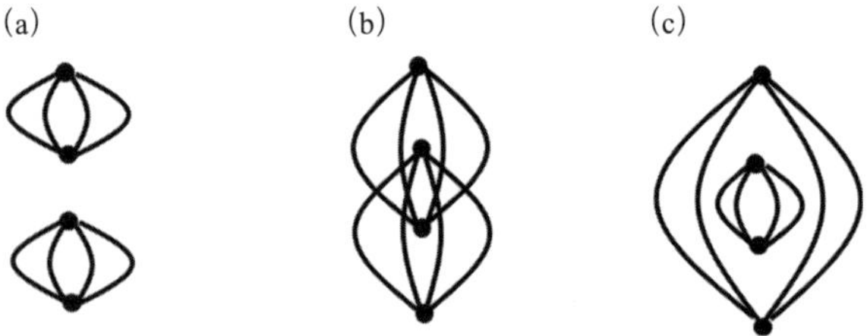

図 6.10　一筆書きできない四次摂動エネルギーの Hugenholtz ダイアグラム表現

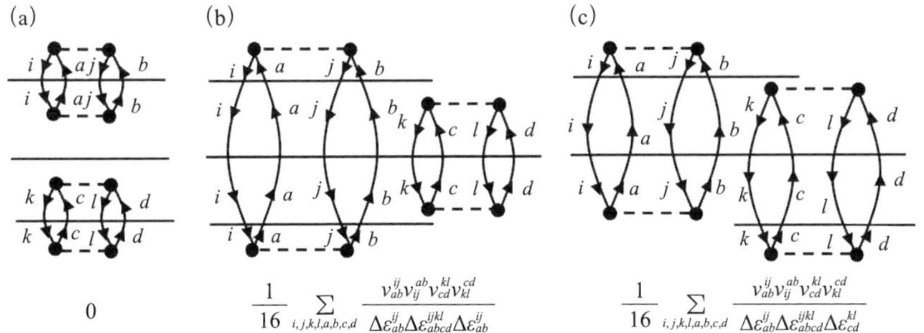

図 6.11　一筆書きできない四次摂動エネルギーの反対称化された Goldstone ダイアグラム表現

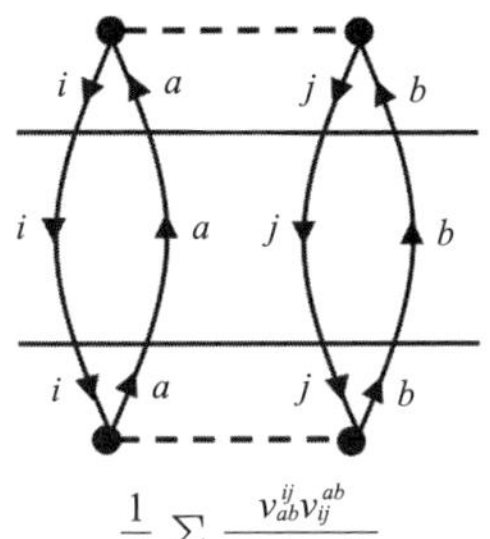

図 6.12　$\langle\boldsymbol{\Phi}_0^{(0)}|\hat{\boldsymbol{W}}^{(1)}\hat{\boldsymbol{G}}^{(0)}\hat{\boldsymbol{G}}^{(0)}\hat{\boldsymbol{W}}^{(1)}|\boldsymbol{\Phi}_0^{(0)}\rangle$ の Goldstone ダイアグラム表現

$$
\begin{aligned}
E_0^{(2)}\langle\Phi_0^{(0)}|\hat{W}^{(1)}\hat{G}^{(0)}\hat{G}^{(0)}\hat{W}^{(1)}|\Phi_0^{(0)}\rangle &= \frac{1}{4}\sum_{k,l,c,d}\frac{v_{cd}^{kl}v_{kl}^{cd}}{\Delta\varepsilon_{cd}^{kl}}\times\frac{1}{4}\sum_{i,j,a,b}\frac{v_{ab}^{ij}v_{ij}^{ab}}{\Delta\varepsilon_{ab}^{ij}\Delta\varepsilon_{ab}^{ij}} \\
&= \frac{1}{16}\sum_{i,j,k,l,a,b,c,d}\frac{v_{ab}^{ij}v_{ij}^{ab}v_{cd}^{kl}v_{kl}^{cd}}{\Delta\varepsilon_{ab}^{ij}\Delta\varepsilon_{ab}^{ij}\Delta\varepsilon_{cd}^{kl}}
\end{aligned}
\tag{6.4}
$$

以上の三次・四次摂動エネルギーで見たように，複数の閉じたダイアグラムからなる繰込み項は主要項に含まれる非連結型ダイアグラムと相殺される．結果として，MPPT は連結型ダイアグラムのみで表され，大きさに対する拡張性が満たされる．このことは**連結クラスター定理**（linked-cluster theorem）と呼ばれる．MPPT ダイアグラム描画規則において，一筆書きに限定したのは連結型ダイアグラムのみを考慮するためである．5 章の連結型 CC 方程式のダイアグラム描画規則でも，連結型ダイアグラムのみを考慮することにより大きさに対する拡張性を満たすようにした．

手で解く課題　解答

> **手で解く課題 6.1**
>
> 正準 HF 法に基づく三次摂動エネルギーに対するダイアグラムを描画し，作業方程式を導け．
>
> 注　四次の摂動エネルギーについては，補遺 C で説明する．

課題 6.1 を手で解く

Step D1

三次摂動エネルギーであるため，3 個の頂点を縦に並べる．

Step D2

すべての頂点から 4 本の外線が出ているため，1 番目の 4 本の外線が 2 番目と 3 番目の外線と 2 本ずつ結ばれている Hugenholtz 骨格だけが一筆書きができる（図 1）．

図 1　$E_0^{(3)}$ の Hugenholtz 骨格

Step D3

Hugenholtz 骨格に対して書き順を考慮して矢印を追加すると，3 種類の Hugenholtz ダイアグラムが考えられる（図 2）．

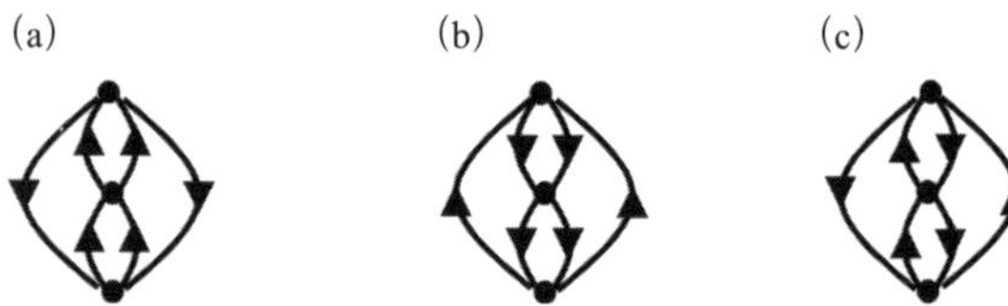

図 2　$E_0^{(3)}$ の Hugenholtz ダイアグラム表現

Step D4

Hugenholtz ダイアグラムを，反対称化された Goldstone ダイアグラムに変換する．頂点の間に Green 演算子を 2 本ずつ挿入する（図 3 ）.

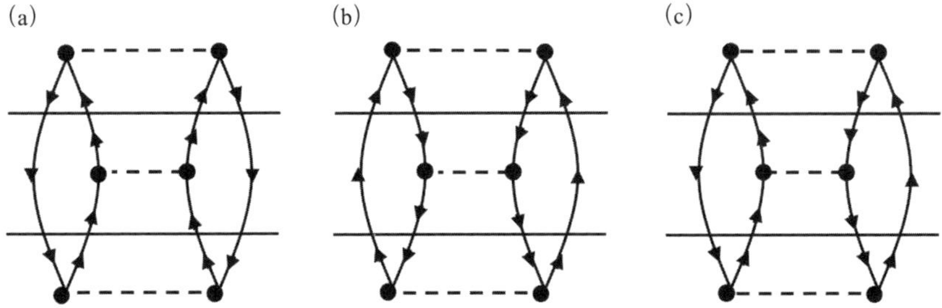

図 3　$E_0^{(3)}$ の Goldstone ダイアグラム表現

Step D5

正孔線に占有スピン軌道のラベル $\{i, j, \cdots\}$ と粒子線に仮想スピン軌道のラベル $\{a, b, \cdots\}$ を記載する（図 4 ）.

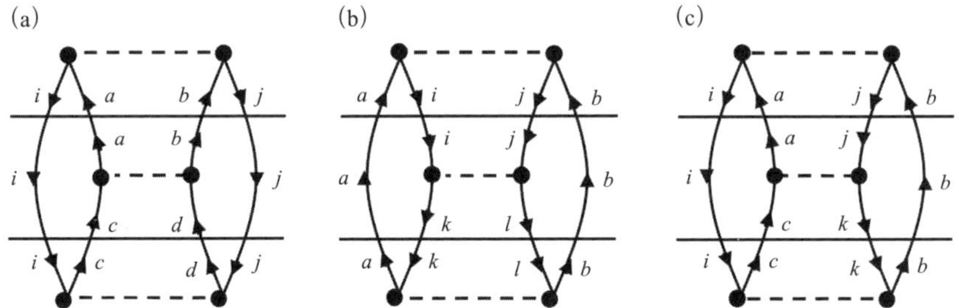

図 4　$E_0^{(3)}$ のダイアグラムに対するスピン軌道ラベル

Step F1～F3

Step D5 のダイアグラムから 1 電子積分，2 電子積分，軌道エネルギー差を決定し，接続した内線に対して，Σ 記号で和をとる．等価な内線対を判定したのちに，パリティを決定する（表 1 ）.

表 1　ダイアグラムから三次摂動エネルギーの表式への変換

	(a)	(b)	(c)
Step F1	$\sum_{i,j,a,b,c,d} \frac{v_{ab}^{ij} v_{cd}^{ab} v_{ij}^{cd}}{\Delta\varepsilon_{ab}^{ij} \Delta\varepsilon_{cd}^{ij}}$	$\sum_{i,j,k,l,a,b} \frac{v_{ab}^{ij} v_{ij}^{kl} v_{kl}^{ab}}{\Delta\varepsilon_{ab}^{ij} \Delta\varepsilon_{ab}^{kl}}$	$\sum_{i,j,k,a,b,c} \frac{v_{ab}^{ij} v_{cj}^{ak} v_{ik}^{cb}}{\Delta\varepsilon_{ab}^{ij} \Delta\varepsilon_{bc}^{ik}}$
Step F2	$\frac{1}{8} \sum_{i,j,a,b,c,d} \frac{v_{ab}^{ij} v_{cd}^{ab} v_{ij}^{cd}}{\Delta\varepsilon_{ab}^{ij} \Delta\varepsilon_{cd}^{ij}}$	$\frac{1}{8} \sum_{i,j,k,l,a,b} \frac{v_{ab}^{ij} v_{ij}^{kl} v_{kl}^{ab}}{\Delta\varepsilon_{ab}^{ij} \Delta\varepsilon_{ab}^{kl}}$	$\sum_{i,j,k,a,b,c} \frac{v_{ab}^{ij} v_{cj}^{ak} v_{ik}^{cb}}{\Delta\varepsilon_{ab}^{ij} \Delta\varepsilon_{bc}^{ik}}$
Step F3	$\frac{1}{8} \sum_{i,j,a,b,c,d} \frac{v_{ab}^{ij} v_{cd}^{ab} v_{ij}^{cd}}{\Delta\varepsilon_{ab}^{ij} \Delta\varepsilon_{cd}^{ij}}$	$\frac{1}{8} \sum_{i,j,k,l,a,b} \frac{v_{ab}^{ij} v_{ij}^{kl} v_{kl}^{ab}}{\Delta\varepsilon_{ab}^{ij} \Delta\varepsilon_{ab}^{kl}}$	$-\sum_{i,j,k,a,b,c} \frac{v_{ab}^{ij} v_{cj}^{ak} v_{ik}^{cb}}{\Delta\varepsilon_{ab}^{ij} \Delta\varepsilon_{bc}^{ik}}$

よって，ダイアグラムから正準 HF 法に基づく三次摂動エネルギーは以下の作業方程式が導かれる．

$$E_0^{(3)} = \frac{1}{8} \sum_{i,j,a,b,c,d} \frac{v_{ab}^{ij} v_{cd}^{ab} v_{ij}^{cd}}{\Delta\varepsilon_{ab}^{ij} \Delta\varepsilon_{cd}^{ij}} + \frac{1}{8} \sum_{i,j,k,l,a,b} \frac{v_{ab}^{ij} v_{ij}^{kl} v_{kl}^{ab}}{\Delta\varepsilon_{ab}^{ij} \Delta\varepsilon_{ab}^{kl}} - \sum_{i,j,k,a,b,c} \frac{v_{ab}^{ij} v_{cj}^{ak} v_{ik}^{cb}}{\Delta\varepsilon_{ab}^{ij} \Delta\varepsilon_{bc}^{ik}}$$

演習問題　解答

第1章

【演習問題1.1】 生成・消滅演算子の対 $(\hat{a}_p^+\hat{a}_q+\hat{a}_q\hat{a}_p^+)$ を，それぞれ，次のケット状態に作用させ，式(1.28)の結果に適合することを確かめよ．

[1] $|\psi_p\rangle$　　[2] $|\psi_q\rangle$　　[3] $|\psi_p\psi_q\rangle$

解　答

[1] $p\neq q$ の場合，$(\hat{a}_p^+\hat{a}_q+\hat{a}_q\hat{a}_p^+)|\psi_p\rangle=0$

$p=q$ の場合，$(\hat{a}_p^+\hat{a}_p+\hat{a}_p\hat{a}_p^+)|\psi_p\rangle=\hat{a}_p^+|\,\rangle=|\psi_p\rangle$

[2] $p\neq q$ の場合，$(\hat{a}_p^+\hat{a}_q+\hat{a}_q\hat{a}_p^+)|\psi_q\rangle=\hat{a}_p^+|\,\rangle+\hat{a}_q|\psi_p\psi_q\rangle=|\psi_p\rangle-|\psi_p\rangle=0$

$p=q$ の場合，[1]と同様

[3] $p\neq q$ の場合，$(\hat{a}_p^+\hat{a}_q+\hat{a}_q\hat{a}_p^+)|\psi_p\psi_q\rangle=-\hat{a}_p^+|\psi_p\rangle=0$

$p=q$ の場合，そもそも $|\psi_p\psi_p\rangle=0$

【演習問題1.2】 次の四つの生成・消滅演算子の積について，それぞれN積に変換し，さらに真の真空状態に対する期待値を求めよ．

[1] $\hat{a}_p^+\hat{a}_q\hat{a}_r^+\hat{a}_s$　　[2] $\hat{a}_p^+\hat{a}_q\hat{a}_r\hat{a}_s^+$　　[3] $\hat{a}_p\hat{a}_q^+\hat{a}_r^+\hat{a}_s$　　[4] $\hat{a}_p\hat{a}_q\hat{a}_r^+\hat{a}_s^+$

解　答

[1] 生成・消滅演算子の反交換関係を用いると，次のようなN積に変換できる．

$$\hat{a}_p^+\hat{a}_q\hat{a}_r^+\hat{a}_s=\hat{a}_p^+(\delta_{qr}-\hat{a}_r^+\hat{a}_q)\hat{a}_s=\delta_{qr}\hat{a}_p^+\hat{a}_s-\hat{a}_p^+\hat{a}_r^+\hat{a}_q\hat{a}_s$$

真の真空状態に対するN積の期待値はゼロなので，以下となる．

$$\langle\,|\hat{a}_p^+\hat{a}_q\hat{a}_r^+\hat{a}_s|\,\rangle=0$$

[2]

$$\begin{aligned}\hat{a}_p^+\hat{a}_q\hat{a}_r\hat{a}_s^+&=\hat{a}_p^+\hat{a}_q(\delta_{rs}-\hat{a}_s^+\hat{a}_r)=\delta_{rs}\hat{a}_p^+\hat{a}_q-\hat{a}_p^+\hat{a}_q\hat{a}_s^+\hat{a}_r\\&=\delta_{rs}\hat{a}_p^+\hat{a}_q-\hat{a}_p^+(\delta_{qs}-\hat{a}_s^+\hat{a}_q)\hat{a}_r=\delta_{rs}\hat{a}_p^+\hat{a}_q-\delta_{qs}\hat{a}_p^+\hat{a}_r+\hat{a}_p^+\hat{a}_s^+\hat{a}_q\hat{a}_r\end{aligned}$$

$$\langle\,|\hat{a}_p^+\hat{a}_q\hat{a}_r\hat{a}_s^+|\,\rangle=0$$

[3]

$$\hat{a}_p\hat{a}_q^+\hat{a}_r^+\hat{a}_s=(\delta_{pq}-\hat{a}_q^+\hat{a}_p)\hat{a}_r^+\hat{a}_s=\delta_{pq}\hat{a}_r^+\hat{a}_s-\hat{a}_q^+\hat{a}_p\hat{a}_r^+\hat{a}_s$$
$$=\delta_{pq}\hat{a}_r^+\hat{a}_s-\hat{a}_q^+(\delta_{pr}-\hat{a}_r^+\hat{a}_p)\hat{a}_s=\delta_{pq}\hat{a}_r^+\hat{a}_s-\delta_{pr}\hat{a}_q^+\hat{a}_s+\hat{a}_q^+\hat{a}_r^+\hat{a}_p\hat{a}_s$$
$$\langle\,|\hat{a}_p\hat{a}_q^+\hat{a}_r^+\hat{a}_s|\,\rangle=0$$

[4]

$$\hat{a}_p\hat{a}_q\hat{a}_r^+\hat{a}_s^+=\hat{a}_p(\delta_{qr}-\hat{a}_r^+\hat{a}_q)\hat{a}_s^+=\delta_{qr}\hat{a}_p\hat{a}_s^+-\hat{a}_p\hat{a}_r^+\hat{a}_q\hat{a}_s^+$$
$$=\delta_{qr}(\delta_{ps}-\hat{a}_s^+\hat{a}_p)-(\delta_{pr}-\hat{a}_r^+\hat{a}_p)(\delta_{qs}-\hat{a}_s^+\hat{a}_q)$$
$$=\delta_{qr}\delta_{ps}-\delta_{qr}\hat{a}_s^+\hat{a}_p-\delta_{pr}\delta_{qs}+\delta_{pr}\hat{a}_s^+\hat{a}_q+\delta_{qs}\hat{a}_r^+\hat{a}_p-\hat{a}_r^+\hat{a}_p\hat{a}_s^+\hat{a}_q$$
$$=\delta_{qr}\delta_{ps}-\delta_{qr}\hat{a}_s^+\hat{a}_p-\delta_{pr}\delta_{qs}+\delta_{pr}\hat{a}_s^+\hat{a}_q+\delta_{qs}\hat{a}_r^+\hat{a}_p-\hat{a}_r^+(\delta_{ps}-\hat{a}_s^+\hat{a}_p)\hat{a}_q$$
$$=\delta_{qr}\delta_{ps}-\delta_{qr}\hat{a}_s^+\hat{a}_p-\delta_{pr}\delta_{qs}+\delta_{pr}\hat{a}_s^+\hat{a}_q+\delta_{qs}\hat{a}_r^+\hat{a}_p-\delta_{ps}\hat{a}_r^+\hat{a}_q+\hat{a}_r^+\hat{a}_s^+\hat{a}_p\hat{a}_q$$
$$=\delta_{qr}\delta_{ps}-\delta_{pr}\delta_{qs}-\delta_{qr}\hat{a}_s^+\hat{a}_p+\delta_{pr}\hat{a}_s^+\hat{a}_q+\delta_{qs}\hat{a}_r^+\hat{a}_p-\delta_{ps}\hat{a}_r^+\hat{a}_q+\hat{a}_r^+\hat{a}_s^+\hat{a}_p\hat{a}_q$$
$$\langle\,|\hat{a}_p\hat{a}_q\hat{a}_r^+\hat{a}_s^+|\,\rangle=\delta_{qr}\delta_{ps}-\delta_{pr}\delta_{qs}$$

【演習問題 1.3】　式(1.42)の演算子 $\hat{B}$ をN積に変形し，その結果を用いて，真の真空状態に対する期待値を求めることにより，式(1.43)を導出せよ．

解　　答

式(1.39)の結果を用いると，演算子 $\hat{B}$ は次のように変形できる．

$$\hat{B}=\hat{a}_i\hat{a}_p\hat{a}_q^+\hat{a}_r\hat{a}_s^+\hat{a}_j^+$$
$$=\hat{a}_i(\delta_{pq}\delta_{rs}-\delta_{pq}\hat{a}_s^+\hat{a}_r-\delta_{rs}\hat{a}_q^+\hat{a}_p+\delta_{ps}\hat{a}_q^+\hat{a}_r-\hat{a}_q^+\hat{a}_s^+\hat{a}_p\hat{a}_r)\hat{a}_j^+$$
$$=\delta_{pq}\delta_{rs}\hat{a}_i\hat{a}_j^+-\delta_{pq}\hat{a}_i\hat{a}_s^+\hat{a}_r\hat{a}_j^+-\delta_{rs}\hat{a}_i\hat{a}_q^+\hat{a}_p\hat{a}_j^++\delta_{ps}\hat{a}_i\hat{a}_q^+\hat{a}_r\hat{a}_j^+-\hat{a}_i\hat{a}_q^+\hat{a}_s^+\hat{a}_p\hat{a}_r\hat{a}_j^+ \tag{1.3a}$$

式(1.3a) 3 行目の第 1 項は式(1.28)の反交換関係を用いてN積にできる．

$$\delta_{pq}\delta_{rs}\hat{a}_i\hat{a}_j^+=\delta_{pq}\delta_{rs}(\delta_{ij}-\hat{a}_j^+\hat{a}_i)$$
$$=\delta_{pq}\delta_{rs}\delta_{ij}-\delta_{pq}\delta_{rs}\hat{a}_j^+\hat{a}_i \tag{1.3b}$$

第 2～4 項は式(1.39)の結果を用いるとN積にできる．たとえば，第 2 項の場合，式(1.39)の $\{p,q,r,s\}$ を以下のように $\{i,s,r,j\}$ に置き換えるとよい．

$$\delta_{pq}\hat{a}_i\hat{a}_s^+\hat{a}_r\hat{a}_j^+=\delta_{pq}(\delta_{is}\delta_{rj}-\delta_{is}\hat{a}_j^+\hat{a}_r-\delta_{rj}\hat{a}_s^+\hat{a}_i+\delta_{ij}\hat{a}_s^+\hat{a}_r-\hat{a}_s^+\hat{a}_j^+\hat{a}_i\hat{a}_r)$$
$$=\delta_{pq}\delta_{is}\delta_{rj}-\delta_{pq}\delta_{is}\hat{a}_j^+\hat{a}_r-\delta_{pq}\delta_{rj}\hat{a}_s^+\hat{a}_i+\delta_{pq}\delta_{ij}\hat{a}_s^+\hat{a}_r-\delta_{pq}\hat{a}_s^+\hat{a}_j^+\hat{a}_i\hat{a}_r \tag{1.3c}$$

第 5 項は，以下のように変形できる．

$$\hat{a}_i\hat{a}_q^+\hat{a}_s^+\hat{a}_p\hat{a}_r\hat{a}_j^+=(\delta_{iq}-\hat{a}_q^+\hat{a}_i)\hat{a}_s^+\hat{a}_p(\delta_{rj}-\hat{a}_j^+\hat{a}_r)$$
$$=\delta_{iq}\delta_{rj}\hat{a}_s^+\hat{a}_p-\delta_{iq}\hat{a}_s^+\hat{a}_p\hat{a}_j^+\hat{a}_r-\delta_{rj}\hat{a}_q^+\hat{a}_i\hat{a}_s^+\hat{a}_p+\hat{a}_q^+\hat{a}_i\hat{a}_s^+\hat{a}_p\hat{a}_j^+\hat{a}_r$$
$$=\delta_{iq}\delta_{rj}\hat{a}_s^+\hat{a}_p-\delta_{iq}\hat{a}_s^+(\delta_{pj}-\hat{a}_j^+\hat{a}_p)\hat{a}_r-\delta_{rj}\hat{a}_q^+(\delta_{is}-\hat{a}_s^+\hat{a}_i)\hat{a}_p$$
$$+\hat{a}_q^+(\delta_{is}-\hat{a}_s^+\hat{a}_i)(\delta_{pj}-\hat{a}_j^+\hat{a}_p)\hat{a}_r$$
$$=\delta_{iq}\delta_{rj}\hat{a}_s^+\hat{a}_p-\delta_{iq}\delta_{pj}\hat{a}_s^+\hat{a}_r+\delta_{iq}\hat{a}_s^+\hat{a}_j^+\hat{a}_p\hat{a}_r-\delta_{rj}\delta_{is}\hat{a}_q^+\hat{a}_p+\delta_{rj}\hat{a}_q^+\hat{a}_s^+\hat{a}_i\hat{a}_p$$
$$+\delta_{is}\delta_{pj}\hat{a}_q^+\hat{a}_r-\delta_{is}\hat{a}_q^+\hat{a}_j^+\hat{a}_p\hat{a}_r-\delta_{pj}\hat{a}_q^+\hat{a}_s^+\hat{a}_i\hat{a}_r+\hat{a}_q^+\hat{a}_s^+\hat{a}_i\hat{a}_j^+\hat{a}_p\hat{a}_r$$

$$
\begin{aligned}
&=\delta_{iq}\delta_{rj}\hat{a}_s^+\hat{a}_p-\delta_{iq}\delta_{pj}\hat{a}_s^+\hat{a}_r+\delta_{iq}\hat{a}_s^+\hat{a}_j^+\hat{a}_p\hat{a}_r-\delta_{rj}\delta_{is}\hat{a}_q^+\hat{a}_p+\delta_{rj}\hat{a}_q^+\hat{a}_s^+\hat{a}_i\hat{a}_p\\
&\quad+\delta_{is}\delta_{pj}\hat{a}_q^+\hat{a}_r-\delta_{is}\hat{a}_q^+\hat{a}_j^+\hat{a}_p\hat{a}_r-\delta_{pj}\hat{a}_q^+\hat{a}_s^+\hat{a}_i\hat{a}_r+\hat{a}_q^+\hat{a}_s^+(\delta_{ij}-\hat{a}_j^+\hat{a}_i)\hat{a}_p\hat{a}_r\\
&=\delta_{iq}\delta_{rj}\hat{a}_s^+\hat{a}_p-\delta_{iq}\delta_{pj}\hat{a}_s^+\hat{a}_r+\delta_{iq}\hat{a}_s^+\hat{a}_j^+\hat{a}_p\hat{a}_r-\delta_{rj}\delta_{is}\hat{a}_q^+\hat{a}_p+\delta_{rj}\hat{a}_q^+\hat{a}_s^+\hat{a}_i\hat{a}_p\\
&\quad+\delta_{is}\delta_{pj}\hat{a}_q^+\hat{a}_r-\delta_{is}\hat{a}_q^+\hat{a}_j^+\hat{a}_p\hat{a}_r-\delta_{pj}\hat{a}_q^+\hat{a}_s^+\hat{a}_i\hat{a}_r+\delta_{ij}\hat{a}_q^+\hat{a}_s^+\hat{a}_p\hat{a}_r-\hat{a}_q^+\hat{a}_s^+\hat{a}_j^+\hat{a}_i\hat{a}_p\hat{a}_r
\end{aligned}
\tag{1.3d}
$$

これらを合わせると，演算子 $\hat{B}$ をN積に変形できる．さらに，真の真空状態に対する期待値は式(1.3a) 3行目の第1～4項に由来し，以下となる．

$$
\langle|\hat{B}|\rangle=\delta_{pq}\delta_{rs}\delta_{ij}-\delta_{pq}\delta_{is}\delta_{rj}-\delta_{pj}\delta_{rs}\delta_{qi}+\delta_{ps}\delta_{qi}\delta_{rj}
\tag{1.43}
$$

このように，生成・消滅演算子の反交換関係だけを用いてN積に変形することや真の真空状態に対する期待値を求めることは，かなり煩雑であることが理解できるであろう．

【演習問題 1.4】 次の四つの生成・消滅演算子の積について，それぞれ Wick の定理を用いてN積に変換し，さらに真の真空状態に対する期待値を求めよ．

[1] $\hat{a}_p^+\hat{a}_q\hat{a}_r^+\hat{a}_s$　[2] $\hat{a}_p^+\hat{a}_q\hat{a}_r\hat{a}_s^+$　[3] $\hat{a}_p\hat{a}_q^+\hat{a}_r^+\hat{a}_s$　[4] $\hat{a}_p\hat{a}_q\hat{a}_r^+\hat{a}_s^+$

解　答

[1] Wick の定理を用いてN積に変換すると，以下のようになる．

$$
\begin{aligned}
\hat{a}_p^+\hat{a}_q\hat{a}_r^+\hat{a}_s&=n[\hat{a}_p^+\hat{a}_q\hat{a}_r^+\hat{a}_s]+n[\hat{a}_p^+\hat{a}_q\hat{a}_r^+\hat{a}_s]\\
&=\delta_{qr}n[\hat{a}_p^+\hat{a}_s]-n[\hat{a}_p^+\hat{a}_r^+\hat{a}_q\hat{a}_s]
\end{aligned}
$$

真の真空状態に対する期待値は，完全縮約の場合なので以下となる．

$$
\langle|\hat{a}_p^+\hat{a}_q\hat{a}_r^+\hat{a}_s|\rangle=0
$$

[2]

$$
\begin{aligned}
\hat{a}_p^+\hat{a}_q\hat{a}_r\hat{a}_s^+&=n[\hat{a}_p^+\hat{a}_q\hat{a}_r\hat{a}_s^+]+n[\hat{a}_p^+\hat{a}_q\hat{a}_r\hat{a}_s^+]+n[\hat{a}_p^+\hat{a}_q\hat{a}_r\hat{a}_s^+]\\
&=\delta_{rs}n[\hat{a}_p^+\hat{a}_q]-\delta_{qs}n[\hat{a}_p^+\hat{a}_r]+n[\hat{a}_p^+\hat{a}_s^+\hat{a}_q\hat{a}_r]
\end{aligned}
$$

$$
\langle|\hat{a}_p^+\hat{a}_q\hat{a}_r\hat{a}_s^+|\rangle=0
$$

[3]

$$
\begin{aligned}
\hat{a}_p\hat{a}_q^+\hat{a}_r^+\hat{a}_s&=n[\hat{a}_p\hat{a}_q^+\hat{a}_r^+\hat{a}_s]+n[\hat{a}_p\hat{a}_q^+\hat{a}_r^+\hat{a}_s]+n[\hat{a}_p\hat{a}_q^+\hat{a}_r^+\hat{a}_s]\\
&=\delta_{pq}n[\hat{a}_r^+\hat{a}_s]-\delta_{pr}n[\hat{a}_q^+\hat{a}_s]+n[\hat{a}_q^+\hat{a}_r^+\hat{a}_p\hat{a}_s]
\end{aligned}
$$

$$
\langle|\hat{a}_p\hat{a}_q^+\hat{a}_r^+\hat{a}_s|\rangle=0
$$

[4]

$$
\begin{aligned}
\hat{a}_p\hat{a}_q\hat{a}_r^+\hat{a}_s^+&=n[\hat{a}_p\hat{a}_q\hat{a}_r^+\hat{a}_s^+]+n[\hat{a}_p\hat{a}_q\hat{a}_r^+\hat{a}_s^+]+n[\hat{a}_p\hat{a}_q\hat{a}_r^+\hat{a}_s^+]+n[\hat{a}_p\hat{a}_q\hat{a}_r^+\hat{a}_s^+]\\
&\quad+n[\hat{a}_p\hat{a}_q\hat{a}_r^+\hat{a}_s^+]+n[\hat{a}_p\hat{a}_q\hat{a}_r^+\hat{a}_s^+]+n[\hat{a}_p\hat{a}_q\hat{a}_r^+\hat{a}_s^+]\\
&=\delta_{qr}\delta_{ps}-\delta_{pr}\delta_{qs}-\delta_{qr}n[\hat{a}_s^+\hat{a}_p]+\delta_{pr}n[\hat{a}_s^+\hat{a}_q]\\
&\quad+\delta_{qs}n[\hat{a}_r^+\hat{a}_p]-\delta_{ps}n[\hat{a}_r^+\hat{a}_q]+n[\hat{a}_r^+\hat{a}_s^+\hat{a}_p\hat{a}_q]
\end{aligned}
$$

$$
\langle|\hat{a}_p\hat{a}_q\hat{a}_r^+\hat{a}_s^+|\rangle=\delta_{qr}\delta_{ps}-\delta_{pr}\delta_{qs}
$$

（注）演習問題1.2と等しい結果が，随分簡単に導かれることを理解できるであろう．

第2章

【演習問題 2.1】　1 電子積分 h_q^p および 2 電子積分 v_{rs}^{pq} の定義に注意して，式(2.7)から式(2.42)を導け．

解　　答

全スピン軌道 $\{\psi_{p'}, \psi_{q'}\}$ に対する和は，空間軌道 $\{\varphi_p, \varphi_q\}$ と 4 通りのスピン関数 $\{\alpha, \alpha\}$, $\{\beta, \beta\}$, $\{\alpha, \beta\}$, $\{\beta, \alpha\}$ の積についての和に相当する．したがって，

$$
\begin{aligned}
\sum_{\psi_{p'}, \psi_{q'}} h_{q'}^{p'} \hat{E}_{q'}^{p'} &= \sum_{\psi_{p'}, \psi_{q'}} \langle \psi_{p'} | \hat{h} | \psi_{q'} \rangle \hat{E}_{q'}^{p'} \\
&= \sum_{\varphi_p\alpha, \varphi_q\alpha} \langle \varphi_p | \hat{h} | \varphi_q \rangle \langle \alpha | \alpha \rangle \hat{a}_{p\alpha}^{+} \hat{a}_{q\alpha} + \sum_{\varphi_p\beta, \varphi_q\beta} \langle \varphi_p | \hat{h} | \varphi_q \rangle \langle \beta | \beta \rangle \hat{a}_{p\beta}^{+} \hat{a}_{q\beta} \\
&\quad + \sum_{\varphi_p\alpha, \varphi_q\beta} \langle \varphi_p | \hat{h} | \varphi_q \rangle \langle \alpha | \beta \rangle \hat{a}_{p\alpha}^{+} \hat{a}_{q\beta} + \sum_{\varphi_p\beta, \varphi_q\alpha} \langle \varphi_p | \hat{h} | \varphi_q \rangle \langle \beta | \alpha \rangle \hat{a}_{p\beta}^{+} \hat{a}_{q\alpha} \\
&= \sum_{\varphi_p, \varphi_q} \langle \varphi_p | \hat{h} | \varphi_q \rangle (\hat{a}_{p\alpha}^{+} \hat{a}_{q\alpha} + \hat{a}_{p\beta}^{+} \hat{a}_{q\beta}) \\
&= \sum_{\varphi_p, \varphi_q} h_q^p \hat{E}_q^p
\end{aligned}
\tag{2.1a}
$$

同様に，全スピン軌道 $\{\psi_{p'}, \psi_{q'}, \psi_{r'}, \psi_{s'}\}$ に対する和は，空間軌道 $\{\varphi_p, \varphi_q, \varphi_r, \varphi_s\}$ と 16 通りのスピン関数の積についての和に相当する．ここで，式(2.1a)の変形でも見たようにスピン関数に対する積分が非ゼロとなるのは，空間軌道 $\{\varphi_p, \varphi_r\}$ および $\{\varphi_q, \varphi_s\}$ に対応するスピン関数がそれぞれ等しい場合である．したがって，

$$
\begin{aligned}
\sum_{\psi_{p'}, \psi_{q'}, \psi_{r'}, \psi_{s'}} v_{r's'}^{p'q'} \hat{E}_{r'}^{p'} \hat{E}_{s'}^{q'} &= \sum_{\psi_{p'}, \psi_{q'}, \psi_{r'}, \psi_{s'}} \langle \psi_{p'} \psi_{q'} || \psi_{r'} \psi_{s'} \rangle \hat{E}_{r'}^{p'} \hat{E}_{s'}^{q'} \\
&= \sum_{\varphi_p\alpha, \varphi_q\alpha, \varphi_r\alpha, \varphi_s\alpha} \langle \varphi_p \varphi_q || \varphi_r \varphi_s \rangle \langle \alpha | \alpha \rangle \langle \alpha | \alpha \rangle \hat{a}_{p\alpha}^{+} \hat{a}_{r\alpha} \hat{a}_{q\alpha}^{+} \hat{a}_{s\alpha} \\
&\quad + \sum_{\varphi_p\alpha, \varphi_q\beta, \varphi_r\alpha, \varphi_s\beta} \langle \varphi_p \varphi_q || \varphi_r \varphi_s \rangle \langle \alpha | \alpha \rangle \langle \beta | \beta \rangle \hat{a}_{p\alpha}^{+} \hat{a}_{r\alpha} \hat{a}_{q\beta}^{+} \hat{a}_{s\beta} \\
&\quad + \sum_{\varphi_p\beta, \varphi_q\alpha, \varphi_r\beta, \varphi_s\alpha} \langle \varphi_p \varphi_q || \varphi_r \varphi_s \rangle \langle \beta | \beta \rangle \langle \alpha | \alpha \rangle \hat{a}_{p\beta}^{+} \hat{a}_{r\beta} \hat{a}_{q\alpha}^{+} \hat{a}_{s\alpha} \\
&\quad + \sum_{\varphi_p\beta, \varphi_q\alpha, \varphi_r\beta, \varphi_s\alpha} \langle \varphi_p \varphi_q || \varphi_r \varphi_s \rangle \langle \beta | \beta \rangle \langle \beta | \beta \rangle \hat{a}_{p\beta}^{+} \hat{a}_{r\beta} \hat{a}_{q\beta}^{+} \hat{a}_{s\beta} \\
&= \sum_{\varphi_p\alpha, \varphi_q\alpha, \varphi_r\alpha, \varphi_s\alpha} v_{rs}^{pq} \hat{E}_r^p \hat{E}_s^q
\end{aligned}
\tag{2.1b}
$$

さらに，スピン軌道 $\psi_{q'}$ と $\psi_{r'}$ が等しい場合，空間軌道 φ_q と φ_r に対応するスピン関数も等しくなるため，すべてのスピン関数が等しい $\{\alpha, \alpha, \alpha, \alpha\}$ と $\{\beta, \beta, \beta, \beta\}$ の 2 通りである．

$$
\begin{aligned}
\sum_{\psi_{p'}, \psi_{q'}, \psi_{r'}, \psi_{s'}} v_{r's'}^{p'q'} \delta_{q'r'} \hat{E}_{s'}^{p'} &= \sum_{\psi_{p'}, \psi_{q'}, \psi_{r'}, \psi_{s'}} \langle \psi_{p'} \psi_{q'} || \psi_{r'} \psi_{s'} \rangle \delta_{q'r'} \hat{E}_{s'}^{p'} \\
&= \sum_{\varphi_p\alpha, \varphi_q\alpha, \varphi_r\alpha, \varphi_s\alpha} \langle \varphi_p \varphi_q || \varphi_r \varphi_s \rangle \langle \alpha | \alpha \rangle \langle \alpha | \alpha \rangle \delta_{qr} \hat{a}_{p\alpha}^{+} \hat{a}_{s\alpha} \\
&\quad + \sum_{\varphi_p\beta, \varphi_q\alpha, \varphi_r\beta, \varphi_s\alpha} \langle \varphi_p \varphi_q || \varphi_r \varphi_s \rangle \langle \beta | \beta \rangle \langle \beta | \beta \rangle \delta_{qr} \hat{a}_{p\beta}^{+} \hat{a}_{s\beta} \\
&= \sum_{\varphi_p, \varphi_q, \varphi_r, \varphi_s} v_{rs}^{pq} \delta_{qr} \hat{E}_s^p
\end{aligned}
\tag{2.1c}
$$

以上の通り，式(2.1a)～(2.1c)より式(2.7)から式(2.42)が導かれた．

【演習問題 2.2】 式(2.49)～(2.51)が成り立つことを確かめよ．

解　　答

α スピンと β スピンの電子がそれぞれ N_α 個と N_β 個占有した ROHF 波動関数は次式で与えられる（『手で解く量子化学 I』式(5.28)参照）．

$$\begin{aligned}&\Phi_0^{\mathrm{ROHF}}(\boldsymbol{r}_1, \omega_1, \boldsymbol{r}_2, \omega_2, \cdots \boldsymbol{r}_N, \omega_N)\\&=\|\varphi_1(\boldsymbol{r}_1)\alpha(\omega_1)\varphi_2(\boldsymbol{r}_2)\alpha(\omega_2)\cdots\varphi_p(\boldsymbol{r}_p)\alpha(\omega_p)\cdots\varphi_{N_\alpha}(\boldsymbol{r}_{N_\alpha})\alpha(\omega_{N_\alpha})\\&\quad\times\varphi_1(\boldsymbol{r}_{N_\alpha+1})\beta(\omega_{N_\alpha+1})\varphi_2(\boldsymbol{r}_{N_\alpha+2})\beta(\omega_{N_\alpha+2})\cdots\varphi_p(\boldsymbol{r}_{N_\alpha+p})\beta(\omega_{N_\alpha+p})\cdots\varphi_{N_\beta}(\boldsymbol{r}_N)\beta(\omega_N)\|\end{aligned}\tag{2.2a}$$

<u>式(2.49)の導出</u>

式(2.2a)の ROHF 波動関数 Φ_0^{ROHF} に式(2.46)の上昇演算子 $\hat{S}_+$ を作用させると，次式が得られる．

$$\begin{aligned}&\hat{S}_+\Phi_0^{\mathrm{ROHF}}(\boldsymbol{r}_1, \omega_1, \boldsymbol{r}_2, \omega_2, \cdots \boldsymbol{r}_N, \omega_N)\\&=\sum_p \hat{a}_{p\alpha}^+\hat{a}_{p\beta}\|\varphi_1(\boldsymbol{r}_1)\alpha(\omega_1)\varphi_2(\boldsymbol{r}_2)\alpha(\omega_2)\cdots\varphi_p(\boldsymbol{r}_p)\alpha(\omega_p)\cdots\varphi_{N_\alpha}(\boldsymbol{r}_{N_\alpha})\alpha(\omega_{N_\alpha})\\&\quad\times\varphi_1(\boldsymbol{r}_{N_\alpha+1})\beta(\omega_{N_\alpha+1})\varphi_2(\boldsymbol{r}_{N_\alpha+2})\beta(\omega_{N_\alpha+2})\cdots\varphi_p(\boldsymbol{r}_{N_\alpha+p})\beta(\omega_{N_\alpha+p})\cdots\varphi_{N_\beta}(\boldsymbol{r}_N)\beta(\omega_N)\|\\&=\sum_p\|\varphi_1(\boldsymbol{r}_1)\alpha(\omega_1)\varphi_2(\boldsymbol{r}_2)\alpha(\omega_2)\cdots\varphi_p(\boldsymbol{r}_p)\alpha(\omega_p)\cdots\varphi_{N_\alpha}(\boldsymbol{r}_{N_\alpha})\alpha(\omega_{N_\alpha})\\&\quad\times\varphi_1(\boldsymbol{r}_{N_\alpha+1})\beta(\omega_{N_\alpha+1})\varphi_2(\boldsymbol{r}_{N_\alpha+2})\beta(\omega_{N_\alpha+2})\cdots\varphi_p(\boldsymbol{r}_{N_\alpha+p})\alpha(\omega_{N_\alpha+p})\cdots\varphi_{N_\beta}(\boldsymbol{r}_N)\beta(\omega_N)\|\end{aligned}\tag{2.2b}$$

式(2.2b)の最後の行列式の中には $\varphi_p\alpha$ という列が2度現れるため行列式の性質からゼロとなる．さらに，式(2.47)の下降演算子 $\hat{S}_-$ を作用させてもゼロである．したがって，演算子 $\hat{S}_-\hat{S}_+$ の ROHF 波動関数 Φ_0^{ROHF} に対する期待値はゼロと求まり，式(2.49)が導かれた．

$$\langle\Phi_0^{\mathrm{ROHF}}|\hat{S}_-\hat{S}_+|\Phi_0^{\mathrm{ROHF}}\rangle=\sum_{p,q}\langle\Phi_0^{\mathrm{ROHF}}|\hat{a}_{p\beta}^+\hat{a}_{p\alpha}\hat{a}_{q\alpha}^+\hat{a}_{q\beta}|\Phi_0^{\mathrm{ROHF}}\rangle=0\tag{2.49}$$

<u>式(2.50)の導出</u>

式(2.48)のスピン角運動量演算子の z 成分 $\hat{S}_z$ は $\sum_p \hat{a}_{p\alpha}^+\hat{a}_{p\alpha}$ と $\sum_p \hat{a}_{p\beta}^+\hat{a}_{p\beta}$ から成り立つ．これらは式(1.38)の数演算子と同様にそれぞれ α スピンと β スピンの電子数を求める演算子である．よって，式(2.2a)の ROHF 波動関数 Φ_0^{ROHF} にそれぞれ作用させると次のようになる．

$$\sum_p \hat{a}_{p\alpha}^+\hat{a}_{p\alpha}\Phi_0^{\mathrm{ROHF}}(\boldsymbol{r}_1, \omega_1, \boldsymbol{r}_2, \omega_2, \cdots \boldsymbol{r}_N, \omega_N)=N_\alpha\Phi_0^{\mathrm{ROHF}}(\boldsymbol{r}_1, \omega_1, \boldsymbol{r}_2, \omega_2, \cdots \boldsymbol{r}_N, \omega_N)\tag{2.2c}$$

$$\sum_p \hat{a}_{p\beta}^+\hat{a}_{p\beta}\Phi_0^{\mathrm{ROHF}}(\boldsymbol{r}_1, \omega_1, \boldsymbol{r}_2, \omega_2, \cdots \boldsymbol{r}_N, \omega_N)=N_\beta\Phi_0^{\mathrm{ROHF}}(\boldsymbol{r}_1, \omega_1, \boldsymbol{r}_2, \omega_2, \cdots \boldsymbol{r}_N, \omega_N)\tag{2.2d}$$

したがって，演算子 $\hat{S}_z$ の ROHF 波動関数 Φ_0^{ROHF} に対する期待値は $(N_\alpha-N_\beta)/2$ と求まり，式(2.50)が導かれた．

$$\langle\Phi_0^{\mathrm{ROHF}}|\hat{S}_z|\Phi_0^{\mathrm{ROHF}}\rangle=\frac{1}{2}\sum_{p,q}\langle\Phi_0^{\mathrm{ROHF}}|\hat{a}_{p\alpha}^+\hat{a}_{p\alpha}-\hat{a}_{q\beta}^+\hat{a}_{q\beta}|\Phi_0^{\mathrm{ROHF}}\rangle=\frac{1}{2}(N_\alpha-N_\beta)\tag{2.50}$$

式(2.51)の導出

式(2.45)よりスピン角運動量演算子 $\hat{\boldsymbol{S}}^2$ はその z 成分 $\hat{S}_z$ と昇降演算子 $\hat{S}_\pm$ から成り立つので，

$$
\begin{aligned}
\langle \Phi_0^{\mathrm{ROHF}} | \hat{\boldsymbol{S}}^2 | \Phi_0^{\mathrm{ROHF}} \rangle &= \langle \Phi_0^{\mathrm{ROHF}} | \hat{S}_- \hat{S}_+ + \hat{S}_z + \hat{S}_z^2 | \Phi_0^{\mathrm{ROHF}} \rangle \\
&= \langle \Phi_0^{\mathrm{ROHF}} | \hat{S}_- \hat{S}_+ | \Phi_0^{\mathrm{ROHF}} \rangle + \langle \Phi_0^{\mathrm{ROHF}} | \hat{S}_z | \Phi_0^{\mathrm{ROHF}} \rangle + \langle \Phi_0^{\mathrm{ROHF}} | \hat{S}_z^2 | \Phi_0^{\mathrm{ROHF}} \rangle \\
&= \frac{1}{2}(N_\alpha - N_\beta) + \left\{ \frac{1}{2}(N_\alpha - N_\beta) \right\}^2 \\
&= \frac{1}{2}(N_\alpha - N_\beta) \left\{ \frac{1}{2}(N_\alpha - N_\beta) + 1 \right\} \qquad (2.51)
\end{aligned}
$$

となり，式(2.51)が導かれた．

第 3 章

【演習問題 3.1】 励起演算子の性質［式(3.12)～(3.14)］がそれぞれ成り立つことを，生成・消滅演算子の交換関係を用いて示せ．

解　答

<u>式(3.12)の導出</u>

$$\hat{\tau}_{ij}^{ab}=\hat{a}_a^+\hat{a}_b^+\hat{a}_j\hat{a}_i=-\hat{a}_a^+\hat{a}_b^+\hat{a}_i\hat{a}_j=\hat{a}_a^+\hat{a}_i\hat{a}_b^+\hat{a}_j=\hat{\tau}_i^a\hat{\tau}_j^b$$

<u>式(3.13)の導出</u>

$$\begin{aligned}\hat{\tau}_i^a\hat{\tau}_j^b&=\hat{a}_a^+\hat{a}_i\hat{a}_b^+\hat{a}_j=-\hat{a}_a^+\hat{a}_b^+\hat{a}_i\hat{a}_j=\hat{a}_a^+\hat{a}_b^+\hat{a}_j\hat{a}_i\\&=-\hat{a}_b^+\hat{a}_a^+\hat{a}_j\hat{a}_i=\hat{a}_b^+\hat{a}_j\hat{a}_a^+\hat{a}_i=\hat{\tau}_j^b\hat{\tau}_i^a\end{aligned}$$

<u>式(3.14)の導出</u>

$$\begin{aligned}\hat{\tau}_{ij}^{ab}&=\hat{a}_a^+\hat{a}_b^+\hat{a}_j\hat{a}_i\\&=-\hat{a}_a^+\hat{a}_b^+\hat{a}_i\hat{a}_j=-\hat{\tau}_{ji}^{ab}\\&=-\hat{a}_b^+\hat{a}_a^+\hat{a}_j\hat{a}_i=-\hat{\tau}_{ij}^{ba}\\&=\hat{a}_b^+\hat{a}_a^+\hat{a}_i\hat{a}_j=\hat{\tau}_{ji}^{ba}\end{aligned}$$

【演習問題 3.2】 式(3.22)を導け．

解　答

任意の軌道の組 $\{\psi_p,\psi_q\}$ で表された式(3.21)を，占有軌道同士の組 $\{\psi_j,\psi_k\}$，占有軌道と仮想軌道の組 $\{\psi_j,\psi_b\}$，仮想軌道と占有軌道の組 $\{\psi_b,\psi_j\}$，仮想軌道同士の組 $\{\psi_b,\psi_c\}$ の 4 通りに分けると次のようになる．

$$\begin{aligned}\hat{F}_N|\Phi_i^a\rangle=&\sum_{j,k}f_k^j\left(N[\hat{a}_j^+\hat{a}_k\hat{a}_a^+\hat{a}_i]+N[\overline{\hat{a}_j^+\hat{a}_k\hat{a}_a^+\hat{a}_i}]+N[\hat{a}_j^+\overline{\hat{a}_k\hat{a}_a^+}\hat{a}_i]+N[\overline{\hat{a}_j^+\overline{\hat{a}_k\hat{a}_a^+}\hat{a}_i}]\right)|\Phi_0\rangle\\&+\sum_{j,b}f_b^j\left(N[\hat{a}_j^+\hat{a}_b\hat{a}_a^+\hat{a}_i]+N[\overline{\hat{a}_j^+\hat{a}_b\hat{a}_a^+\hat{a}_i}]+N[\hat{a}_j^+\overline{\hat{a}_b\hat{a}_a^+}\hat{a}_i]+N[\overline{\hat{a}_j^+\overline{\hat{a}_b\hat{a}_a^+}\hat{a}_i}]\right)|\Phi_0\rangle\\&+\sum_{j,b}f_j^b\left(N[\hat{a}_b^+\hat{a}_j\hat{a}_a^+\hat{a}_i]+N[\overline{\hat{a}_b^+\hat{a}_j\hat{a}_a^+\hat{a}_i}]+N[\hat{a}_b^+\overline{\hat{a}_j\hat{a}_a^+}\hat{a}_i]+N[\overline{\hat{a}_b^+\overline{\hat{a}_j\hat{a}_a^+}\hat{a}_i}]\right)|\Phi_0\rangle\\&+\sum_{b,c}f_c^b\left(N[\hat{a}_b^+\hat{a}_c\hat{a}_a^+\hat{a}_i]+N[\overline{\hat{a}_b^+\hat{a}_c\hat{a}_a^+\hat{a}_i}]+N[\hat{a}_b^+\overline{\hat{a}_c\hat{a}_a^+}\hat{a}_i]+N[\overline{\hat{a}_b^+\overline{\hat{a}_c\hat{a}_a^+}\hat{a}_i}]\right)|\Phi_0\rangle\end{aligned}\quad(3.2\mathrm{a})$$

ここで，縮約が非ゼロとなること，N 積の中が Fermi 真空状態に対する生成演算子，つまり，正孔消滅演算子か粒子生成演算子のみであることを考慮する．つまり，縮約が式(2.25), (2.26)のような場合以外はゼロとなる．

$$\overline{\hat{a}_i^+\hat{a}_j}=\hat{a}_i^+\hat{a}_j-N[\hat{a}_i^+\hat{a}_j]=\hat{a}_i^+\hat{a}_j+\hat{a}_j\hat{a}_i^+=\delta_{ij}\qquad(2.25)$$

$$\hat{a}_a\hat{a}_b^+ = \hat{a}_a\hat{a}_b^+ - N[\hat{a}_a\hat{a}_b^+] = \hat{a}_a\hat{a}_b^+ + \hat{a}_b^+\hat{a}_a = \delta_{ab} \tag{2.26}$$

また，N積の中に正孔消滅演算子 $\{\hat{a}_i, \hat{a}_j, \hat{a}_k\}$，粒子生成演算子 $\{\hat{a}_a^+, \hat{a}_b^+, \hat{a}_c^+\}$ 以外が含まれているとゼロとなる．よって，式(3.2a)は次のようになる．

$$\begin{aligned}
\hat{F}_N|\Phi_i^a\rangle &= \sum_{j,k} f_k^j (0+\delta_{ij}N[\hat{a}_k\hat{a}_a^+]+0+0)|\Phi_0\rangle + \sum_{j,b} f_b^j (0+0+0+\delta_{ij}\delta_{ab})|\Phi_0\rangle \\
&\quad + \sum_{j,b} f_j^b (N[\hat{a}_b^+\hat{a}_j\hat{a}_a^+\hat{a}_i]+0+0+0)|\Phi_0\rangle + \sum_{b,c} f_c^b (0+0+\delta_{ac}N[\hat{a}_b^+\hat{a}_i]+0)|\Phi_0\rangle \\
&= \sum_k f_k^i N[\hat{a}_k\hat{a}_a^+]|\Phi_0\rangle + f_a^i|\Phi_0\rangle + \sum_{j,b} f_j^b N[\hat{a}_b^+\hat{a}_j\hat{a}_a^+\hat{a}_i]|\Phi_0\rangle + \sum_b f_a^b N[\hat{a}_b^+\hat{a}_i]|\Phi_0\rangle \\
&= \sum_{j,b} f_j^b N[\hat{a}_b^+\hat{a}_j\hat{a}_a^+\hat{a}_i]|\Phi_0\rangle - \sum_k f_k^i N[\hat{a}_a^+\hat{a}_k]|\Phi_0\rangle + \sum_b f_a^b N[\hat{a}_b^+\hat{a}_i]|\Phi_0\rangle + f_a^i|\Phi_0\rangle
\end{aligned} \tag{3.2b}$$

最後に，励起演算子を HF 配置に作用させると，式(3.22)が得られる．

$$\hat{F}_N|\Phi_i^a\rangle = \sum_{j,b} f_j^b N[\hat{a}_b^+\hat{a}_j]|\Phi_i^a\rangle - \sum_k f_k^i|\Phi_k^a\rangle + \sum_b f_a^b|\Phi_i^b\rangle + f_a^i|\Phi_0\rangle \tag{3.22}$$

【演習問題 3.3】 一般化 Wick の定理を用いて，式(3.19)の行列要素を計算せよ．

解　答

$$\begin{aligned}
\langle\Phi_i^a|\hat{F}_N|\Phi_{jk}^{bc}\rangle &= \sum_{p,q} f_q^p \langle\Phi_0|N[\hat{a}_i^+\hat{a}_a]N[\hat{a}_p^+\hat{a}_q]N[\hat{a}_b^+\hat{a}_c^+\hat{a}_k\hat{a}_j]|\Phi_0\rangle \\
&= \sum_{p,q} f_q^p (N[\hat{a}_i^+\hat{a}_a]N[\hat{a}_p^+\hat{a}_q]N[\hat{a}_b^+\hat{a}_c^+\hat{a}_k\hat{a}_j] + N[\hat{a}_i^+\hat{a}_a]N[\hat{a}_p^+\hat{a}_q]N[\hat{a}_b^+\hat{a}_c^+\hat{a}_k\hat{a}_j] \\
&\quad + N[\hat{a}_i^+\hat{a}_a]N[\hat{a}_p^+\hat{a}_q]N[\hat{a}_b^+\hat{a}_c^+\hat{a}_k\hat{a}_j] + N[\hat{a}_i^+\hat{a}_a]N[\hat{a}_p^+\hat{a}_q]N[\hat{a}_b^+\hat{a}_c^+\hat{a}_k\hat{a}_j]) \\
&= \sum_{p,q} f_q^p (-\delta_{ij}\delta_{ac}\delta_{pk}\delta_{qb} + \delta_{ij}\delta_{ab}\delta_{pk}\delta_{qc} + \delta_{ik}\delta_{ac}\delta_{pj}\delta_{qb} - \delta_{ik}\delta_{ab}\delta_{pj}\delta_{qc}) \\
&= -f_b^k\delta_{ij}\delta_{ac} + f_c^k\delta_{ij}\delta_{ab} + f_b^j\delta_{ik}\delta_{ac} - f_c^j\delta_{ik}\delta_{ab} \\
&= 0 \qquad (\because \text{Brillouin の定理})
\end{aligned}$$

$$\begin{aligned}
&\langle\Phi_i^a|\hat{V}_N|\Phi_{jk}^{bc}\rangle \\
&= \frac{1}{4}\sum_{p,q,r,s} v_{rs}^{pq} \langle\Phi_0|N[\hat{a}_i^+\hat{a}_a]N[\hat{a}_p^+\hat{a}_q^+\hat{a}_s\hat{a}_r]N[\hat{a}_b^+\hat{a}_c^+\hat{a}_k\hat{a}_j]|\Phi_0\rangle \\
&= \frac{1}{4}\sum_{p,q,r,s} v_{rs}^{pq} (N[\hat{a}_i^+\hat{a}_a]N[\hat{a}_p^+\hat{a}_q^+\hat{a}_s\hat{a}_r]N[\hat{a}_b^+\hat{a}_c^+\hat{a}_k\hat{a}_j] + N[\hat{a}_i^+\hat{a}_a]N[\hat{a}_p^+\hat{a}_q^+\hat{a}_s\hat{a}_r]N[\hat{a}_b^+\hat{a}_c^+\hat{a}_k\hat{a}_j] \\
&\quad + N[\hat{a}_i^+\hat{a}_a]N[\hat{a}_p^+\hat{a}_q^+\hat{a}_s\hat{a}_r]N[\hat{a}_b^+\hat{a}_c^+\hat{a}_k\hat{a}_j] + N[\hat{a}_i^+\hat{a}_a]N[\hat{a}_p^+\hat{a}_q^+\hat{a}_s\hat{a}_r]N[\hat{a}_b^+\hat{a}_c^+\hat{a}_k\hat{a}_j] \quad \Big\}\ \delta_{ij} \\
&\quad + N[\hat{a}_i^+\hat{a}_a]N[\hat{a}_p^+\hat{a}_q^+\hat{a}_s\hat{a}_r]N[\hat{a}_b^+\hat{a}_c^+\hat{a}_k\hat{a}_j] + N[\hat{a}_i^+\hat{a}_a]N[\hat{a}_p^+\hat{a}_q^+\hat{a}_s\hat{a}_r]N[\hat{a}_b^+\hat{a}_c^+\hat{a}_k\hat{a}_j] \\
&\quad + N[\hat{a}_i^+\hat{a}_a]N[\hat{a}_p^+\hat{a}_q^+\hat{a}_s\hat{a}_r]N[\hat{a}_b^+\hat{a}_c^+\hat{a}_k\hat{a}_j] + N[\hat{a}_i^+\hat{a}_a]N[\hat{a}_p^+\hat{a}_q^+\hat{a}_s\hat{a}_r]N[\hat{a}_b^+\hat{a}_c^+\hat{a}_k\hat{a}_j] \quad \Big\}\ \delta_{ik} \\
&\quad + N[\hat{a}_i^+\hat{a}_a]N[\hat{a}_p^+\hat{a}_q^+\hat{a}_s\hat{a}_r]N[\hat{a}_b^+\hat{a}_c^+\hat{a}_k\hat{a}_j] + N[\hat{a}_i^+\hat{a}_a]N[\hat{a}_p^+\hat{a}_q^+\hat{a}_s\hat{a}_r]N[\hat{a}_b^+\hat{a}_c^+\hat{a}_k\hat{a}_j] \\
&\quad + N[\hat{a}_i^+\hat{a}_a]N[\hat{a}_p^+\hat{a}_q^+\hat{a}_s\hat{a}_r]N[\hat{a}_b^+\hat{a}_c^+\hat{a}_k\hat{a}_j] + N[\hat{a}_i^+\hat{a}_a]N[\hat{a}_p^+\hat{a}_q^+\hat{a}_s\hat{a}_r]N[\hat{a}_b^+\hat{a}_c^+\hat{a}_k\hat{a}_j] \quad \Big\}\ \delta_{ab}
\end{aligned}$$

$$+N[\hat{a}_i^+\hat{a}_a]N[\hat{a}_p^+\hat{a}_q^+\hat{a}_s\hat{a}_r]N[\hat{a}_b^+\hat{a}_c^+\hat{a}_k\hat{a}_j]+N[\hat{a}_i^+\hat{a}_a]N[\hat{a}_p^+\hat{a}_q^+\hat{a}_s\hat{a}_r]N[\hat{a}_b^+\hat{a}_c^+\hat{a}_k\hat{a}_j]$$
$$+N[\hat{a}_i^+\hat{a}_a]N[\hat{a}_p^+\hat{a}_q^+\hat{a}_s\hat{a}_r]N[\hat{a}_b^+\hat{a}_c^+\hat{a}_k\hat{a}_j]+N[\hat{a}_i^+\hat{a}_a]N[\hat{a}_p^+\hat{a}_q^+\hat{a}_s\hat{a}_r]N[\hat{a}_b^+\hat{a}_c^+\hat{a}_k\hat{a}_j]\Big)\Bigg\}\delta_{ac}$$

$$=\sum_{p,q,r,s} v_{rs}^{pq}(\delta_{ij}\delta_{pa}\delta_{qk}\delta_{rb}\delta_{sc}-\delta_{ik}\delta_{pa}\delta_{qj}\delta_{rb}\delta_{sc}-\delta_{ab}\delta_{pj}\delta_{qk}\delta_{ri}\delta_{sc}+\delta_{ac}\delta_{pj}\delta_{qk}\delta_{ri}\delta_{sb})$$
$$=\delta_{ij}v_{bc}^{ak}-\delta_{ik}v_{bc}^{aj}-\delta_{ab}v_{ic}^{jk}+\delta_{ac}v_{ib}^{jk}$$

よって,

$$\langle\Phi_i^a|\hat{H}_N|\Phi_{jk}^{bc}\rangle=v_{bc}^{ak}\delta_{ij}-v_{bc}^{aj}\delta_{ik}-v_{ic}^{jk}\delta_{ab}+v_{ib}^{jk}\delta_{ac}$$

【演習問題 3.4】 式(3.100)を導出せよ.

解　答

$$\begin{aligned}\hat{G}^{(0)}\hat{V}^{(1)}|\Phi_0^{(0)}\rangle&=\hat{G}^{(0)}(\hat{W}^{(1)}+E_0^{(1)})|\Phi_0^{(0)}\rangle\\&=\hat{G}^{(0)}\hat{W}^{(1)}|\Phi_0^{(0)}\rangle+E_0^{(1)}\hat{G}^{(0)}|\Phi_0^{(0)}\rangle\\&=\hat{G}^{(0)}\hat{W}^{(1)}|\Phi_0^{(0)}\rangle\end{aligned}\tag{3.100}$$

1行目では, $\hat{W}^{(1)}$ の定義式(3.98)を用いた. 2行目では, $E_0^{(1)}$ は数値なので $\hat{G}^{(0)}$ と交換可能であることを用いた. 3行目では, 式(3.99)を用いて2行目の第2項を消去した.

(注)　式(3.100)の共役を考慮すると,

$$\langle\Phi_0^{(0)}|\hat{V}^{(1)}\hat{G}^{(0)}=\langle\Phi_0^{(0)}|\hat{W}^{(1)}\hat{G}^{(0)}\tag{3.4a}$$

が得られ, 式(3.101)~(3.103)の変形に用いられる.

【演習問題 3.5】 式(3.108)を導出せよ.

解　答

$\hat{G}^{(0)}$ を励起配置 $|\Phi_{ij\cdots}^{ab\cdots(0)}\rangle$ に作用させると, 直交条件から次式のようになる.

$$\begin{aligned}\hat{G}^{(0)}|\Phi_{ij\cdots}^{ab\cdots(0)}\rangle&=\sum_{i',a'}\frac{|\Phi_{i'}^{a'(0)}\rangle\langle\Phi_{i'}^{a'(0)}|\Phi_{ij\cdots}^{ab\cdots(0)}\rangle}{\varepsilon_{i'}-\varepsilon_{a'}}+\frac{1}{4}\sum_{i',j',a',b'}\frac{|\Phi_{i'j'}^{a'b'(0)}\rangle\langle\Phi_{i'j'}^{a'b'(0)}|\Phi_{ij\cdots}^{ab\cdots(0)}\rangle}{\varepsilon_{i'}+\varepsilon_{j'}-\varepsilon_{a'}-\varepsilon_{b'}}+\cdots\\&=\left(\frac{1}{n!}\right)^2\frac{|\Phi_{ij\cdots}^{ab\cdots(0)}\rangle}{\varepsilon_i+\varepsilon_j+\cdots-\varepsilon_a-\varepsilon_b-\cdots}=\left(\frac{1}{n!}\right)^2\frac{|\Phi_{ij\cdots}^{ab\cdots(0)}\rangle}{\Delta\varepsilon_{ab\cdots}^{ij\cdots}}\end{aligned}\tag{3.5a}$$

1行目の第1項は, 1電子励起配置と題意の多電子励起配置 $|\Phi_{ij\cdots}^{ab\cdots(0)}\rangle$ との重なり積分が含まれており, 直交条件からすべての項においてゼロとなる. 第2項も同様に, $|\Phi_{ij\cdots}^{ab\cdots(0)}\rangle$ との重なり積分が3電子以上の励起配置と題意の2電子励起配置 $|\Phi_{ij\cdots}^{ab\cdots(0)}\rangle$ との重なり積分が含まれており, 直交条件からすべての項においてゼロとなる. 第2項は, 2電子励起配置 $|\Phi_{i'j'}^{a'b'(0)}\rangle$ と題意の2電子励起配置 $|\Phi_{ij\cdots}^{ab\cdots(0)}\rangle$ との重なり積分なので,

$\{i', j', a', b'\}$ が $\{i, j, a, b\}$ に等しいときのみ非ゼロ，つまり，重なり積分は1となる．結果として，2行目に示した一つの項のみが残る．

【演習問題 3.6】 式(3.112)を導出せよ．

解　答

式(2.32)より，$\hat{H}$ は Wick の定理より次のようにN積で表される．

$$\hat{H}=\sum_{p,q}h_q^p\hat{a}_p^+\hat{a}_q+\frac{1}{4}\sum_{p,q,r,s}v_{rs}^{pq}\hat{a}_p^+\hat{a}_q^+\hat{a}_s\hat{a}_r$$
$$=\left(\sum_i h_i^i+\frac{1}{2}\sum_{i,j}v_{ij}^{ij}\right)+\left(\sum_{p,q}h_q^pN[\hat{a}_p^+\hat{a}_q]+\sum_i\sum_{p,q}v_{qi}^{pi}N[\hat{a}_p^+\hat{a}_q]\right)+\frac{1}{4}\sum_{p,q,r,s}v_{rs}^{pq}N[\hat{a}_p^+\hat{a}_q^+\hat{a}_s\hat{a}_r] \quad (3.6a)$$

また，スピン軌道を用いた Fock 行列は次式で与えられる．

$$f_q^p=h_q^p+\sum_i v_{qi}^{pi} \quad (3.6b)$$

したがって，式(3.6a) 2行目の二つ目の括弧は $\sum_{p,q}f_q^pN[\hat{a}_p^+\hat{a}_q]$ である．さらに，正準 HF 法の場合，式(3.105)に示した通り，スピン軌道を用いた Fock 行列の非対角項はゼロである．したがって，式(3.6a)は次のように書き換えられる．

$$\hat{H}=\left(\sum_i h_i^i+\frac{1}{2}\sum_{i,j}v_{ij}^{ij}\right)+\sum_p f_p^pN[\hat{a}_p^+\hat{a}_p]+\frac{1}{4}\sum_{p,q,r,s}v_{rs}^{pq}N[\hat{a}_p^+\hat{a}_q^+\hat{a}_s\hat{a}_r] \quad (3.6c)$$

式(3.110)のゼロ次ハミルトニアンは，式(3.6b)より次式のように変形できる．

$$\hat{H}^{(0)}=\sum_i f_i^i+\sum_p f_p^pN[\hat{a}_p^+\hat{a}_p]=\left(\sum_i h_i^i+\sum_{i,j}v_{ij}^{ij}\right)+\sum_p f_p^pN[\hat{a}_p^+\hat{a}_p] \quad (3.6d)$$

式(3.6c), (3.6d)より，次のように式(3.112)が導かれる．

$$\hat{V}^{(1)}=\hat{H}-\hat{H}^{(0)}$$
$$=\left\{\left(\sum_i h_i^i+\frac{1}{2}\sum_{i,j}v_{ij}^{ij}\right)+\sum_p f_p^pN[\hat{a}_p^+\hat{a}_p]+\frac{1}{4}\sum_{p,q,r,s}v_{rs}^{pq}N[\hat{a}_p^+\hat{a}_q^+\hat{a}_s\hat{a}_r]\right\}$$
$$-\left\{\left(\sum_i h_i^i+\sum_{i,j}v_{ij}^{ij}\right)+\sum_p f_p^pN[\hat{a}_p^+\hat{a}_p]\right\}$$
$$=-\frac{1}{2}\sum_{i,j}v_{ij}^{ij}+\frac{1}{4}\sum_{p,q,r,s}v_{rs}^{pq}N[\hat{a}_p^+\hat{a}_q^+\hat{a}_s\hat{a}_r] \quad (3.112)$$

【演習問題 3.7】 一般化 Wick の定理を用いて，式(3.117)から式(3.118)を導け．

解　答

式(3.117)のうち Fermi 真空状態に対する期待値が非ゼロとなるのは2電子励起配置の

みである．さらに，摂動ハミルトニアンの定数項は一般化 Wick の定理よりゼロとなる．

$$
\begin{aligned}
E_0^{(2)} &= \frac{1}{4}\sum_{i,j,a,b}\frac{1}{\Delta\varepsilon_{ab}^{ij}}\left\langle\Phi_0\left|\left(-\frac{1}{2}\sum_{i',j'}v_{i'j'}^{i'j'}+\frac{1}{4}\sum_{p',q',r',s'}v_{r's'}^{p'q'}N[\hat{a}_{p'}^{+}\hat{a}_{q'}^{+}\hat{a}_{s'}\hat{a}_{r'}]\right)N[\hat{a}_a^{+}\hat{a}_b^{+}\hat{a}_j\hat{a}_i]\right|\Phi_0\right\rangle \\
&\quad\times\left\langle\Phi_0\left|N[\hat{a}_i^{+}\hat{a}_j^{+}\hat{a}_b\hat{a}_a]\left(-\frac{1}{2}\sum_{i'',j''}v_{i''j''}^{i''j''}+\frac{1}{4}\sum_{p'',q'',r'',s''}v_{r''s''}^{p''q''}N[\hat{a}_{p''}^{+}\hat{a}_{q''}^{+}\hat{a}_{s''}\hat{a}_{r''}]\right)\right|\Phi_0\right\rangle \\
&= \frac{1}{64}\sum_{i,j,a,b}\sum_{p',q',r',s'}\sum_{p'',q'',r'',s''}\frac{v_{r's'}^{p'q'}v_{r''s''}^{p''q''}}{\Delta\varepsilon_{ab}^{ij}} \\
&\quad\times\langle\Phi_0|N[\hat{a}_{p'}^{+}\hat{a}_{q'}^{+}\hat{a}_{s'}\hat{a}_{r'}]N[\hat{a}_a^{+}\hat{a}_b^{+}\hat{a}_j\hat{a}_i]|\Phi_0\rangle\langle\Phi_0|N[\hat{a}_i^{+}\hat{a}_j^{+}\hat{a}_b\hat{a}_a]N[\hat{a}_{p''}^{+}\hat{a}_{q''}^{+}\hat{a}_{s''}\hat{a}_{r''}]|\Phi_0\rangle
\end{aligned}
\tag{3.7a}
$$

式(3.7a)の最終行の Fermi 真空状態に対する期待値は，それぞれ一般化 Wick の定理を用いると次のように求められる．

$$
\begin{aligned}
&\langle\Phi_0|N[\hat{a}_{p'}^{+}\hat{a}_{q'}^{+}\hat{a}_{s'}\hat{a}_{r'}]N[\hat{a}_a^{+}\hat{a}_b^{+}\hat{a}_j\hat{a}_i]|\Phi_0\rangle \\
&= \langle\Phi_0|N[\hat{a}_{p'}^{+}\hat{a}_{q'}^{+}\hat{a}_{s'}\hat{a}_{r'}]N[\hat{a}_a^{+}\hat{a}_b^{+}\hat{a}_j\hat{a}_i]|\Phi_0\rangle+\langle\Phi_0|N[\hat{a}_{p'}^{+}\hat{a}_{q'}^{+}\hat{a}_{s'}\hat{a}_{r'}]N[\hat{a}_a^{+}\hat{a}_b^{+}\hat{a}_j\hat{a}_i]|\Phi_0\rangle \\
&\quad+\langle\Phi_0|N[\hat{a}_{p'}^{+}\hat{a}_{q'}^{+}\hat{a}_{s'}\hat{a}_{r'}]N[\hat{a}_a^{+}\hat{a}_b^{+}\hat{a}_j\hat{a}_i]|\Phi_0\rangle+\langle\Phi_0|N[\hat{a}_{p'}^{+}\hat{a}_{q'}^{+}\hat{a}_{s'}\hat{a}_{r'}]N[\hat{a}_a^{+}\hat{a}_b^{+}\hat{a}_j\hat{a}_i]|\Phi_0\rangle \\
&= \delta_{p'i}\delta_{q'j}\delta_{s'b}\delta_{r'a}-\delta_{p'i}\delta_{q'j}\delta_{s'a}\delta_{r'b}-\delta_{p'j}\delta_{q'i}\delta_{s'b}\delta_{r'a}+\delta_{p'j}\delta_{q'i}\delta_{s'a}\delta_{r'b}
\end{aligned}
\tag{3.7b}
$$

$$
\begin{aligned}
&\langle\Phi_0|N[\hat{a}_i^{+}\hat{a}_j^{+}\hat{a}_b\hat{a}_a]N[\hat{a}_{p''}^{+}\hat{a}_{q''}^{+}\hat{a}_{s''}\hat{a}_{r''}]|\Phi_0\rangle \\
&= \langle\Phi_0|N[\hat{a}_i^{+}\hat{a}_j^{+}\hat{a}_b\hat{a}_a]N[\hat{a}_{p''}^{+}\hat{a}_{q''}^{+}\hat{a}_{s''}\hat{a}_{r''}]|\Phi_0\rangle+\langle\Phi_0|N[\hat{a}_i^{+}\hat{a}_j^{+}\hat{a}_b\hat{a}_a]N[\hat{a}_{p''}^{+}\hat{a}_{q''}^{+}\hat{a}_{s''}\hat{a}_{r''}]|\Phi_0\rangle \\
&\quad+\langle\Phi_0|N[\hat{a}_i^{+}\hat{a}_j^{+}\hat{a}_b\hat{a}_a]N[\hat{a}_{p''}^{+}\hat{a}_{q''}^{+}\hat{a}_{s''}\hat{a}_{r''}]|\Phi_0\rangle+\langle\Phi_0|N[\hat{a}_i^{+}\hat{a}_j^{+}\hat{a}_b\hat{a}_a]N[\hat{a}_{p''}^{+}\hat{a}_{q''}^{+}\hat{a}_{s''}\hat{a}_{r''}]|\Phi_0\rangle \\
&= \delta_{p''a}\delta_{q''b}\delta_{s''j}\delta_{r''i}-\delta_{p''b}\delta_{q''a}\delta_{s''j}\delta_{r''i}-\delta_{p''a}\delta_{q''b}\delta_{s''i}\delta_{r''j}+\delta_{p''b}\delta_{q''a}\delta_{s''i}\delta_{r''j}
\end{aligned}
\tag{3.7c}
$$

式(3.7b), (3.7c)の結果を式(3.7a)に代入すると，次式となる．

$$
\begin{aligned}
E_0^{(2)} &= \frac{1}{64}\sum_{i,j,a,b}\sum_{p',q',r',s'}\sum_{p'',q'',r'',s''}\frac{v_{r's'}^{p'q'}v_{r''s''}^{p''q''}}{\Delta\varepsilon_{ab}^{ij}} \\
&\quad\times(\delta_{p'i}\delta_{q'j}\delta_{s'b}\delta_{r'a}-\delta_{p'i}\delta_{q'j}\delta_{s'a}\delta_{r'b}-\delta_{p'j}\delta_{q'i}\delta_{s'b}\delta_{r'a}+\delta_{p'j}\delta_{q'i}\delta_{s'a}\delta_{r'b}) \\
&\quad\times(\delta_{p''a}\delta_{q''b}\delta_{s''j}\delta_{r''i}-\delta_{p''b}\delta_{q''a}\delta_{s''j}\delta_{r''i}-\delta_{p''a}\delta_{q''b}\delta_{s''i}\delta_{r''j}+\delta_{p''b}\delta_{q''a}\delta_{s''i}\delta_{r''j}) \\
&= \frac{1}{64}\sum_{i,j,a,b}\frac{(v_{ab}^{ij}-v_{ba}^{ij}-v_{ab}^{ji}+v_{ba}^{ji})(v_{ij}^{ab}-v_{ij}^{ba}-v_{ji}^{ab}+v_{ji}^{ba})}{\Delta\varepsilon_{ab}^{ij}} \\
&= \frac{1}{4}\sum_{i,j,a,b}\frac{v_{ab}^{ij}v_{ij}^{ab}}{\Delta\varepsilon_{ab}^{ij}}
\end{aligned}
\tag{3.7d}
$$

第 4 行目から最終行への変形では，反対称化された 2 電子積分のラベルの交換に対する性質を表す式(2.4)を利用した．

第5章

【演習問題 5.1】 相互作用ラベルを用いて，次の接続したハミルトニアンのダイアグラムを描画せよ．

[1]　$(\hat{V}_N\hat{T}_2)_c$　　[2]　$\left(\hat{F}_N\frac{1}{2}\hat{T}_1{}^2\right)_c$

解　答

[1]　$\hat{V}_N$ は $\hat{T}_2$ と1個以上相互作用しなければならないため，相互作用ラベルが [0] のダイアグラムは考慮しない［図1(h)］．図1(h)以外のダイアグラムでは，$\hat{V}_N$ の相互作用ラベルを，$\hat{T}_2$ の相互作用ラベルにすべて対応させることができる．

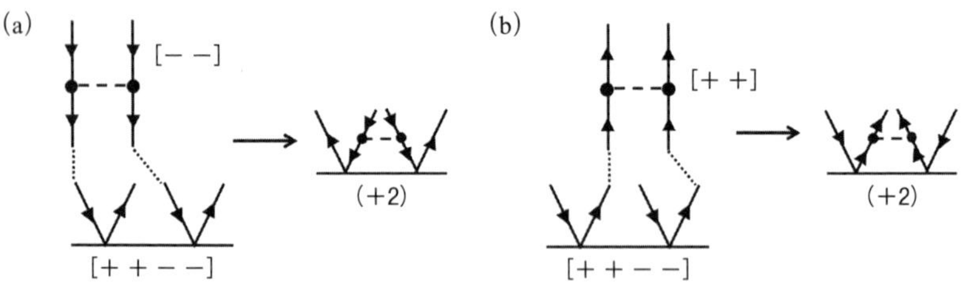

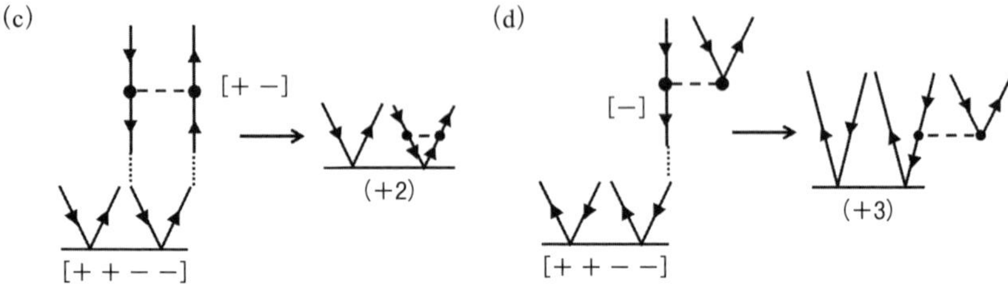

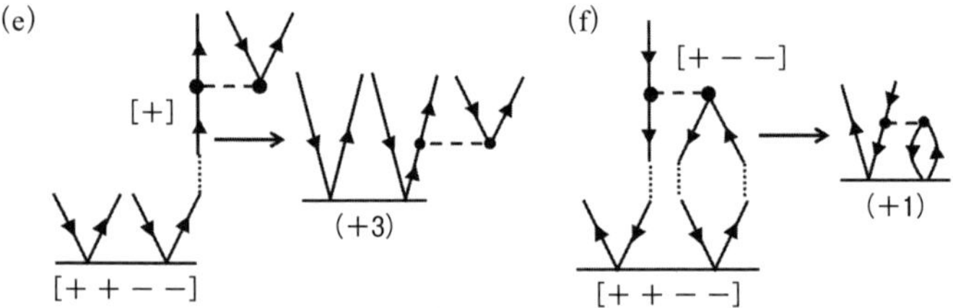

図1　$(\hat{V}_N\hat{T}_2)_c$ の接続したダイアグラム表現

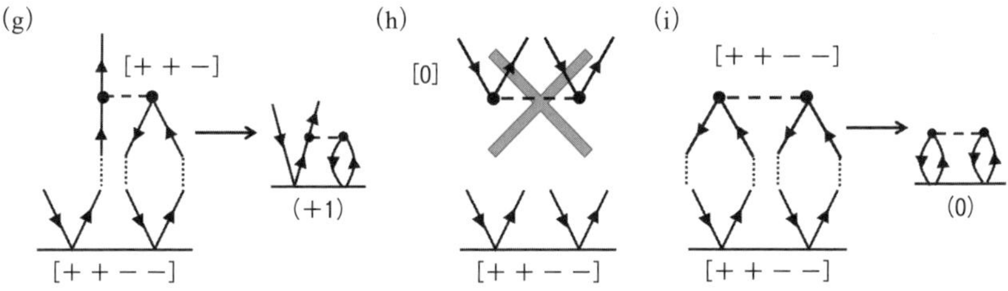

図 1　$(\hat{V}_N\hat{T}_2)_c$ の接続したダイアグラム表現（つづき）

[2]　$\hat{F}_N$ は 2 個の $\hat{T}_1$ と 1 個以上相互作用しなければならないため，相互作用ラベルが [0]［図 2(c)］と相互作用ラベルを 1 個しかもたない [−]［図 2(a)］と [+]［図 2(b)］のダイアグラムは考慮しない．$\hat{F}_N$ の相互作用ラベル [+ −]［図 2(d)］を 2 個の $\hat{T}_1$ の相互作用ラベルに対応させる場合，その組合せは，[+|−] の 1 個だけである．

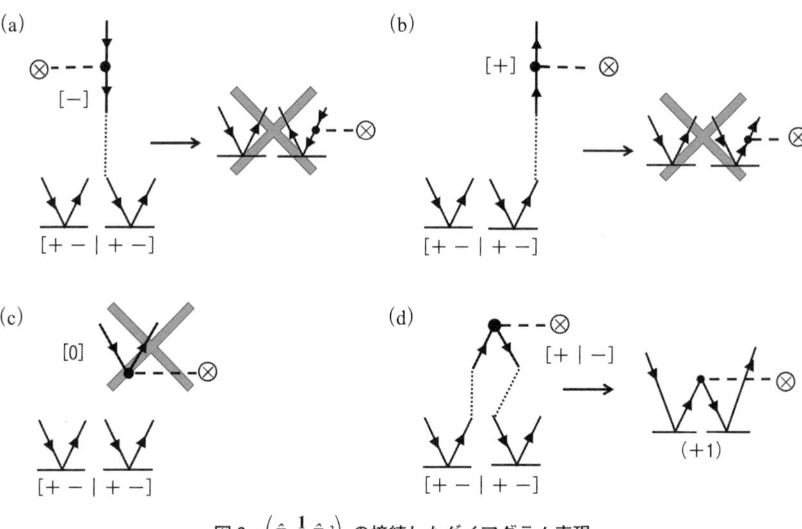

図 2　$\left(\hat{F}_N\frac{1}{2}\hat{T}_1^2\right)_c$ の接続したダイアグラム表現

補　　遺

A　CISD の行列要素

CISD 計算には，「手で解く課題 4.1」で検討した [1] ~ [4] の行列要素に加えて，$\langle \Phi_{ij}^{ab} | \hat{H}_N | \Phi_{kl}^{cd} \rangle$ が必要である．ここでは，「手で解く課題 4.1」と同様，CI 行列要素に対するダイアグラムを描画するための手続き Step D1 ~ D4，そして，ダイアグラムから数式に変換する手続き Step F1, F2 に従って，行列要素 $\langle \Phi_{ij}^{ab} | \hat{H}_N | \Phi_{kl}^{cd} \rangle$ に対する作業方程式を導出する．

Step D1

$\langle \Phi_{ij}^{ab} |$ と $| \Phi_{kl}^{cd} \rangle$ の励起レベルはそれぞれ (−2) と (+2) であるため，合計がゼロとなる $\hat{H}_N$ の励起レベルは (0) となる．

Step D2

$\langle \Phi_{ij}^{ab} |$（上部）と $| \Phi_{kl}^{cd} \rangle$（下部）のダイアグラムの間に励起レベル (0) の 1 電子項と 2 電子項を描画する（図 A.1）．すべての 1 電子項・2 電子項のダイアグラムは，ハミルトニアンの粒子線・正孔線を $\langle \Phi_{ij}^{ab} |$ と $| \Phi_{kl}^{cd} \rangle$ の粒子線・正孔線とすべて連結できる．

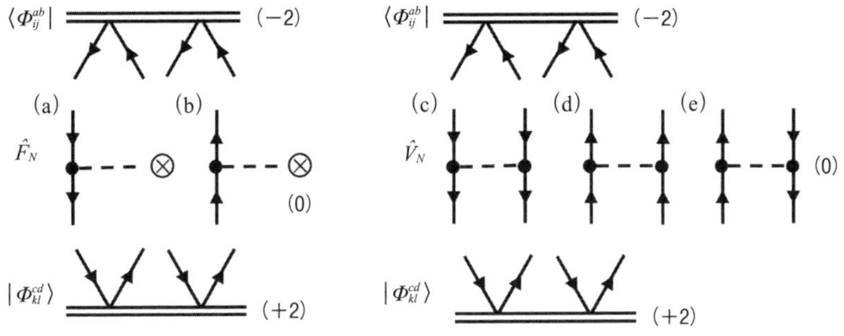

図 A.1　$\langle \Phi_{ij}^{ab} | \hat{H}_N | \Phi_{kl}^{cd} \rangle$ に対するハミルトニアンの励起レベルの決定

Step D3

図 A.1(a), (b)の 1 電子項 $\hat{F}_N$ は，それぞれ 8 個のダイアグラムが描画できる［図 A.2(a1)～(a8), (b1)～(b8)］．図 A.1(c), (d)の 2 電子項 $\hat{V}_N$ は，それぞれ 2 個のダイアグラムが描画できる［図 A.2(c1), (c2), (d1), (d2)］．図 A.1(e)の 2 電子項 $\hat{V}_N$ は，16 個のダイアグラムが描画できる［図 A.2(e1)～(e16)］．

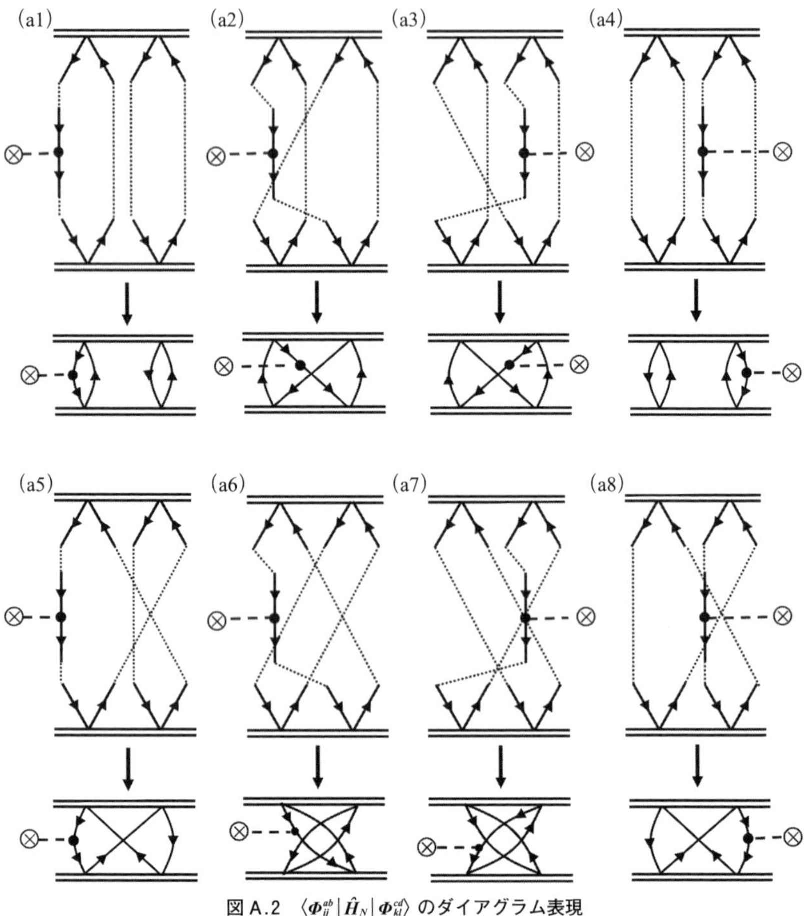

図 A.2　$\langle \Phi_{ij}^{ab} | \hat{H}_N | \Phi_{kl}^{cd} \rangle$ のダイアグラム表現

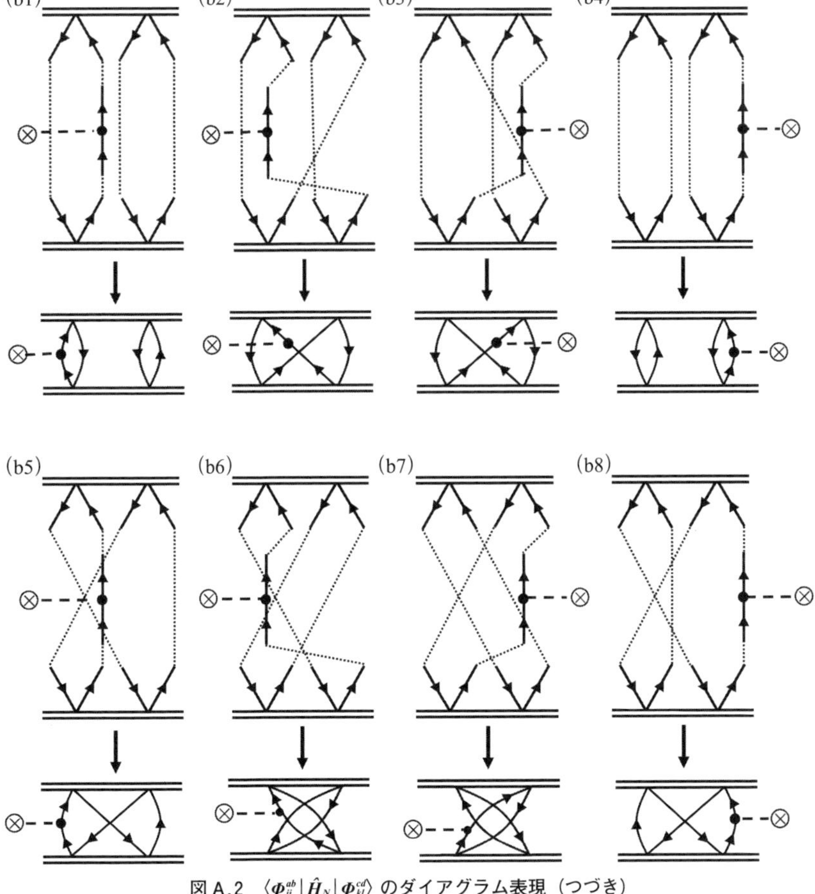

図 A.2　$\langle \boldsymbol{\Phi}_{ij}^{ab} | \hat{H}_N | \boldsymbol{\Phi}_{kl}^{cd} \rangle$ のダイアグラム表現（つづき）

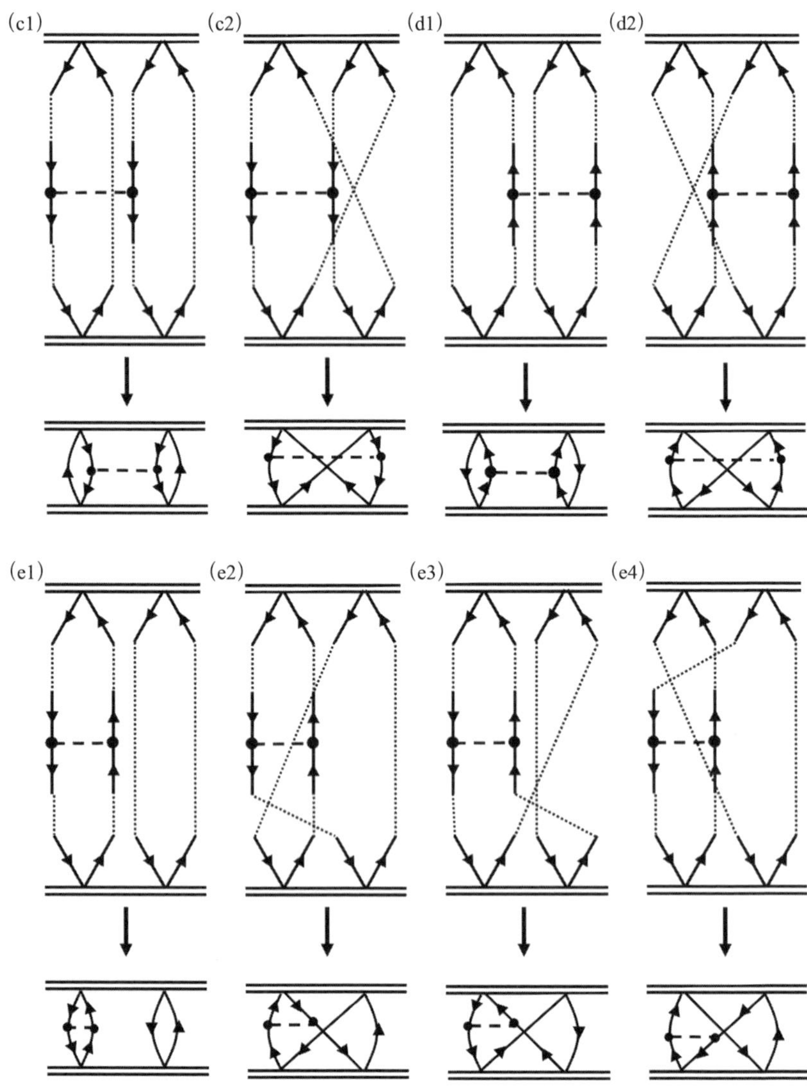

図 A.2　$\langle \Phi_{ij}^{ab} | \hat{H}_N | \Phi_{kl}^{cd} \rangle$ のダイアグラム表現（つづき）

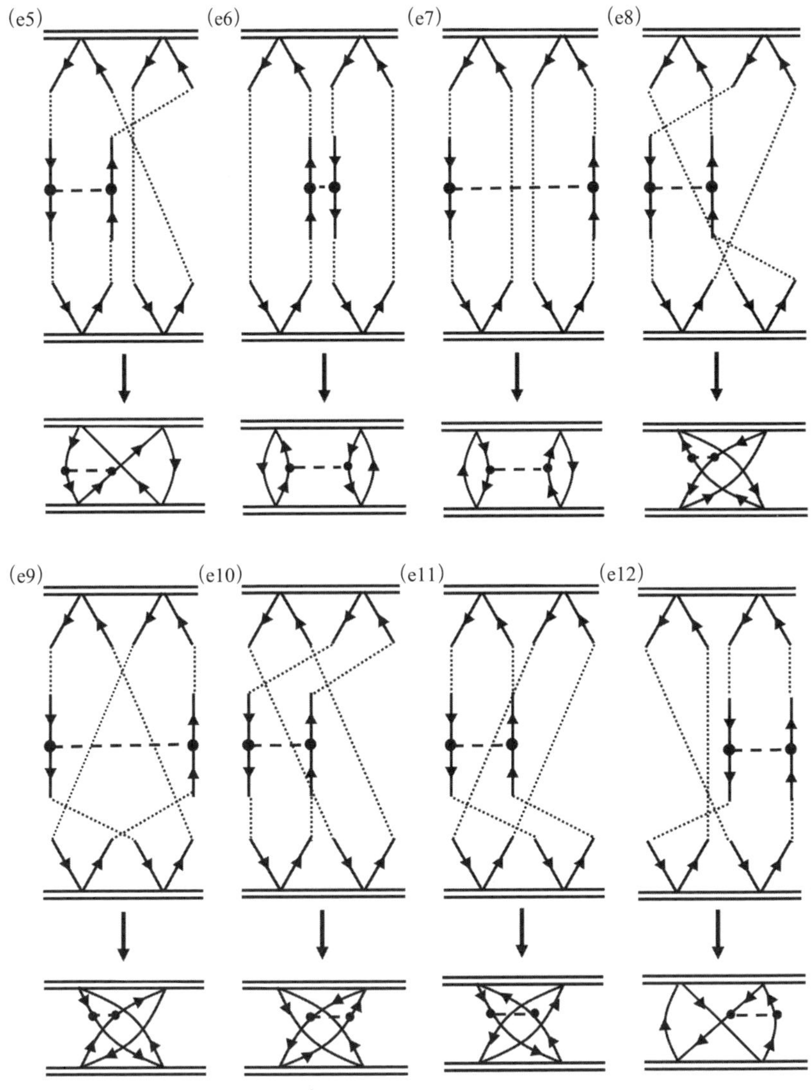

図 A.2　$\langle \Phi_{ij}^{ab} | \hat{H}_N | \Phi_{kl}^{cd} \rangle$ のダイアグラム表現（つづき）

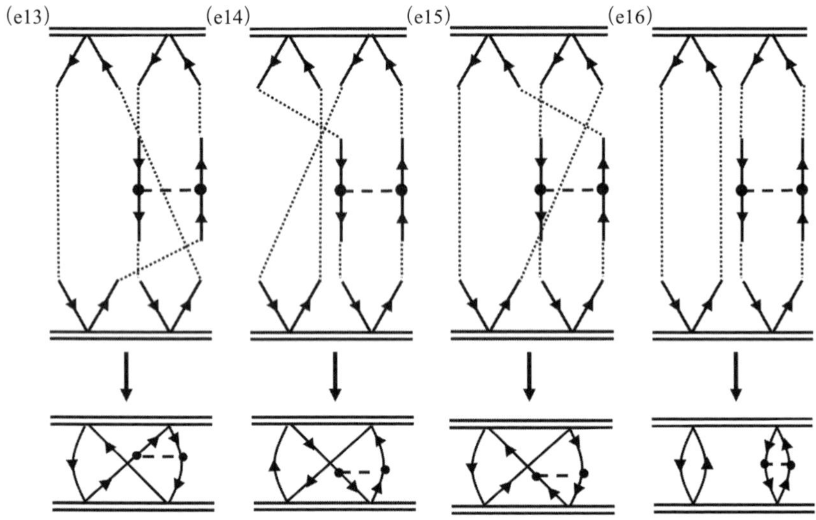

図 A.2　$\langle \boldsymbol{\Phi}_{ij}^{ab} | \hat{\boldsymbol{H}}_N | \boldsymbol{\Phi}_{kl}^{cd} \rangle$ のダイアグラム表現（つづき）

Step D4

$\langle \Phi_{ij}^{ab}|$ と $|\Phi_{kl}^{cd}\rangle$ から，上部の正孔線に占有スピン軌道のラベル i, j，粒子線に仮想スピン軌道のラベル a, b，下部の正孔線に占有スピン軌道のラベル k, l，粒子線に仮想スピン軌道のラベル c, d を記載する（図 A.3）.

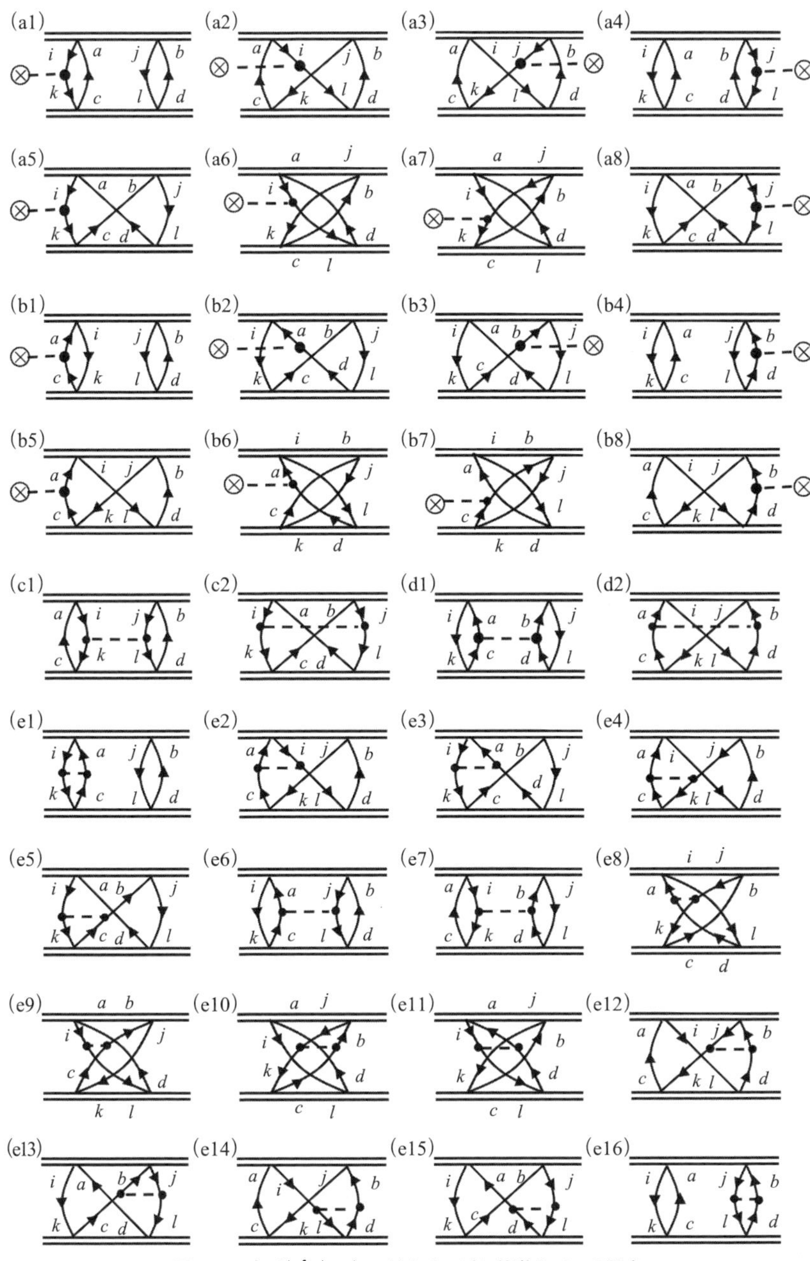

図 A.3　$\langle \Phi_{ij}^{ab} | \hat{H}_N | \Phi_{kl}^{cd} \rangle$ に対するスピン軌道ラベルの設定

Step F1, F2

図 A.3 のダイアグラムから 1 電子積分，2 電子積分，Kronecker のデルタ δ とパリティを決定する（表 A.1）．

表 A.1 ダイアグラムから $\langle \Phi_{ij}^{ab} | \hat{H}_N | \Phi_{kl}^{cd} \rangle$ の表式への変換

	(a1)	(a2)	(a3)	(a4)	(a5)	(a6)
Step F1	$f_i^k\delta_{jl}\delta_{ac}\delta_{bd}$	$f_i^l\delta_{jk}\delta_{ac}\delta_{bd}$	$f_j^k\delta_{il}\delta_{ac}\delta_{bd}$	$f_j^l\delta_{ik}\delta_{ac}\delta_{bd}$	$f_i^k\delta_{jl}\delta_{ad}\delta_{bc}$	$f_i^l\delta_{jk}\delta_{ad}\delta_{bc}$
Step F2	$-f_i^k\delta_{jl}\delta_{ac}\delta_{bd}$	$f_i^l\delta_{jk}\delta_{ac}\delta_{bd}$	$f_j^k\delta_{il}\delta_{ac}\delta_{bd}$	$-f_j^l\delta_{ik}\delta_{ac}\delta_{bd}$	$f_i^k\delta_{jl}\delta_{ad}\delta_{bc}$	$-f_i^l\delta_{jk}\delta_{ad}\delta_{bc}$
	(a7)	(a8)	(b1)	(b2)	(b3)	(b4)
Step F1	$f_j^k\delta_{il}\delta_{ad}\delta_{bc}$	$f_j^l\delta_{ik}\delta_{ad}\delta_{bc}$	$f_c^a\delta_{ik}\delta_{jl}\delta_{bd}$	$f_d^a\delta_{ik}\delta_{jl}\delta_{bc}$	$f_c^b\delta_{ik}\delta_{jl}\delta_{ad}$	$f_d^b\delta_{ik}\delta_{jl}\delta_{ac}$
Step F2	$-f_j^k\delta_{il}\delta_{ad}\delta_{bc}$	$f_j^l\delta_{ik}\delta_{ad}\delta_{bc}$	$f_c^a\delta_{ik}\delta_{jl}\delta_{bd}$	$-f_d^a\delta_{ik}\delta_{jl}\delta_{bc}$	$-f_c^b\delta_{ik}\delta_{jl}\delta_{ad}$	$f_d^b\delta_{ik}\delta_{jl}\delta_{ac}$
	(b5)	(b6)	(b7)	(b8)	(c1)	(c2)
Step F1	$f_c^a\delta_{il}\delta_{jk}\delta_{bd}$	$f_d^a\delta_{il}\delta_{jk}\delta_{bc}$	$f_c^b\delta_{il}\delta_{jk}\delta_{ad}$	$f_d^b\delta_{il}\delta_{jk}\delta_{ac}$	$v_{ij}^{kl}\delta_{ac}\delta_{bd}$	$v_{ij}^{kl}\delta_{ad}\delta_{bc}$
Step F2	$-f_c^a\delta_{il}\delta_{jk}\delta_{bd}$	$f_d^a\delta_{il}\delta_{jk}\delta_{bc}$	$f_c^b\delta_{il}\delta_{jk}\delta_{ad}$	$-f_d^b\delta_{il}\delta_{jk}\delta_{ac}$	$v_{ij}^{kl}\delta_{ac}\delta_{bd}$	$-v_{ij}^{kl}\delta_{ad}\delta_{bc}$
	(d1)	(d2)	(e1)	(e2)	(e3)	(e4)
Step F1	$v_{cd}^{ab}\delta_{ik}\delta_{jl}$	$v_{cd}^{ab}\delta_{il}\delta_{jk}$	$v_{ic}^{ka}\delta_{jl}\delta_{bd}$	$v_{ci}^{al}\delta_{jk}\delta_{bd}$	$v_{id}^{ka}\delta_{jl}\delta_{bc}$	$v_{cj}^{ak}\delta_{il}\delta_{bd}$
Step F2	$v_{cd}^{ab}\delta_{ik}\delta_{jl}$	$-v_{cd}^{ab}\delta_{il}\delta_{jk}$	$-v_{ic}^{ka}\delta_{jl}\delta_{bd}$	$v_{ci}^{al}\delta_{jk}\delta_{bd}$	$v_{id}^{ka}\delta_{jl}\delta_{bc}$	$v_{cj}^{ak}\delta_{il}\delta_{bd}$
	(e5)	(e6)	(e7)	(e8)	(e9)	(e10)
Step F1	$v_{ic}^{kb}\delta_{jl}\delta_{ad}$	$v_{cj}^{al}\delta_{ik}\delta_{bd}$	$v_{id}^{kb}\delta_{jl}\delta_{ac}$	$v_{dj}^{ak}\delta_{il}\delta_{bc}$	$v_{ic}^{lb}\delta_{jk}\delta_{ad}$	$v_{jc}^{kb}\delta_{il}\delta_{ad}$
Step F2	$v_{ic}^{kb}\delta_{jl}\delta_{ad}$	$-v_{cj}^{al}\delta_{ik}\delta_{bd}$	$-v_{id}^{kb}\delta_{jl}\delta_{ac}$	$-v_{dj}^{ak}\delta_{il}\delta_{bc}$	$-v_{ic}^{lb}\delta_{jk}\delta_{ad}$	$-v_{jc}^{kb}\delta_{il}\delta_{ad}$
	(e11)	(e12)	(e13)	(e14)	(e15)	(e16)
Step F1	$v_{id}^{la}\delta_{jk}\delta_{bc}$	$v_{jd}^{kb}\delta_{il}\delta_{ac}$	$v_{cj}^{bl}\delta_{ik}\delta_{ad}$	$v_{id}^{lb}\delta_{jk}\delta_{ac}$	$v_{dj}^{al}\delta_{ik}\delta_{bc}$	$v_{jd}^{lb}\delta_{ik}\delta_{ac}$
Step F2	$-v_{id}^{la}\delta_{jk}\delta_{bc}$	$v_{jd}^{kb}\delta_{il}\delta_{ac}$	$v_{cj}^{bl}\delta_{ik}\delta_{ad}$	$v_{id}^{lb}\delta_{jk}\delta_{ac}$	$v_{dj}^{al}\delta_{ik}\delta_{bc}$	$-v_{jd}^{lb}\delta_{ik}\delta_{ac}$

よって，36 個のダイアグラムから行列要素 $\langle \Phi_{ij}^{ab} | \hat{H}_N | \Phi_{kl}^{cd} \rangle$ に対する作業方程式は以下の式で表される．

$$\begin{aligned}\langle \Phi_{ij}^{ab} | \hat{H}_N | \Phi_{kl}^{cd} \rangle = & -f_i^k\delta_{jl}\delta_{ac}\delta_{bd}+f_i^l\delta_{jk}\delta_{ac}\delta_{bd}+f_j^k\delta_{il}\delta_{ac}\delta_{bd}-f_j^l\delta_{ik}\delta_{ac}\delta_{bd}+f_i^k\delta_{jl}\delta_{ad}\delta_{bc}-f_i^l\delta_{jk}\delta_{ad}\delta_{bc} \\ & -f_j^k\delta_{il}\delta_{ad}\delta_{bc}+f_j^l\delta_{ik}\delta_{ad}\delta_{bc}+f_c^a\delta_{ik}\delta_{jl}\delta_{bd}-f_d^a\delta_{ik}\delta_{jl}\delta_{bc}-f_c^b\delta_{ik}\delta_{jl}\delta_{ad}+f_d^b\delta_{ik}\delta_{jl}\delta_{ac} \\ & -f_c^a\delta_{il}\delta_{jk}\delta_{bd}+f_d^a\delta_{il}\delta_{jk}\delta_{bc}+f_c^b\delta_{il}\delta_{jk}\delta_{ad}-f_d^b\delta_{il}\delta_{jk}\delta_{ac}+v_{ij}^{kl}\delta_{ac}\delta_{bd}-v_{ij}^{kl}\delta_{ad}\delta_{bc} \\ & +v_{cd}^{ab}\delta_{ik}\delta_{jl}-v_{cd}^{ab}\delta_{il}\delta_{jk}-v_{ic}^{ka}\delta_{jl}\delta_{bd}+v_{ci}^{al}\delta_{jk}\delta_{bd}+v_{id}^{ka}\delta_{jl}\delta_{bc}+v_{cj}^{ak}\delta_{il}\delta_{bd} \\ & +v_{ic}^{kb}\delta_{jl}\delta_{ad}-v_{cj}^{al}\delta_{ik}\delta_{bd}-v_{id}^{kb}\delta_{jl}\delta_{ac}-v_{dj}^{ak}\delta_{il}\delta_{bc}-v_{ic}^{lb}\delta_{jk}\delta_{ad}-v_{jc}^{kb}\delta_{il}\delta_{ad} \\ & -v_{id}^{la}\delta_{jk}\delta_{bc}+v_{jd}^{kb}\delta_{il}\delta_{ac}+v_{cj}^{bl}\delta_{ik}\delta_{ad}+v_{id}^{lb}\delta_{jk}\delta_{ac}+v_{dj}^{al}\delta_{ik}\delta_{bc}-v_{jd}^{lb}\delta_{ik}\delta_{ac}\end{aligned} \tag{A.1}$$

B　CCSD 法のエネルギー方程式および振幅方程式

CCSD 計算にはエネルギー方程式と T_1 および T_2 振幅方程式を計算する必要がある．ここでは，「手で解く課題 5.1」と同様，CCSD 法に対するダイアグラムを描画するための手続き Step D1～D5，そして，ダイアグラムから数式に変換する手続き Step F1～F7 に従って，エネルギー方程式と振幅方程式の作業方程式を導出する．

まずは，エネルギー方程式の作業方程式を導出する．

Step D1

$\langle\Phi_0|$ と $|\Phi_0\rangle$ の励起レベルはどちらも (0) であるため，合計がゼロとなる $\bar{H}_N$ の励起レベルは (0) である．

Step D2

$\hat{H}_N$ の励起レベルの範囲は (−2)～(+2) であるため，上記の条件を満たすのは，$\hat{H}_N$, $(\hat{H}_N\hat{T}_1)_c$, $(\hat{H}_N\hat{T}_2)_c$ と $(\hat{H}_N(1/2)\hat{T}_1{}^2)_c$ の 4 個である．一つ目は，合計がゼロとなるためには $\hat{H}_N$ の励起レベルは (0) となる［図 B.1(a)］．二つ目は，$\hat{T}_1$ の励起レベルが (+1) であるため，$\hat{H}_N$ の励起レベルは (−1) となる（図 B.1(b)）．三つ目と四つ目は，$\hat{T}_2$ と $(1/2)\hat{T}_1{}^2$ の励起レベルがどちらも (+2) であるため，$\hat{H}_N$ の励起レベルは (−2) となる［図 B.1(c), (d)］．

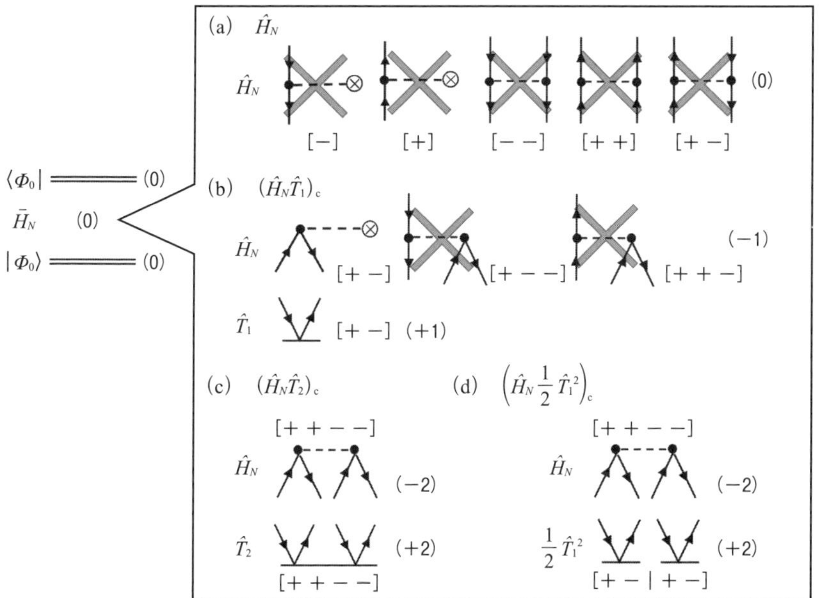

図 B.1　CCSD 法のエネルギー方程式の励起レベルの決定

Step D3

図B.1(a)の $\hat{H}_N$ は，クラスター演算子がないため相互作用ラベルが [0] とならなければならないが，励起レベルが (0) かつ相互作用ラベルが [0] である $\hat{H}_N$ のダイアグラムは存在しない．図B.1(b)の $(\hat{H}_N\hat{T}_1)_c$ において，$\hat{H}_N$ の相互作用ラベルは，1電子項では [+ −]，2電子項では [+ − −] と [+ + −] の2種類である．$\hat{T}_1$ の相互作用ラベルは [+ −] であるため，1電子項の [+ −] のみすべての相互作用ラベルを $\hat{T}_1$ と対応させることができる．図B.1(c)の $(\hat{H}_N\hat{T}_2)_c$ と図B.1(d)の $(\hat{H}_N(1/2)\hat{T}_1^2)_c$ では，$\hat{H}_N$ の中で，励起レベル (−2) である $\hat{H}_N$ の相互作用ラベルは [+ + − −] であるため，$\hat{T}_2$ の相互作用ラベル [+ + − −] と $(1/2)\hat{T}_1^2$ の相互作用ラベル [+ −|+ −] はどちらも $\hat{H}_N$ とすべて対応させることができる．

Step D4

$(\hat{H}_N\hat{T}_1)_c$ は，外線をつなげると1個の閉じたダイアグラムとなる［図B.2(a)］．$(\hat{H}_N\hat{T}_2)_c$ と $(\hat{H}_N(1/2)\hat{T}_1^2)_c$ において，どちらも $\hat{H}_N$ は等価な粒子線対と正孔線対をもつため，クラスター演算子の外線とそれぞれ接続するとき，1個ずつダイアグラムを考慮する［図B.2(b), (c)］．

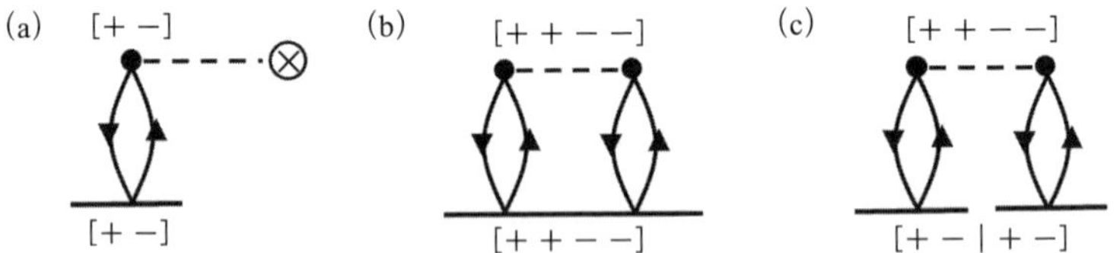

図B.2　CCSD法に対するエネルギー方程式のダイアグラム表現

Step D5

図B.2のダイアグラムに対して，内線の正孔線に占有スピン軌道ラベル $\{i, j, \cdots\}$，粒子線に仮想スピン軌道ラベル $\{a, b, \cdots\}$ を記載する．

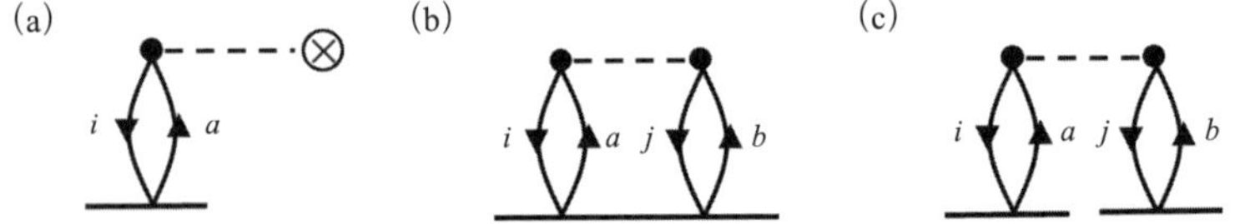

図B.3　CCSD法のエネルギー方程式のダイアグラムに対するスピン軌道ラベル

Step F1～F7

Step D5 のダイアグラムから 1 電子積分，2 電子積分，クラスター振幅を決定し，接続した内線に対して，Σ 記号で和をとる．等価な内線対とクラスター演算子を判定したのちに，パリティを決定する（表 B.1）．Step D5 のダイアグラムはすべて閉じたダイアグラムであるため，Step F6, F7 は省略する．

表 B.1　ダイアグラムから CCSD 法のエネルギー方程式の表式への変換

	B.3(a)	B.3(b)	B.3(c)
Step F1	f_a^i	v_{ab}^{ij}	v_{ab}^{ji}
Step F2	$\sum_{i,a} f_a^i t_i^a$	$\sum_{i,j,a,b} v_{ab}^{ij} t_{ij}^{ab}$	$\sum_{i,j,a,b} v_{ab}^{ij} t_i^a t_j^b$
Step F3	$\sum_{i,a} f_a^i t_i^a$	$\frac{1}{4}\sum_{i,j,a,b} v_{ab}^{ij} t_{ij}^{ab}$	$\sum_{i,j,a,b} v_{ab}^{ij} t_i^a t_j^b$
Step F4	$\sum_{i,a} f_a^i t_i^a$	$\frac{1}{4}\sum_{i,j,a,b} v_{ab}^{ij} t_{ij}^{ab}$	$\frac{1}{2}\sum_{i,j,a,b} v_{ab}^{ij} t_i^a t_j^b$
Step F5	$\sum_{i,a} f_a^i t_i^a$	$\frac{1}{4}\sum_{i,j,a,b} v_{ab}^{ij} t_{ij}^{ab}$	$\frac{1}{2}\sum_{i,j,a,b} v_{ab}^{ij} t_i^a t_j^b$

よって，CCSD 法のエネルギー方程式に対する以下の作業方程式が導かれる．

$$E_{\mathrm{corr}}^{\mathrm{CCSD}} = \sum_{i,a} f_a^i t_i^a + \frac{1}{4}\sum_{i,j,a,b} v_{ab}^{ij} t_{ij}^{ab} + \frac{1}{2}\sum_{i,j,a,b} v_{ab}^{ij} t_i^a t_j^b \tag{B.1}$$

次に，T_1 振幅方程式の作業方程式を導出する．

Step D1

$\langle\Phi_i^a|$ と $|\Phi_0\rangle$ の励起レベルはそれぞれ (−1) と (0) であるため，合計がゼロとなる $\bar{H}_N$ の励起レベルは (+1) である．

Step D2

$\hat{H}_N$ の励起レベルの範囲は (−2)～(+2) であるため，上記の条件を満たすものは，$\hat{H}_N$, $(\hat{H}_N\hat{T}_1)_c$，$(\hat{H}_N\hat{T}_2)_c$，$(\hat{H}_N(1/2)\hat{T}_1{}^2)_c$，$(\hat{H}_N\hat{T}_1\hat{T}_2)_c$ と $(\hat{H}_N(1/6)\hat{T}_1{}^3)_c$ の 5 個である．一つ目は，合計が (+1) となるためには $\hat{H}_N$ の励起レベルが (+1) となる必要がある［図 B.4(a)］．二つ目は，$\hat{T}_1$ の励起レベルが (+1) であるため，$\hat{H}_N$ の励起レベルは (0) となる［図 B.4(b)］．三つ目と四つ目は，$\hat{T}_2$ と $(1/2)\hat{T}_1{}^2$ の励起レベルがどちらも (+2) であるため，$\hat{H}_N$ の励起レベルは (−1) となる［図 B.4(c), (d)］．五つ目と六つ目は，$\hat{T}_1\hat{T}_2$ と $(1/6)\hat{T}_1{}^3$ の励起レベルがどちらも (+3) であるため，$\hat{H}_N$ の励起レベルは (−2) となる［図 B.4(e), (f)］．

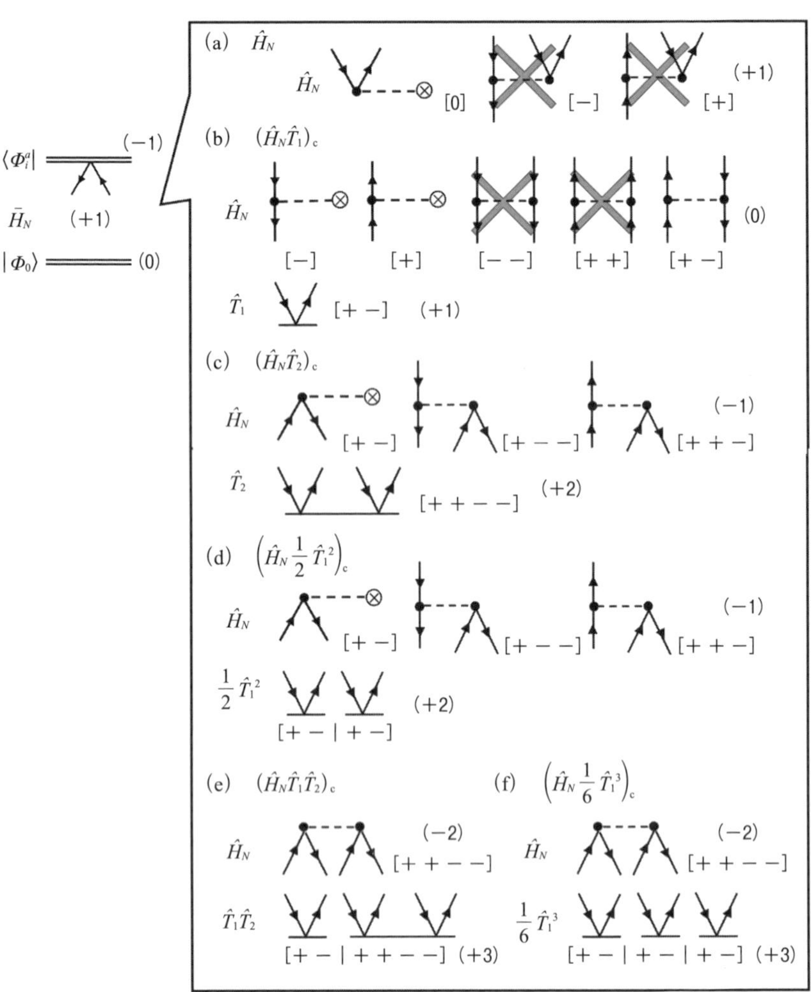

図 B.4　CCSD 法に対する T_1 振幅方程式の励起レベルの決定

Step D3

図 B.4(a)の $\hat{H}_N$ は，クラスター演算子がないため，$\hat{H}_N$ の励起レベルは (+1) かつ相互作用ラベルが [0] の 1 個だけである．図 B.4(b)の $(\hat{H}_N\hat{T}_1)_c$ において，$\hat{T}_1$ の相互作用ラベルが [+ −] であるため，$\hat{H}_N$ のすべての相互作用ラベルが $\hat{T}_1$ と接続できるダイアグラムは [−]，[+] と [+ −] の 3 個である．図 B.4(c)の $(\hat{H}_N\hat{T}_2)_c$ と図 B.4(d)の $(\hat{H}_N(1/2)\hat{T}_1{}^2)_c$ において，$\hat{H}_N$ の相互作用ラベルは，1 電子項では [+ −] の 1 種類，2 電子項では [+ − −] と [+ + −] の 2 種類である．それらすべて，$\hat{T}_2$ の相互作用ラベル [+ + − −] と $(1/2)\hat{T}_1{}^2$ の相互作用ラベル [+ −|+ −] とどちらもすべて対応させることができる．図 B.4(e)の $(\hat{H}_N\hat{T}_1\hat{T}_2)_c$ と図 B.4(f)の $(\hat{H}_N(1/6)\hat{T}_1{}^3)_c$ において，$\hat{H}_N$ の相互作用ラベルは [+ + − −] であるため，$\hat{T}_1\hat{T}_2$ の相互作用ラベル [+ −|+ + − −] と $(1/6)\hat{T}_1{}^3$ の相互作用ラベル [+ −|+ −|+ −] はどちらも $\hat{H}_N$ とすべて対応させることができる．

Step D4

$\hat{H}_N$ は，励起レベルは (+1) かつ相互作用ラベル [0] のダイアグラムを描画する [図 B.5(a)]．$(\hat{H}_N\hat{T}_1)_c$ において，3 種類の $\hat{H}_N$ と $\hat{T}_1$ の外線をそれぞれ接続するとき，すべて 1 個ずつダイアグラムを考慮する [図 B.5(b)～(d)]．$(\hat{H}_N\hat{T}_2)_c$ においても同様に，3 種類の $\hat{H}_N$ と $\hat{T}_2$ の接続は 1 個ずつ描画できる [図 B.5(e)～(g)]．$(\hat{H}_N(1/2)\hat{T}_1{}^2)_c$ は，$\hat{T}_1$ の積であるため，$\hat{H}_N$ は二つの $\hat{T}_1$ と少なくとも 1 個は接続しなければならない．相互作用ラベルが [+ −]，[+ − −] と [+ + −] の $\hat{H}_N$ に対して組合せを考慮すると，それぞれ [+|−]，[−|+ −] と [+|+ −] の 1 種類ずつしかない [図 B.5(h)～(j)]．$(\hat{H}_N\hat{T}_1\hat{T}_2)_c$ は，$\hat{T}_1$ と $\hat{T}_2$ の積であるため，$\hat{H}_N$ は $\hat{T}_1$ および $\hat{T}_2$ と少なくとも 1 個は接続しなければならない．相互作用ラベル [+ −|+ + − −] の $\hat{T}_1\hat{T}_2$ に対して $\hat{H}_N$ の相互作用ラベルを対応させると，[+|+ − −], [−|+ + −] と [+ −|+ −] の 3 種類の組合せとなる [図 B.5(k)～(m)]．$(\hat{H}_N(1/6)\hat{T}_1{}^3)_c$ は，三つの $\hat{T}_1$ の積であるため，$\hat{H}_N$ は 3 個の $\hat{T}_1$ と少なくとも 1 個は接続しなければならない．$\hat{H}_N$ の相互作用ラベルの組合せは [+|−|+ −] の 1 種類のみとなる [図 B.5(n)]．

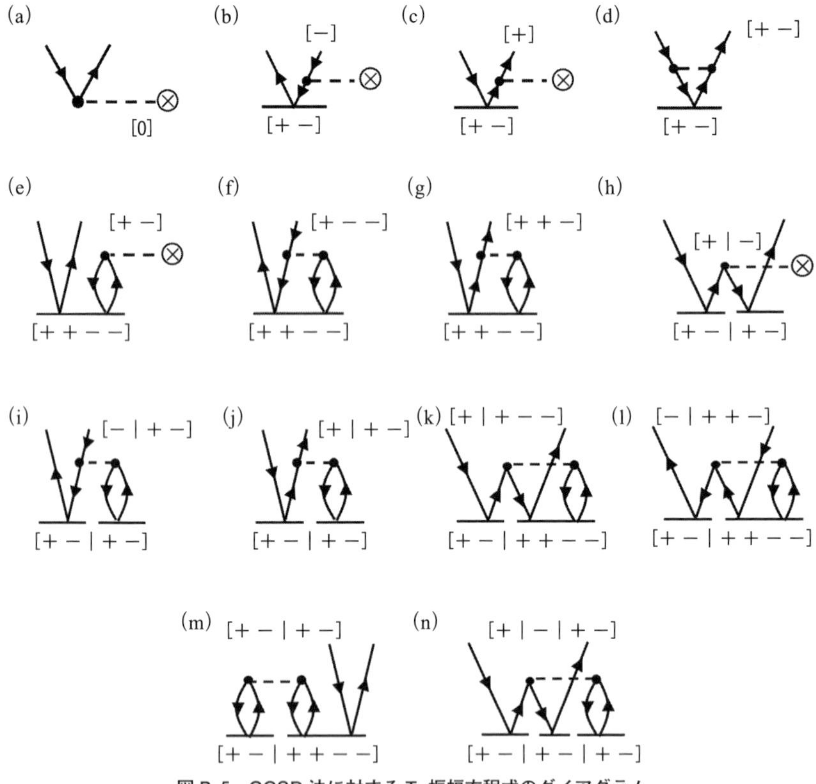

図 B.5 CCSD 法に対する T_1 振幅方程式のダイアグラム

Step D5

開いたダイアグラムでは，外線である正孔線に左から軌道ラベル i，粒子線に左から軌道ラベル a と記載する．次に，内線の正孔線に軌道ラベル $\{j, k, \cdots\}$，粒子線に軌道ラベル $\{b, c, \cdots\}$ と記載する（図 B.6）．

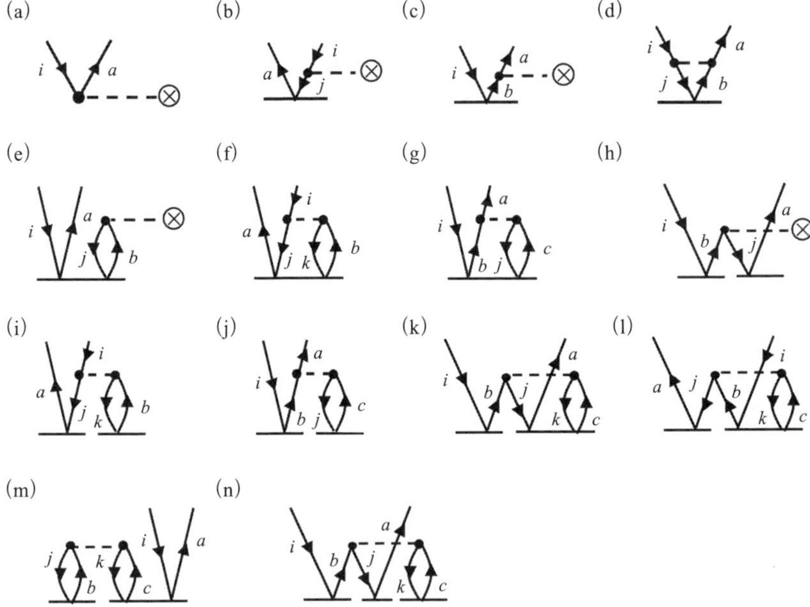

図 B.6　CCSD 法の T_1 振幅方程式のダイアグラムに対するスピン軌道ラベル

Step F1～F7

Step D5 のダイアグラムから 1 電子積分，2 電子積分，クラスター振幅を決定し，接続した内線に対して，Σ 記号で和をとる．等価な内線対とクラスター演算子対を判定したのちに，パリティを決定する．Step D5 のダイアグラムはすべて開いたダイアグラムであるが，粒子線と正孔線が 1 本ずつとなるため異なる外線対は存在しない．Step F6, F7 を省略すると，表 B.2 のようになる．

よって，CCSD 法の T_1 振幅方程式に対する以下の作業方程式が導かれる．

$$\begin{aligned} &f_i^a-\sum_j f_i^j t_j^a+\sum_b f_b^a t_i^b-\sum_{j,b} v_{ib}^{ja} t_j^b+\sum_{j,b} f_b^j t_{ij}^{ab}-\frac{1}{2}\sum_{j,k,b} v_{ib}^{jk} t_{jk}^{ab}+\frac{1}{2}\sum_{j,b,c} v_{bc}^{aj} t_{ij}^{bc}-\sum_{j,b} f_b^j t_i^b t_j^a-\sum_{j,k,b} v_{ib}^{jk} t_j^a t_k^b \\ &+\sum_{j,b,c} v_{bc}^{aj} t_i^b t_j^c-\frac{1}{2}\sum_{j,k,b,c} v_{bc}^{jk} t_i^b t_{jk}^{ac}-\frac{1}{2}\sum_{j,k,b,c} v_{bc}^{jk} t_j^a t_{ik}^{bc}+\sum_{j,k,b,c} v_{bc}^{jk} t_j^b t_{ki}^{ca}-\sum_{j,k,b,c} v_{bc}^{jk} t_i^b t_j^a t_k^c=0 \end{aligned} \tag{B.2}$$

表 B.2　ダイアグラムから CCSD 法の T_1 振幅方程式の表式への変換

	B.6(a)	B.6(b)	B.6(c)	B.6(d)	B.6(e)
Step F1	f_i^a	f_i^j	f_b^a	v_{ib}^{ja}	f_b^j
Step F2	f_i^a	$\sum_j f_i^j t_j^a$	$\sum_b f_b^a t_i^b$	$\sum_{j,b} v_{ib}^{ja} t_j^b$	$\sum_{j,b} f_b^j t_{ij}^{ab}$
Step F3	f_i^a	$\sum_j f_i^j t_j^a$	$\sum_b f_b^a t_i^b$	$\sum_{j,b} v_{ib}^{ja} t_j^b$	$\sum_{j,b} f_b^j t_{ij}^{ab}$
Step F4	f_i^a	$\sum_j f_i^j t_j^a$	$\sum_b f_b^a t_i^b$	$\sum_{j,b} v_{ib}^{ja} t_j^b$	$\sum_{j,b} f_b^j t_{ij}^{ab}$
Step F5	f_i^a	$-\sum_j f_i^j t_j^a$	$\sum_b f_b^a t_i^b$	$-\sum_{j,b} v_{ib}^{ja} t_j^b$	$\sum_{j,b} f_b^j t_{ij}^{ab}$

	B.6(f)	B.6(g)	B.6(h)	B.6(i)	B.6(j)
Step F1	v_{ib}^{jk}	v_{bc}^{aj}	f_b^j	v_{ib}^{jk}	v_{bc}^{aj}
Step F2	$\sum_{j,k,b} v_{ib}^{jk} t_{jk}^{ab}$	$\sum_{j,b,c} v_{bc}^{aj} t_{ij}^{bc}$	$\sum_{j,b} f_b^j t_i^b t_j^a$	$\sum_{j,k,b} v_{ib}^{jk} t_j^a t_k^b$	$\sum_{j,b,c} v_{bc}^{aj} t_i^b t_j^c$
Step F3	$\frac{1}{2}\sum_{j,k,b} v_{ib}^{jk} t_{jk}^{ab}$	$\frac{1}{2}\sum_{j,b,c} v_{bc}^{aj} t_{ij}^{bc}$	$\sum_{j,b} f_b^j t_i^b t_j^a$	$\sum_{j,k,b} v_{ib}^{jk} t_j^a t_k^b$	$\sum_{j,b,c} v_{bc}^{aj} t_i^b t_j^c$
Step F4	$\frac{1}{2}\sum_{j,k,b} v_{ib}^{jk} t_{jk}^{ab}$	$\frac{1}{2}\sum_{j,b,c} v_{bc}^{aj} t_{ij}^{bc}$	$\sum_{j,b} f_b^j t_i^b t_j^a$	$\sum_{j,k,b} v_{ib}^{jk} t_j^a t_k^b$	$\sum_{j,b,c} v_{bc}^{aj} t_i^b t_j^c$
Step F5	$-\frac{1}{2}\sum_{j,k,b} v_{ib}^{jk} t_{jk}^{ab}$	$\frac{1}{2}\sum_{j,b,c} v_{bc}^{aj} t_{ij}^{bc}$	$-\sum_{j,b} f_b^j t_i^b t_j^a$	$-\sum_{j,k,b} v_{ib}^{jk} t_j^a t_k^b$	$\sum_{j,b,c} v_{bc}^{aj} t_i^b t_j^c$

	B.6(k)	B.6(l)	B.6(m)	B.6(n)
Step F1	v_{bc}^{jk}	v_{bc}^{jk}	v_{bc}^{jk}	v_{bc}^{jk}
Step F2	$\sum_{j,k,b,c} v_{bc}^{jk} t_i^b t_{jk}^{ac}$	$\sum_{j,k,b,c} v_{bc}^{jk} t_j^a t_{ik}^{bc}$	$\sum_{j,k,b,c} v_{bc}^{jk} t_j^b t_{ki}^{ca}$	$\sum_{j,k,b,c} v_{bc}^{jk} t_i^b t_j^a t_k^c$
Step F3	$\frac{1}{2}\sum_{j,k,b,c} v_{bc}^{jk} t_i^b t_{jk}^{ac}$	$\frac{1}{2}\sum_{j,k,b,c} v_{bc}^{jk} t_j^a t_{ik}^{bc}$	$\sum_{j,k,b,c} v_{bc}^{jk} t_j^b t_{ki}^{ca}$	$\sum_{j,k,b,c} v_{bc}^{jk} t_i^b t_j^a t_k^c$
Step F4	$\frac{1}{2}\sum_{j,k,b,c} v_{bc}^{jk} t_i^b t_{jk}^{ac}$	$\frac{1}{2}\sum_{j,k,b,c} v_{bc}^{jk} t_j^a t_{ik}^{bc}$	$\sum_{j,k,b,c} v_{bc}^{jk} t_j^b t_{ki}^{ca}$	$\sum_{j,k,b,c} v_{bc}^{jk} t_i^b t_j^a t_k^c$
Step F5	$-\frac{1}{2}\sum_{j,k,b,c} v_{bc}^{jk} t_i^b t_{jk}^{ac}$	$-\frac{1}{2}\sum_{j,k,b,c} v_{bc}^{jk} t_j^a t_{ik}^{bc}$	$\sum_{j,k,b,c} v_{bc}^{jk} t_j^b t_{ki}^{ca}$	$-\sum_{j,k,b,c} v_{bc}^{jk} t_i^b t_j^a t_k^c$

最後に，T_2 振幅方程式の作業方程式を導出する．

Step D1

$\langle\Phi_{ij}^{ab}|$ と $|\Phi_0\rangle$ の励起レベルはそれぞれ (−2) と (0) であるため，合計がゼロとなる $\bar{H}_N$ の励起レベルは (+2) である．

Step D2

$\hat{H}_N$ の励起レベルの範囲は (−2)～(+2) であるため，上記の条件を満たすものは，$\hat{H}_N$, $(\hat{H}_N\hat{T}_1)_c$, $(\hat{H}_N\hat{T}_2)_c$, $(\hat{H}_N(1/2)\hat{T}_1^2)_c$, $(\hat{H}_N\hat{T}_1\hat{T}_2)_c$, $(\hat{H}_N(1/6)\hat{T}_1^3)_c$, $(\hat{H}_N(1/2)\hat{T}_2^2)_c$, $(\hat{H}_N(1/2)\hat{T}_1^2\hat{T}_2)_c$ と $(\hat{H}_N(1/24)\hat{T}_1^4)_c$ の 9 個である．一つ目は，合計が (+2) となるためには $\hat{H}_N$ の励起レベルが (+2) となる必要がある［図 B.7(a)］．残りの 8 個は，クラスター演算子を考慮すると，それぞれの $\hat{H}_N$ の励起レベルは，(+1)，(0)，(0)，(−1)，(−1)，(−2)，(−2)，(−2)，となる［図 B.7(b)～(i)］．

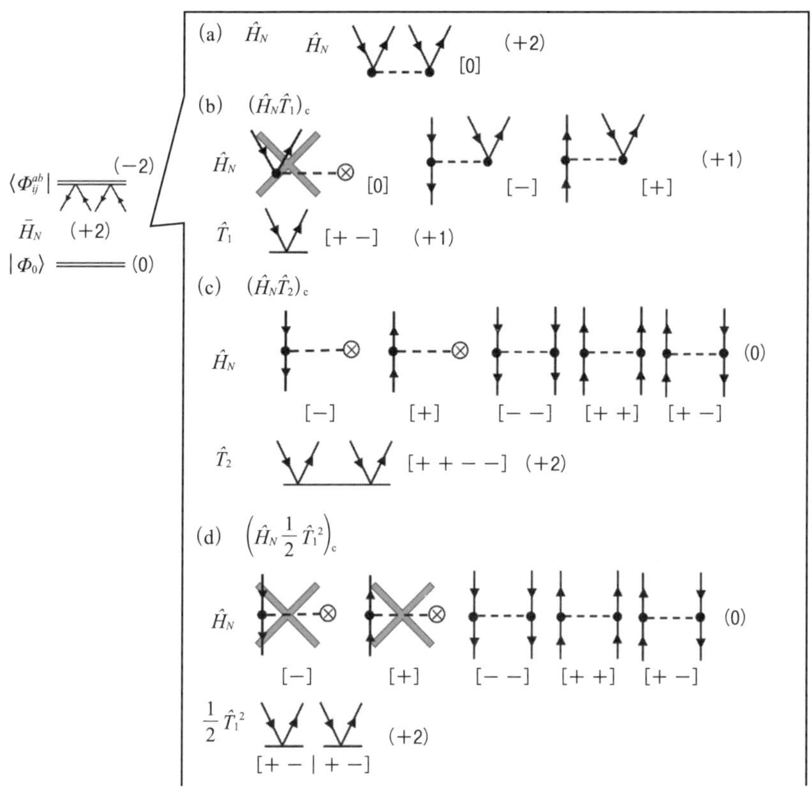

図 B.7　CCSD 法に対する T_2 振幅方程式の励起レベルの決定

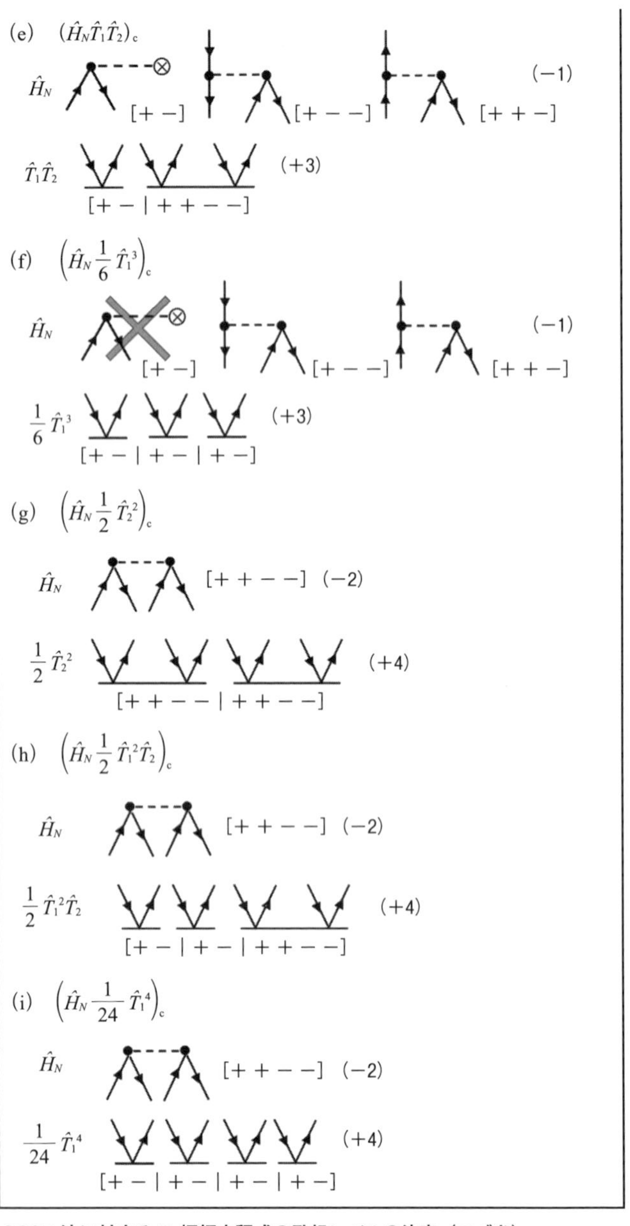

図 B.7　CCSD 法に対する T_2 振幅方程式の励起レベルの決定（つづき）

Step D3

図 B.7(a)の $\hat{H}_N$ は，クラスター演算子がないため，$\hat{H}_N$ の励起レベルは (+2) かつ相互作用ラベルが [0] の 1 個だけである．図 B.7(b)の $(\hat{H}_N\hat{T}_1)_c$ において，$\hat{T}_1$ の相互作用ラベルが [+ −] であるため，$\hat{H}_N$ のすべての相互作用ラベルが $\hat{T}_1$ と接続できるダイアグラムは [−] と [+] の 2 個である．図 B.7(c)の $(\hat{H}_N\hat{T}_2)_c$ において，$\hat{T}_2$ の相互作用ラベルが [+ + − −] であるため，5 種類の $\hat{H}_N$ のダイアグラムはすべて $\hat{T}_2$ の相互作用ラベルと対応させることができる．図 B.7(d)の $(\hat{H}_N(1/2)\hat{T}_1{}^2)_c$ は $\hat{T}_1$ の積であるため，$\hat{H}_N$ はそれぞれの $\hat{T}_1$ と少なくとも 1 個は接続しなければならない．相互作用ラベルが [−] と [+] の $\hat{H}_N$ は，片方の $\hat{T}_1$ としか対応させられないため接続したハミルトニアンでは考慮しない．図 B.4(e)の $(\hat{H}_N\hat{T}_1\hat{T}_2)_c$ においては，すべての $\hat{H}_N$ の相互作用ラベルは $\hat{T}_1$ と $\hat{T}_2$ の相互作用ラベルと 1 個以上対応させることができる．図 B.7(f)の $(\hat{H}_N(1/6)\hat{T}_1{}^3)_c$ は $\hat{T}_1$ の 3 乗であるため，$\hat{H}_N$ の相互作用ラベルは三つ以上必要である．相互作用ラベルが [+ − −] と [+ + −] の $\hat{H}_N$ は，上記条件を満たす．同様に，図 B.7(g)の $(\hat{H}_N(1/2)\hat{T}_2{}^2)_c$，図 B.7(h)の $(\hat{H}_N(1/2)\hat{T}_1{}^2\hat{T}_2)_c$，図 B.7(i)の $(\hat{H}_N(1/24)\hat{T}_1{}^4)_c$ において，すべての $\hat{H}_N$ は $\hat{T}$ と少なくとも一つは接続でき，すべての相互作用ラベルを対応させることができる．

Step D4

$\hat{H}_N$ は，励起レベルは (+2) かつ相互作用ラベル [0] のダイアグラムを描画する［図 B.8(a1)］．$(\hat{H}_N\hat{T}_1)_c$ において，2 種類の $\hat{H}_N$ と $\hat{T}_1$ の外線をそれぞれ接続するとき，1 個ずつダイアグラムを考慮する［図 B.8(b1), (b2)］．$(\hat{H}_N\hat{T}_2)_c$ において，CCD 法の T_2 振幅方程式と同様に，$\hat{H}_N$ の相互作用ラベルは，1 電子項では [−] と [+] の 2 種類［図 B.8(c1), (c2)］，2 電子項では [− −]，[+ +] と [+ −] の 3 種類［図 B.8(c3)～(c5)］である．$(\hat{H}_N(1/2)\hat{T}_1{}^2)_c$ は，$\hat{T}_1$ の積であるため，$\hat{H}_N$ はそれぞれの $\hat{T}_1$ と少なくとも 1 個は接続しなければならない．相互作用ラベルが [− −]，[+ +] と [+ −] の $\hat{H}_N$ に対して組合せを考慮すると，それぞれ [+|+]，[−|−] と [+|−] の 1 種類ずつとなる［図 B.8(d1)～(d3)］．$(\hat{H}_N\hat{T}_1\hat{T}_2)_c$ において，$\hat{H}_N$ は少なくとも 1 個は $\hat{T}_1$ と $\hat{T}_2$ と接続しなければならない．相互作用ラベルが [+ −] の $\hat{H}_N$ に対して組合せを考慮すると，[+|−] と [−|+] の 2 種類［図 B.8(e1), (e2)］，相互作用ラベルが [+ + −] の $\hat{H}_N$ に対して組合せを考慮すると，[+|+ −]，[−|+ +] と [+ −|+] の 3 種類［図 B.8(e3)～(e5)］，相互作用ラベルが [+ − −] の $\hat{H}_N$ に対して組合せを考慮すると，[−|+ −]，[+|− −] と [+ −|−] の 3 種類［図 B.8(e6)～(e8)］である．$(\hat{H}_N(1/6)\hat{T}_1{}^3)_c$ は，相互作用ラベルが [+ + −] と [+ − −] の $\hat{H}_N$ に対して三つの $\hat{T}_1$ の相互作用ラベルとの組合せを考慮すると，それぞれ [+|−|+] と [+|−|−] の 1 種類ずつとなる［図 B.8(f1), (f2)］．$(\hat{H}_N(1/2)\hat{T}_2{}^2)_c$ は，CCD 法の T_2 振幅方程式と同様に，$\hat{H}_N$ の相互作用ラベルの組合せは [+ +|− −]，[+ −|+ −]，[+ + −|−]，[+ − −|+] の 4 種類のダイアグラムが描画できる［図 B.8(g1)～(g4)］．$(\hat{H}_N(1/2)\hat{T}_1{}^2\hat{T}_2)_c$ において，$\hat{H}_N$ の相互作用ラベルを二つの $\hat{T}_1$ と一つの $\hat{T}_2$ に 1 個以上を対応させると，[+|− −|+]，[−|+ +|−]，

[+|−|+ −]，[+ −|+|−] と [+ −|−|+] の 5 種類である [図 B.8(h1)〜(h5)]．$(\hat{H}_N(1/24)\hat{T}_1^{\,4})_c$ において，$\hat{H}_N$ の相互作用ラベルを四つの $\hat{T}_1$ に 1 個以上を対応させると，[+|−|−|+] の 1 種類である [図 B.8(i1)]．

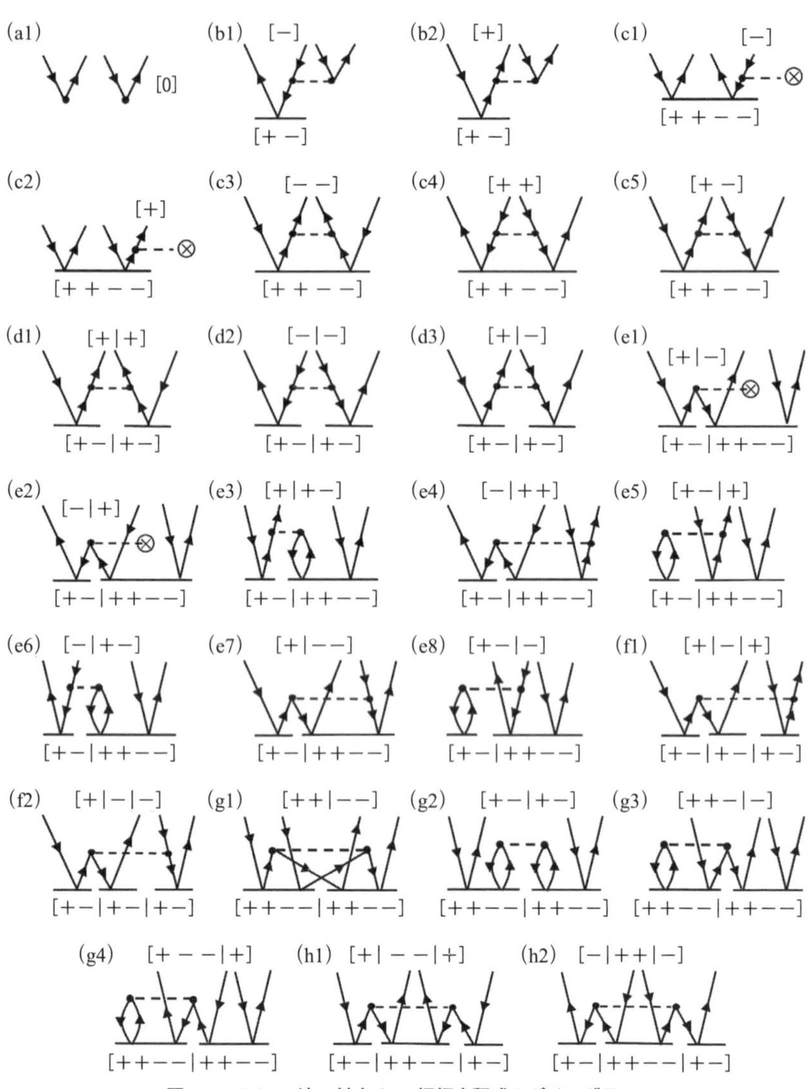

図 B.8　CCSD 法に対する T_2 振幅方程式のダイアグラム

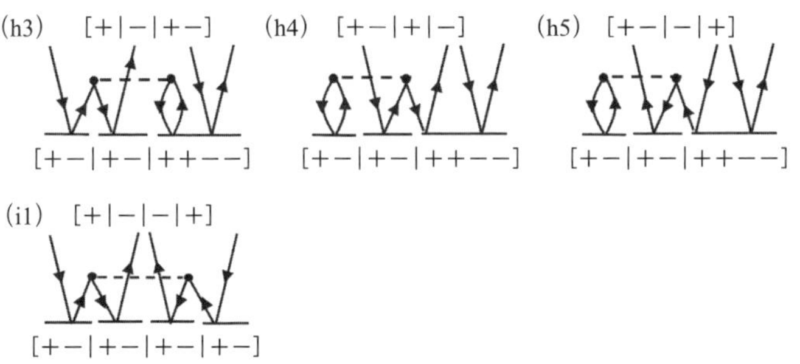

図 B.8　CCSD 法に対する T_2 振幅方程式のダイアグラム（つづき）

Step D5

開いたダイアグラムでは，外線である正孔線に左から軌道ラベル i, j，粒子線に左から軌道ラベル a, b と記載する．次に，内線の正孔線に軌道ラベル $\{k, l, \cdots\}$，粒子線に軌道ラベル $\{c, d, \cdots\}$ と記載する（図 B.9）．

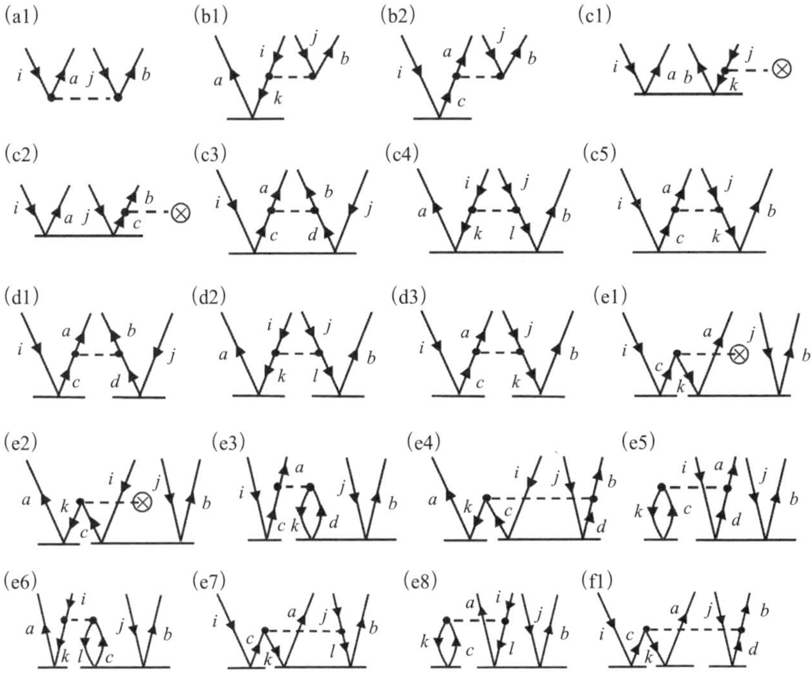

図 B.9　CCSD 法の T_2 振幅方程式のダイアグラムに対するスピン軌道ラベル

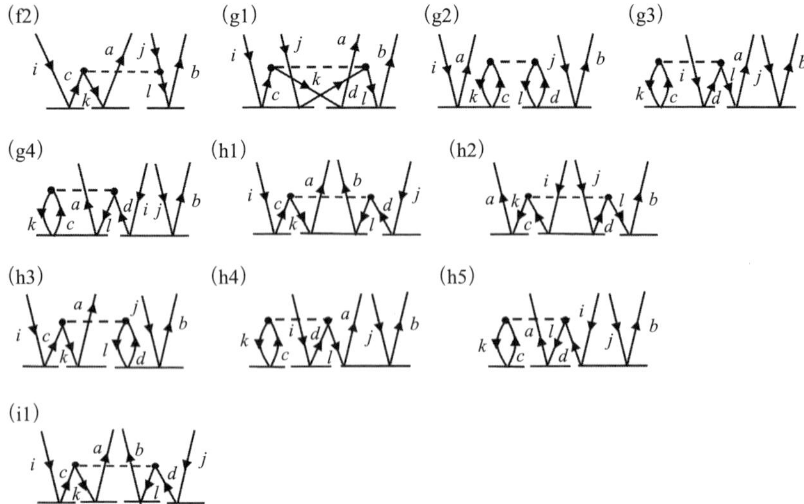

図 B.9　CCSD 法の T_2 振幅方程式のダイアグラムに対するスピン軌道ラベル（つづき）

Step F1〜F7

Step D5 のダイアグラムから 1 電子積分，2 電子積分，クラスター振幅を決定し，接続した内線に対して，Σ 記号で和をとる．等価な内線対とクラスター演算子対を判定したのちに，パリティを決定する．Step D5 のダイアグラムはすべて開いたダイアグラムであるため，異なる外線対の判定を行い，置換演算子を作用させる．この操作をまとめると表 B.3 のようになる．

表 B.3　ダイアグラムから CCSD 法の T_2 振幅方程式の表式への変換

	B.9(a1)	B.9(b1)	B.9(b2)	B.9(c1)	B.9(c2)
Step F1	v_{ij}^{ab}	v_{ij}^{kb}	v_{cj}^{ab}	f_j^k	f_c^b
Step F2	v_{ij}^{ab}	$\sum_k v_{ij}^{kb} t_k^a$	$\sum_c v_{cj}^{ab} t_i^c$	$\sum_k f_j^k t_{ik}^{ab}$	$\sum_c f_c^b t_{ij}^{ac}$
Step F3	v_{ij}^{ab}	$\sum_k v_{ij}^{kb} t_k^a$	$\sum_c v_{cj}^{ab} t_i^c$	$\sum_k f_j^k t_{ik}^{ab}$	$\sum_c f_c^b t_{ij}^{ac}$
Step F4	v_{ij}^{ab}	$\sum_k v_{ij}^{kb} t_k^a$	$\sum_c v_{cj}^{ab} t_i^c$	$\sum_k f_j^k t_{ik}^{ab}$	$\sum_c f_c^b t_{ij}^{ac}$
Step F5	v_{ij}^{ab}	$-\sum_k v_{ij}^{kb} t_k^a$	$\sum_c v_{cj}^{ab} t_i^c$	$-\sum_k f_j^k t_{ik}^{ab}$	$\sum_c f_c^b t_{ij}^{ac}$
Step F6	v_{ij}^{ab}	$-\hat{P}(ab)\sum_k v_{ij}^{kb} t_k^a$	$\hat{P}(ij)\sum_c v_{cj}^{ab} t_i^c$	$-\hat{P}(ij)\sum_k f_j^k t_{ik}^{ab}$	$\hat{P}(ab)\sum_c f_c^b t_{ij}^{ac}$
Step F7	v_{ij}^{ab}	$-\hat{P}(ab)\sum_k v_{ij}^{kb} t_k^a$	$\hat{P}(ij)\sum_c v_{cj}^{ab} t_i^c$	$-\hat{P}(ij)\sum_k f_j^k t_{ik}^{ab}$	$\hat{P}(ab)\sum_c f_c^b t_{ij}^{ac}$

表 B.3　ダイアグラムから CCSD 法の T_2 振幅方程式の表式への変換（つづき）

	B.9(c3)	B.9(c4)	B.9(c5)	B.9(d1)
Step F1	v_{cd}^{ab}	v_{ij}^{kl}	v_{cj}^{ak}	v_{cd}^{ab}
Step F2	$\sum_{c,d} v_{cd}^{ab} t_{ij}^{cd}$	$\sum_{k,l} v_{ij}^{kl} t_{kl}^{ab}$	$\sum_{k,c} v_{cj}^{ak} t_{ik}^{cb}$	$\sum_{c,d} v_{cd}^{ab} t_i^c t_j^d$
Step F3	$\frac{1}{2}\sum_{c,d} v_{cd}^{ab} t_{ij}^{cd}$	$\frac{1}{2}\sum_{k,l} v_{ij}^{kl} t_{kl}^{ab}$	$\sum_{k,c} v_{cj}^{ak} t_{ik}^{cb}$	$\sum_{c,d} v_{cd}^{ab} t_i^c t_j^d$
Step F4	$\frac{1}{2}\sum_{c,d} v_{cd}^{ab} t_{ij}^{cd}$	$\frac{1}{2}\sum_{k,l} v_{ij}^{kl} t_{kl}^{ab}$	$\sum_{k,c} v_{cj}^{ak} t_{ik}^{cb}$	$\frac{1}{2}\sum_{c,d} v_{cd}^{ab} t_i^c t_j^d$
Step F5	$\frac{1}{2}\sum_{c,d} v_{cd}^{ab} t_{ij}^{cd}$	$\frac{1}{2}\sum_{k,l} v_{ij}^{kl} t_{kl}^{ab}$	$-\sum_{k,c} v_{cj}^{ak} t_{ik}^{cb}$	$\frac{1}{2}\sum_{c,d} v_{cd}^{ab} t_i^c t_j^d$
Step F6	$\frac{1}{2}\sum_{c,d} v_{cd}^{ab} t_{ij}^{cd}$	$\frac{1}{2}\sum_{k,l} v_{ij}^{kl} t_{kl}^{ab}$	$-\hat{P}(ij)\hat{P}(ab)\sum_{k,c} v_{cj}^{ak} t_{ik}^{cb}$	$\frac{1}{2}\hat{P}(ij)\sum_{c,d} v_{cd}^{ab} t_i^c t_j^d$
Step F7	$\frac{1}{2}\sum_{c,d} v_{cd}^{ab} t_{ij}^{cd}$	$\frac{1}{2}\sum_{k,l} v_{ij}^{kl} t_{kl}^{ab}$	$-\hat{P}(ij)\hat{P}(ab)\sum_{k,c} v_{cj}^{ak} t_{ik}^{cb}$	$\sum_{c,d} v_{cd}^{ab} t_i^c t_j^d$

	B.9(d2)	B.9(d3)	B.9(e1)
Step F1	v_{ij}^{kl}	v_{cj}^{ak}	f_c^k
Step F2	$\sum_{k,l} v_{ij}^{kl} t_k^a t_l^b$	$\sum_{k,c} v_{cj}^{ak} t_i^c t_k^b$	$\sum_{k,c} f_c^k t_i^c t_{kj}^{ab}$
Step F3	$\sum_{k,l} v_{ij}^{kl} t_k^a t_l^b$	$\sum_{k,c} v_{cj}^{ak} t_i^c t_k^b$	$\sum_{k,c} f_c^k t_i^c t_{kj}^{ab}$
Step F4	$\frac{1}{2}\sum_{k,l} v_{ij}^{kl} t_k^a t_l^b$	$\sum_{k,c} v_{cj}^{ak} t_i^c t_k^b$	$\sum_{k,c} f_c^k t_i^c t_{kj}^{ab}$
Step F5	$\frac{1}{2}\sum_{k,l} v_{ij}^{kl} t_k^a t_l^b$	$-\sum_{k,c} v_{cj}^{ak} t_i^c t_k^b$	$-\sum_{k,c} f_c^k t_i^c t_{kj}^{ab}$
Step F6	$\frac{1}{2}\hat{P}(ab)\sum_{k,l} v_{ij}^{kl} t_k^a t_l^b$	$-\hat{P}(ij)\hat{P}(ab)\sum_{k,c} v_{cj}^{ak} t_i^c t_k^b$	$-\hat{P}(ij)\sum_{k,c} f_c^k t_i^c t_{kj}^{ab}$
Step F7	$\sum_{k,l} v_{ij}^{kl} t_k^a t_l^b$	$-\hat{P}(ij)\hat{P}(ab)\sum_{k,c} v_{cj}^{ak} t_i^c t_k^b$	$-\hat{P}(ij)\sum_{k,c} f_c^k t_i^c t_{kj}^{ab}$

	B.9(e2)	B.9(e3)	B.9(e4)
Step F1	f_c^k	v_{cd}^{ak}	v_{cd}^{kb}
Step F2	$\sum_{k,c} f_c^k t_k^a t_{ij}^{cb}$	$\sum_{k,c,d} v_{cd}^{ak} t_i^c t_{kj}^{db}$	$\sum_{k,c,d} v_{cd}^{kb} t_k^a t_{ij}^{cd}$
Step F3	$\sum_{k,c} f_c^k t_k^a t_{ij}^{cb}$	$\sum_{k,c,d} v_{cd}^{ak} t_i^c t_{kj}^{db}$	$\frac{1}{2}\sum_{k,c,d} v_{cd}^{kb} t_k^a t_{ij}^{cd}$

表 B.3　ダイアグラムから CCSD 法の T_2 振幅方程式の表式への変換（つづき）

	B.9(e2)	B.9(e3)	B.9(e4)
Step F4	$\sum_{k,c} f_c^k t_k^a t_{ij}^{cb}$	$\sum_{k,c,d} v_{cd}^{ak} t_i^c t_{kj}^{db}$	$\frac{1}{2} \sum_{k,c,d} v_{cd}^{kb} t_k^a t_{ij}^{cd}$
Step F5	$-\sum_{k,c} f_c^k t_k^a t_{ij}^{cb}$	$\sum_{k,c,d} v_{cd}^{ak} t_i^c t_{kj}^{db}$	$-\frac{1}{2} \sum_{k,c,d} v_{cd}^{kb} t_k^a t_{ij}^{cd}$
Step F6	$-\hat{P}(ab) \sum_{k,c} f_c^k t_k^a t_{ij}^{cb}$	$\hat{P}(ij) \hat{P}(ab) \sum_{k,c,d} v_{cd}^{ak} t_i^c t_{kj}^{db}$	$-\frac{1}{2} \hat{P}(ab) \sum_{k,c,d} v_{cd}^{kb} t_k^a t_{ij}^{cd}$
Step F7	$-\hat{P}(ab) \sum_{k,c} f_c^k t_k^a t_{ij}^{cb}$	$\hat{P}(ij) \hat{P}(ab) \sum_{k,c,d} v_{cd}^{ak} t_i^c t_{kj}^{db}$	$-\frac{1}{2} \hat{P}(ab) \sum_{k,c,d} v_{cd}^{kb} t_k^a t_{ij}^{cd}$

	B.9(e5)	B.9(e6)	B.9(e7)
Step F1	v_{cd}^{ka}	v_{ic}^{kl}	v_{cj}^{kl}
Step F2	$\sum_{k,c,d} v_{cd}^{ka} t_k^c t_{ij}^{db}$	$\sum_{k,l,c} v_{ic}^{kl} t_k^a t_{lj}^{cb}$	$\sum_{k,l,c} v_{cj}^{kl} t_i^c t_{kl}^{ab}$
Step F3	$\sum_{k,c,d} v_{cd}^{ka} t_k^c t_{ij}^{db}$	$\sum_{k,l,c} v_{ic}^{kl} t_k^a t_{lj}^{cb}$	$\frac{1}{2} \sum_{k,l,c} v_{cj}^{kl} t_i^c t_{kl}^{ab}$
Step F4	$\sum_{k,c,d} v_{cd}^{ka} t_k^c t_{ij}^{db}$	$\sum_{k,l,c} v_{ic}^{kl} t_k^a t_{lj}^{cb}$	$\frac{1}{2} \sum_{k,l,c} v_{cj}^{kl} t_i^c t_{kl}^{ab}$
Step F5	$\sum_{k,c,d} v_{cd}^{ka} t_k^c t_{ij}^{db}$	$-\sum_{k,l,c} v_{ic}^{kl} t_k^a t_{lj}^{cb}$	$\frac{1}{2} \sum_{k,l,c} v_{cj}^{kl} t_i^c t_{kl}^{ab}$
Step F6	$\hat{P}(ab) \sum_{k,c,d} v_{cd}^{ka} t_k^c t_{ij}^{db}$	$-\hat{P}(ij) \hat{P}(ab) \sum_{k,l,c} v_{ic}^{kl} t_k^a t_{lj}^{cb}$	$\frac{1}{2} \hat{P}(ij) \sum_{k,l,c} v_{cj}^{kl} t_i^c t_{kl}^{ab}$
Step F7	$\hat{P}(ab) \sum_{k,c,d} v_{cd}^{ka} t_k^c t_{ij}^{db}$	$-\hat{P}(ij) \hat{P}(ab) \sum_{k,l,c} v_{ic}^{kl} t_k^a t_{lj}^{cb}$	$\frac{1}{2} \hat{P}(ij) \sum_{k,l,c} v_{cj}^{kl} t_i^c t_{kl}^{ab}$

	B.9(e8)	B.9(f1)	B.9(f2)
Step F1	v_{ci}^{kl}	v_{cd}^{kb}	v_{cj}^{kl}
Step F2	$\sum_{k,l,c} v_{ci}^{kl} t_k^c t_{lj}^{ab}$	$\sum_{k,c,d} v_{cd}^{kb} t_i^c t_k^a t_j^d$	$\sum_{k,l,c} v_{cj}^{kl} t_i^c t_k^a t_l^b$
Step F3	$\sum_{k,l,c} v_{ci}^{kl} t_k^c t_{lj}^{ab}$	$\sum_{k,c,d} v_{cd}^{kb} t_i^c t_k^a t_j^d$	$\sum_{k,l,c} v_{cj}^{kl} t_i^c t_k^a t_l^b$
Step F4	$\sum_{k,l,c} v_{ci}^{kl} t_k^c t_{lj}^{ab}$	$\frac{1}{2} \sum_{k,c,d} v_{cd}^{kb} t_i^c t_k^a t_j^d$	$\frac{1}{2} \sum_{k,l,c} v_{cj}^{kl} t_i^c t_k^a t_l^b$
Step F5	$-\sum_{k,l,c} v_{ci}^{kl} t_k^c t_{lj}^{ab}$	$-\frac{1}{2} \sum_{k,c,d} v_{cd}^{kb} t_i^c t_k^a t_j^d$	$\frac{1}{2} \sum_{k,l,c} v_{cj}^{kl} t_i^c t_k^a t_l^b$
Step F6	$-\hat{P}(ij) \sum_{k,l,c} v_{ci}^{kl} t_k^c t_{lj}^{ab}$	$-\frac{1}{2} \hat{P}(ij) \hat{P}(ab) \sum_{k,c,d} v_{cd}^{kb} t_i^c t_k^a t_j^d$	$\frac{1}{2} \hat{P}(ij) \hat{P}(ab) \sum_{k,l,c} v_{cj}^{kl} t_i^c t_k^a t_l^b$
Step F7	$-\hat{P}(ij) \sum_{k,l,c} v_{ci}^{kl} t_k^c t_{lj}^{ab}$	$-\hat{P}(ab) \sum_{k,c,d} v_{cd}^{kb} t_i^c t_k^a t_j^d$	$\hat{P}(ij) \sum_{k,l,c} v_{cj}^{kl} t_i^c t_k^a t_l^b$

表 B.3　ダイアグラムから CCSD 法の T_2 振幅方程式の表式への変換（つづき）

	B.9(g1)	B.9(g2)	B.9(g3)
Step F1	v^{kl}_{cd}	v^{kl}_{cd}	v^{kl}_{cd}
Step F2	$\sum_{k,l,c,d} v^{kl}_{cd} t^{cd}_{ij} t^{ab}_{kl}$	$\sum_{k,l,c,d} v^{kl}_{cd} t^{ac}_{ik} t^{db}_{lj}$	$\sum_{k,l,c,d} v^{kl}_{cd} t^{cd}_{ki} t^{ab}_{lj}$
Step F3	$\frac{1}{4} \sum_{k,l,c,d} v^{kl}_{cd} t^{cd}_{ij} t^{ab}_{kl}$	$\sum_{k,l,c,d} v^{kl}_{cd} t^{ac}_{ik} t^{db}_{lj}$	$\frac{1}{2} \sum_{k,l,c,d} v^{kl}_{cd} t^{cd}_{ki} t^{ab}_{lj}$
Step F4	$\frac{1}{4} \sum_{k,l,c,d} v^{kl}_{cd} t^{cd}_{ij} t^{ab}_{kl}$	$\frac{1}{2} \sum_{k,l,c,d} v^{kl}_{cd} t^{ac}_{ik} t^{db}_{lj}$	$\frac{1}{2} \sum_{k,l,c,d} v^{kl}_{cd} t^{cd}_{ki} t^{ab}_{lj}$
Step F5	$\frac{1}{4} \sum_{k,l,c,d} v^{kl}_{cd} t^{cd}_{ij} t^{ab}_{kl}$	$\frac{1}{2} \sum_{k,l,c,d} v^{kl}_{cd} t^{ac}_{ik} t^{db}_{lj}$	$-\frac{1}{2} \sum_{k,l,c,d} v^{kl}_{cd} t^{cd}_{ki} t^{ab}_{lj}$
Step F6	$\frac{1}{4} \sum_{k,l,c,d} v^{kl}_{cd} t^{cd}_{ij} t^{ab}_{kl}$	$\frac{1}{2} \hat{P}(ij) \hat{P}(ab) \sum_{k,l,c,d} v^{kl}_{cd} t^{ac}_{ik} t^{db}_{lj}$	$-\frac{1}{2} \hat{P}(ij) \sum_{k,l,c,d} v^{kl}_{cd} t^{cd}_{ki} t^{ab}_{lj}$
Step F7	$\frac{1}{4} \sum_{k,l,c,d} v^{kl}_{cd} t^{cd}_{ij} t^{ab}_{kl}$	$\hat{P}(ij) \sum_{k,l,c,d} v^{kl}_{cd} t^{ac}_{ik} t^{db}_{lj}$	$-\frac{1}{2} \hat{P}(ij) \sum_{k,l,c,d} v^{kl}_{cd} t^{cd}_{ki} t^{ab}_{lj}$

	B.9(g4)	B.9(h1)	B.9(h2)
Step F1	v^{kl}_{cd}	v^{kl}_{cd}	v^{kl}_{cd}
Step F2	$\sum_{k,l,c,d} v^{kl}_{cd} t^{ca}_{kl} t^{db}_{ij}$	$\sum_{k,l,c,d} v^{kl}_{cd} t^{c}_{i} t^{ab}_{kl} t^{d}_{j}$	$\sum_{k,l,c,d} v^{kl}_{cd} t^{a}_{k} t^{cd}_{ij} t^{b}_{l}$
Step F3	$\frac{1}{2} \sum_{k,l,c,d} v^{kl}_{cd} t^{ca}_{kl} t^{db}_{ij}$	$\frac{1}{2} \sum_{k,l,c,d} v^{kl}_{cd} t^{c}_{i} t^{ab}_{kl} t^{d}_{j}$	$\frac{1}{2} \sum_{k,l,c,d} v^{kl}_{cd} t^{a}_{k} t^{cd}_{ij} t^{b}_{l}$
Step F4	$\frac{1}{2} \sum_{k,l,c,d} v^{kl}_{cd} t^{ca}_{kl} t^{db}_{ij}$	$\frac{1}{4} \sum_{k,l,c,d} v^{kl}_{cd} t^{c}_{i} t^{ab}_{kl} t^{d}_{j}$	$\frac{1}{4} \sum_{k,l,c,d} v^{kl}_{cd} t^{a}_{k} t^{cd}_{ij} t^{b}_{l}$
Step F5	$-\frac{1}{2} \sum_{k,l,c,d} v^{kl}_{cd} t^{ca}_{kl} t^{db}_{ij}$	$\frac{1}{4} \sum_{k,l,c,d} v^{kl}_{cd} t^{c}_{i} t^{ab}_{kl} t^{d}_{j}$	$\frac{1}{4} \sum_{k,l,c,d} v^{kl}_{cd} t^{a}_{k} t^{cd}_{ij} t^{b}_{l}$
Step F6	$-\frac{1}{2} \hat{P}(ab) \sum_{k,l,c,d} v^{kl}_{cd} t^{ca}_{kl} t^{db}_{ij}$	$\frac{1}{4} \hat{P}(ij) \sum_{k,l,c,d} v^{kl}_{cd} t^{c}_{i} t^{ab}_{kl} t^{d}_{j}$	$\frac{1}{4} \hat{P}(ab) \sum_{k,l,c,d} v^{kl}_{cd} t^{a}_{k} t^{cd}_{ij} t^{b}_{l}$
Step F7	$-\frac{1}{2} \hat{P}(ab) \sum_{k,l,c,d} v^{kl}_{cd} t^{ca}_{kl} t^{db}_{ij}$	$\frac{1}{2} \sum_{k,l,c,d} v^{kl}_{cd} t^{c}_{i} t^{ab}_{kl} t^{d}_{j}$	$\frac{1}{2} \sum_{k,l,c,d} v^{kl}_{cd} t^{a}_{k} t^{cd}_{ij} t^{b}_{l}$

	B.9(h3)	B.9(h4)	B.9(h5)
Step F1	v^{kl}_{cd}	v^{kl}_{cd}	v^{kl}_{cd}
Step F2	$\sum_{k,l,c,d} v^{kl}_{cd} t^{c}_{i} t^{a}_{k} t^{db}_{lj}$	$\sum_{k,l,c,d} v^{kl}_{cd} t^{c}_{k} t^{d}_{i} t^{ab}_{lj}$	$\sum_{k,l,c,d} v^{kl}_{cd} t^{c}_{k} t^{a}_{l} t^{db}_{ij}$
Step F3	$\sum_{k,l,c,d} v^{kl}_{cd} t^{c}_{i} t^{a}_{k} t^{db}_{lj}$	$\sum_{k,l,c,d} v^{kl}_{cd} t^{c}_{k} t^{d}_{i} t^{ab}_{lj}$	$\sum_{k,l,c,d} v^{kl}_{cd} t^{c}_{k} t^{a}_{l} t^{db}_{ij}$

表 B.3　ダイアグラムから CCSD 法の T_2 振幅方程式の表式への変換（つづき）

	B.9(h3)	B.9(h4)	B.9(h5)
Step F4	$\sum_{k,l,c,d} v_{cd}^{kl} t_i^c t_k^a t_{lj}^{db}$	$\sum_{k,l,c,d} v_{cd}^{kl} t_k^c t_i^d t_{lj}^{ab}$	$\sum_{k,l,c,d} v_{cd}^{kl} t_k^c t_l^a t_{ij}^{db}$
Step F5	$-\sum_{k,l,c,d} v_{cd}^{kl} t_i^c t_k^a t_{lj}^{db}$	$-\sum_{k,l,c,d} v_{cd}^{kl} t_k^c t_i^d t_{lj}^{ab}$	$-\sum_{k,l,c,d} v_{cd}^{kl} t_k^c t_l^a t_{ij}^{db}$
Step F6	$-\hat{P}(ij)\hat{P}(ab)\sum_{k,l,c,d} v_{cd}^{kl} t_i^c t_k^a t_{lj}^{db}$	$-\hat{P}(ij)\sum_{k,l,c,d} v_{cd}^{kl} t_k^c t_i^d t_{lj}^{ab}$	$-\hat{P}(ab)\sum_{k,l,c,d} v_{cd}^{kl} t_k^c t_l^a t_{ij}^{db}$
Step F7	$-\hat{P}(ij)\hat{P}(ab)\sum_{k,l,c,d} v_{cd}^{kl} t_i^c t_k^a t_{lj}^{db}$	$-\hat{P}(ij)\sum_{k,l,c,d} v_{cd}^{kl} t_k^c t_i^d t_{lj}^{ab}$	$-\hat{P}(ab)\sum_{k,l,c,d} v_{cd}^{kl} t_k^c t_l^a t_{ij}^{db}$

	B.9(i1)
Step F1	v_{cd}^{kl}
Step F2	$\sum_{k,l,c,d} v_{cd}^{kl} t_i^c t_k^a t_l^b t_j^d$
Step F3	$\sum_{k,l,c,d} v_{cd}^{kl} t_i^c t_k^a t_l^b t_j^d$
Step F4	$\frac{1}{4}\sum_{k,l,c,d} v_{cd}^{kl} t_i^c t_k^a t_l^b t_j^d$
Step F5	$\frac{1}{4}\sum_{k,l,c,d} v_{cd}^{kl} t_i^c t_k^a t_l^b t_j^d$
Step F6	$\frac{1}{4}\hat{P}(ij)\hat{P}(ab)\sum_{k,l,c,d} v_{cd}^{kl} t_i^c t_k^a t_l^b t_j^d$
Step F7	$\sum_{k,l,c,d} v_{cd}^{kl} t_i^c t_k^a t_l^b t_j^d$

よって，CCSD 法の T_2 振幅方程式に対する以下の作業方程式が導出できる．

$$
\begin{aligned}
& v_{ij}^{ab} - \hat{P}(ab)\sum_{k} v_{ij}^{kb} t_k^a + \hat{P}(ij)\sum_{c} v_{cj}^{ab} t_i^c - \hat{P}(ij)\sum_{k} f_j^k t_{ik}^{ab} + \hat{P}(ab)\sum_{c} f_c^b t_{ij}^{ac} + \frac{1}{2}\sum_{c,d} v_{cd}^{ab} t_{ij}^{cd} \\
& + \frac{1}{2}\sum_{k,l} v_{ij}^{kl} t_{kl}^{ab} - \hat{P}(ij)\hat{P}(ab)\sum_{k,c} v_{cj}^{ak} t_{ik}^{cb} + \sum_{c,d} v_{cd}^{ab} t_i^c t_j^d + \sum_{k,l} v_{ij}^{kl} t_k^a t_l^b - \hat{P}(ij)\hat{P}(ab)\sum_{k,c} v_{cj}^{ak} t_i^c t_k^b \\
& - \hat{P}(ij)\sum_{k,c} f_c^k t_i^c t_{kj}^{ab} - \hat{P}(ab)\sum_{k,c} f_c^k t_k^a t_{ij}^{cb} + \hat{P}(ij)\hat{P}(ab)\sum_{k,c,d} v_{cd}^{ak} t_i^c t_{kj}^{db} - \frac{1}{2}\hat{P}(ab)\sum_{k,c,d} v_{cd}^{kb} t_k^a t_{ij}^{cd} \\
& + \hat{P}(ab)\sum_{k,c,d} v_{cd}^{ka} t_k^c t_{ij}^{db} - \hat{P}(ij)\hat{P}(ab)\sum_{k,l,c} v_{ic}^{kl} t_k^a t_{lj}^{cb} + \frac{1}{2}\hat{P}(ij)\sum_{k,l,c} v_{cj}^{kl} t_i^c t_{kl}^{ab} - \hat{P}(ij)\sum_{k,l,c} v_{ci}^{kl} t_k^c t_{lj}^{ab} \\
& - \hat{P}(ab)\sum_{k,c,d} v_{cd}^{kb} t_i^c t_k^a t_j^d + \hat{P}(ij)\sum_{k,l,c} v_{cj}^{kl} t_i^c t_k^a t_l^b + \frac{1}{4}\sum_{k,l,c,d} v_{cd}^{kl} t_{ij}^{cd} t_{kl}^{ab} + \hat{P}(ij)\sum_{k,l,c,d} v_{cd}^{kl} t_{ik}^{ac} t_{lj}^{db} \\
& - \frac{1}{2}\hat{P}(ij)\sum_{k,l,c,d} v_{cd}^{kl} t_{ki}^{cd} t_{lj}^{ab} - \frac{1}{2}\hat{P}(ab)\sum_{k,l,c,d} v_{cd}^{kl} t_{kl}^{ca} t_{ij}^{db} + \frac{1}{2}\sum_{k,l,c,d} v_{cd}^{kl} t_i^c t_{kl}^{ab} t_j^d + \frac{1}{2}\sum_{k,l,c,d} v_{cd}^{kl} t_k^a t_{ij}^{cd} t_l^b \\
& - \hat{P}(ij)\hat{P}(ab)\sum_{k,l,c,d} v_{cd}^{kl} t_i^c t_k^a t_{lj}^{db} - \hat{P}(ij)\sum_{k,l,c,d} v_{cd}^{kl} t_k^c t_i^d t_{lj}^{ab} - \hat{P}(ab)\sum_{k,l,c,d} v_{cd}^{kl} t_k^c t_l^a t_{ij}^{db} + \sum_{k,l,c,d} v_{cd}^{kl} t_i^c t_k^a t_l^b t_j^d = 0
\end{aligned}
\tag{B.3}
$$

C　正準 HF 法に基づく MPPT の四次摂動エネルギー

ここでは，「手で解く課題 6.1」と同様，正準 HF 法に基づく MPPT の四次摂動エネルギーに対するダイアグラムを描画するための手続き Step D1～D5，そして，ダイアグラムから数式に変換する手続き Step F1～F3 に従って，四次摂動エネルギーの作業方程式を導出する．

Step D1

四次摂動エネルギーであるため，4 個の頂点を縦に並べる．

Step D2

一筆書き可能な描画の組合せは，1 番目の頂点から出る 4 本の外線が，2，3，4 番目の頂点と何本つながるかという観点から考える．それぞれの本数を x-y-z の形式で表現すると，3-1-0，3-0-1，2-2-0，2-1-1，2-0-2，1-3-0，1-2-1，1-1-2，1-0-3，0-3-1，0-2-2，0-1-3，4-0-0，0-4-0，0-0-4 の 15 種類となる（図 C.1）．ただし，図 C.1(m)～(o)は一筆書きができないため，考慮すべき Hugenholtz 骨格は 12 種類である．

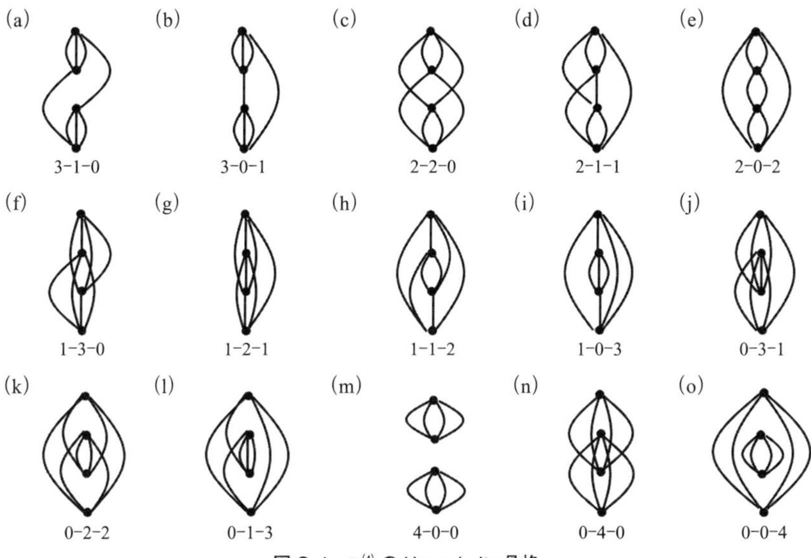

図 C.1　$E_0^{(4)}$ の Hugenholtz 骨格

Step D3

図 C.1(a)～(l)の Hugenholtz 骨格に対して書き順を考慮して矢印を追加すると，それぞれ 2，2，3，6，3，2，6，6，2，2，3，2 種類の合計 39 種類の Hugenholtz ダイアグラムが考えられる（図 C.2）．

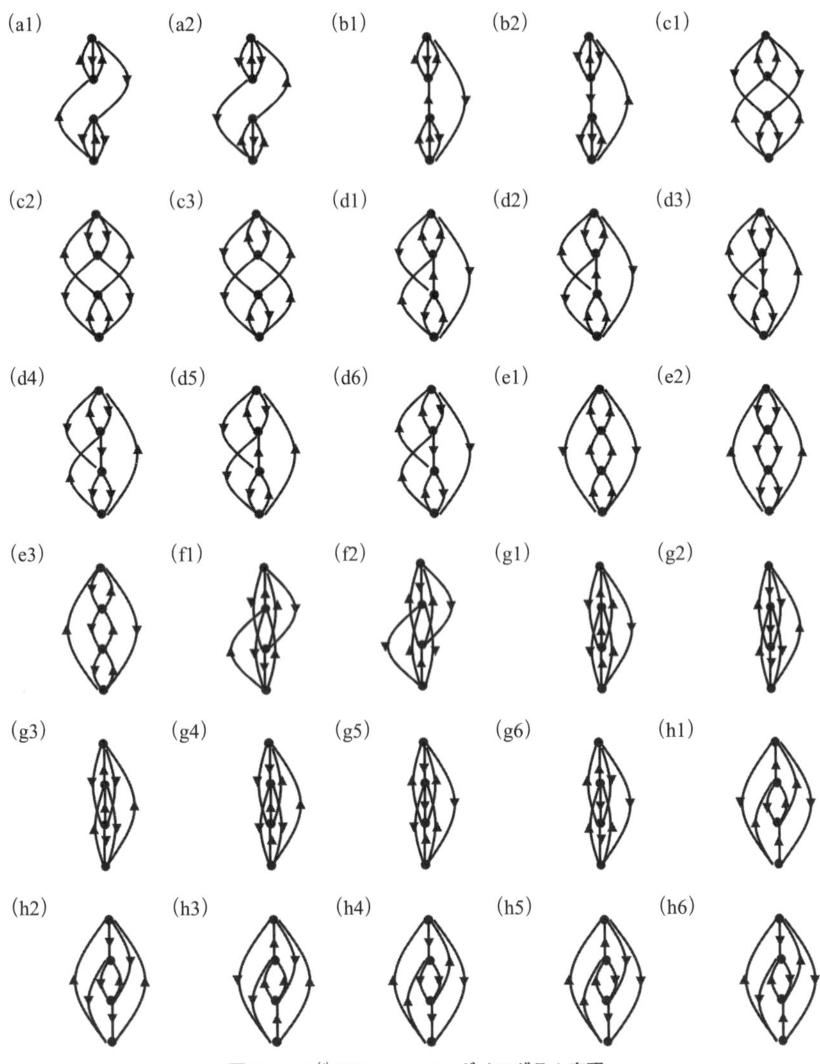

図 C.2　$E_0^{(4)}$ の Hugenholtz ダイアグラム表現

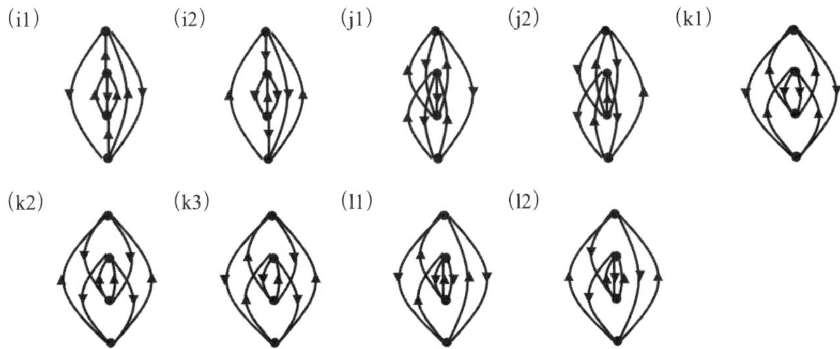

図 C.2　$E_0^{(4)}$ の Hugenholtz ダイアグラム表現（つづき）

Step D4, D5

Hugenholtz ダイアグラムを，反対称化された Goldstone ダイアグラムに変換する．頂点の間には，Green 演算子を 3 本ずつ挿入する．正孔線に占有スピン軌道のラベル $\{i, j, \cdots\}$ と粒子線に仮想スピン軌道のラベル $\{a, b, \cdots\}$ を記載する（図 C.3）．

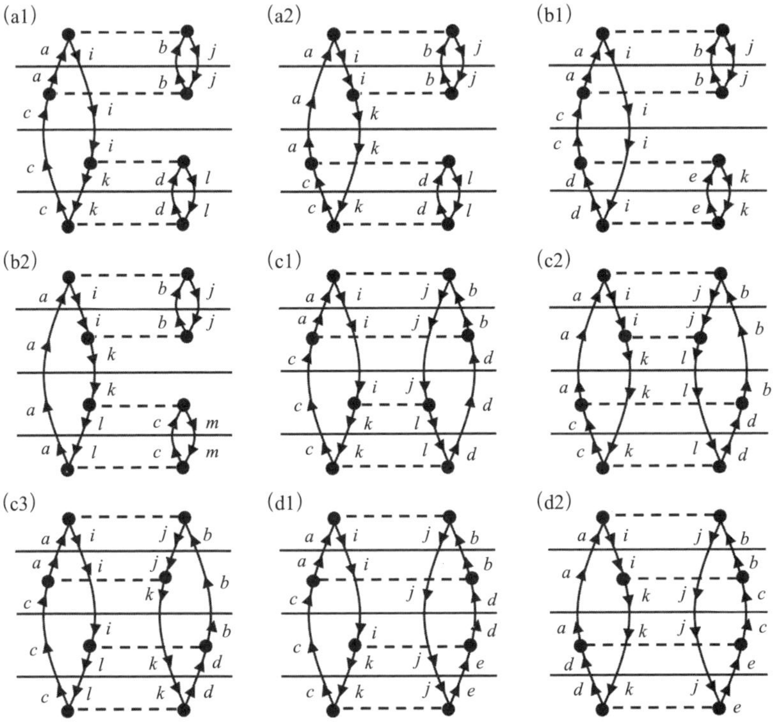

図 C.3　$E_0^{(4)}$ の Goldstone ダイアグラム表現

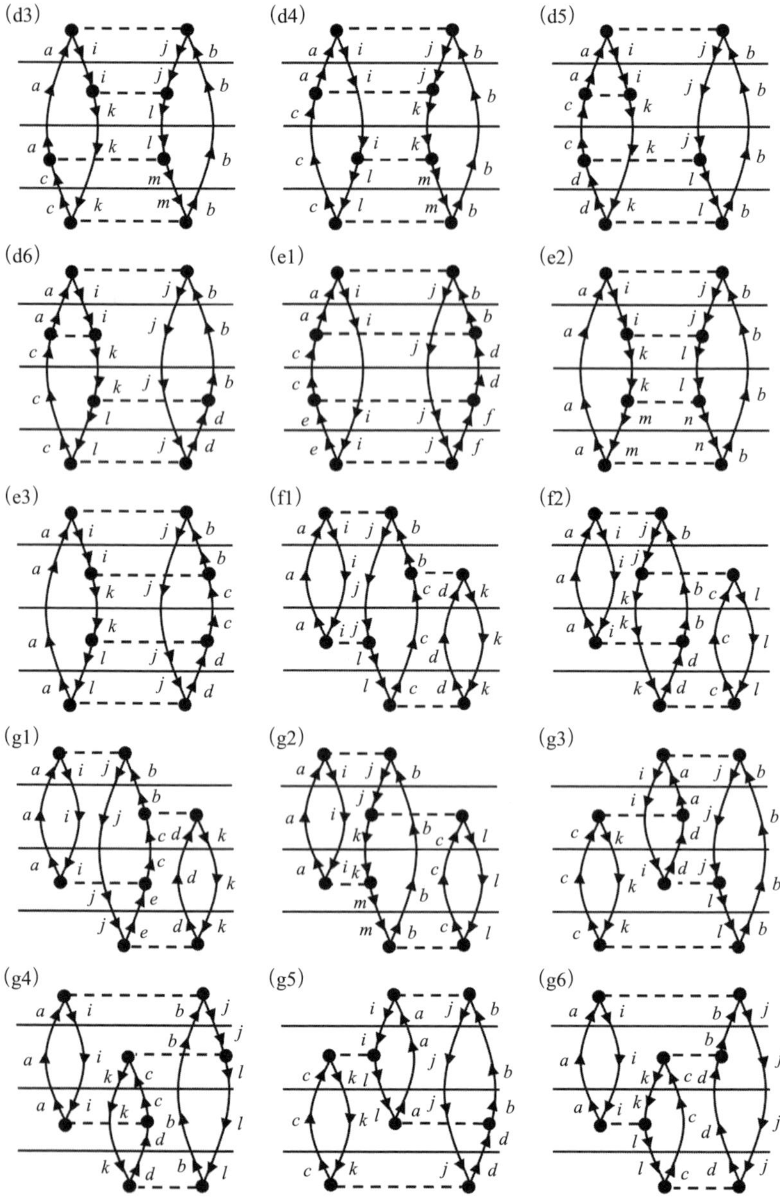

図 C.3　$E_0^{(4)}$ の Goldstone ダイアグラム表現（つづき）

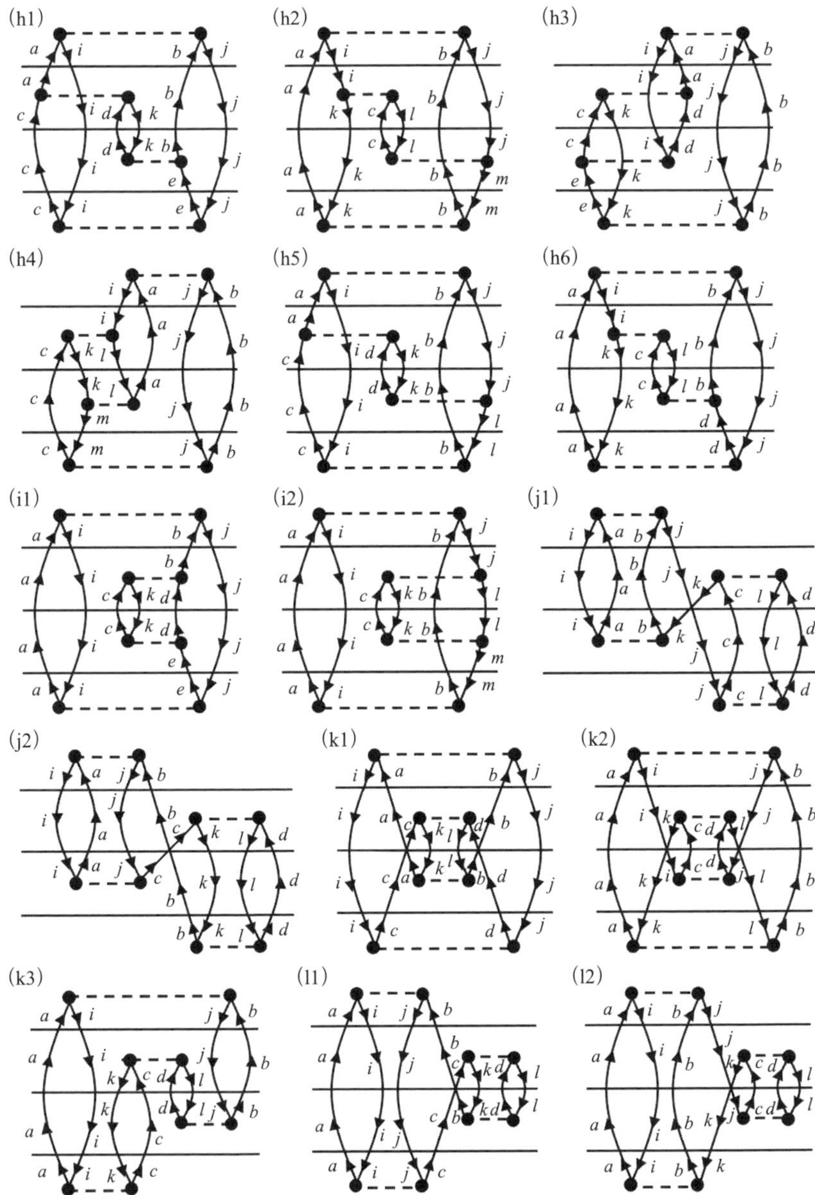

図 C.3　$E_0^{(4)}$ の Goldstone ダイアグラム表現（つづき）

Step F1〜F3

Step D5 のダイアグラムから 1 電子積分，2 電子積分，軌道エネルギー差を決定し，接続した内線に対して，Σ 記号で和をとる．等価な内線対を判定したのちに，パリティを決定する（表 C.1）．

表 C.1　ダイアグラムから四次摂動エネルギーの表式への変換

	C.3(a1)	C.3(a2)	C.3(b1)
Step F1	$\sum_{i,j,k,l,a,b,c,d} \frac{v^{ij}_{ab} v^{ab}_{cj} v^{kl}_{id} v^{cd}_{kl}}{\Delta\varepsilon^{ij}_{ab}\Delta\varepsilon^{i}_{c}\Delta\varepsilon^{kl}_{cd}}$	$\sum_{i,j,k,l,a,b,c,d} \frac{v^{ij}_{ab} v^{kb}_{ij} v^{al}_{cd} v^{cd}_{kl}}{\Delta\varepsilon^{ij}_{ab}\Delta\varepsilon^{k}_{a}\Delta\varepsilon^{kl}_{cd}}$	$\sum_{i,j,k,a,b,c,d,e} \frac{v^{ij}_{ab} v^{ab}_{cj} v^{ck}_{de} v^{de}_{ik}}{\Delta\varepsilon^{ij}_{ab}\Delta\varepsilon^{i}_{c}\Delta\varepsilon^{ik}_{de}}$
Step F2	$\frac{1}{4}\sum_{i,j,k,l,a,b,c,d} \frac{v^{ij}_{ab} v^{ab}_{cj} v^{kl}_{id} v^{cd}_{kl}}{\Delta\varepsilon^{ij}_{ab}\Delta\varepsilon^{i}_{c}\Delta\varepsilon^{kl}_{cd}}$	$\frac{1}{4}\sum_{i,j,k,l,a,b,c,d} \frac{v^{ij}_{ab} v^{kb}_{ij} v^{al}_{cd} v^{cd}_{kl}}{\Delta\varepsilon^{ij}_{ab}\Delta\varepsilon^{k}_{a}\Delta\varepsilon^{kl}_{cd}}$	$\frac{1}{4}\sum_{i,j,k,a,b,c,d,e} \frac{v^{ij}_{ab} v^{ab}_{cj} v^{ck}_{de} v^{de}_{ik}}{\Delta\varepsilon^{ij}_{ab}\Delta\varepsilon^{i}_{c}\Delta\varepsilon^{ik}_{de}}$
Step F3	$-\frac{1}{4}\sum_{i,j,k,l,a,b,c,d} \frac{v^{ij}_{ab} v^{ab}_{cj} v^{kl}_{id} v^{cd}_{kl}}{\Delta\varepsilon^{ij}_{ab}\Delta\varepsilon^{i}_{c}\Delta\varepsilon^{kl}_{cd}}$	$-\frac{1}{4}\sum_{i,j,k,l,a,b,c,d} \frac{v^{ij}_{ab} v^{kb}_{ij} v^{al}_{cd} v^{cd}_{kl}}{\Delta\varepsilon^{ij}_{ab}\Delta\varepsilon^{k}_{a}\Delta\varepsilon^{kl}_{cd}}$	$\frac{1}{4}\sum_{i,j,k,a,b,c,d,e} \frac{v^{ij}_{ab} v^{ab}_{cj} v^{ck}_{de} v^{de}_{ik}}{\Delta\varepsilon^{ij}_{ab}\Delta\varepsilon^{i}_{c}\Delta\varepsilon^{ik}_{de}}$
	C.3(b2)	C.3(c1)	C.3(c2)
Step F1	$\sum_{i,j,k,l,m,a,b,c} \frac{v^{ij}_{ab} v^{kb}_{ij} v^{lm}_{kc} v^{ac}_{lm}}{\Delta\varepsilon^{ij}_{ab}\Delta\varepsilon^{k}_{a}\Delta\varepsilon^{lm}_{ac}}$	$\sum_{i,j,k,l,a,b,c,d} \frac{v^{ij}_{ab} v^{ab}_{cd} v^{kl}_{ij} v^{cd}_{kl}}{\Delta\varepsilon^{ij}_{ab}\Delta\varepsilon^{ij}_{cd}\Delta\varepsilon^{kl}_{cd}}$	$\sum_{i,j,k,l,a,b,c,d} \frac{v^{ij}_{ab} v^{kl}_{ij} v^{ab}_{cd} v^{cd}_{kl}}{\Delta\varepsilon^{ij}_{ab}\Delta\varepsilon^{kl}_{ab}\Delta\varepsilon^{kl}_{cd}}$
Step F2	$\frac{1}{4}\sum_{i,j,k,l,m,a,b,c} \frac{v^{ij}_{ab} v^{kb}_{ij} v^{lm}_{kc} v^{ac}_{lm}}{\Delta\varepsilon^{ij}_{ab}\Delta\varepsilon^{k}_{a}\Delta\varepsilon^{lm}_{ac}}$	$\frac{1}{16}\sum_{i,j,k,l,a,b,c,d} \frac{v^{ij}_{ab} v^{ab}_{cd} v^{kl}_{ij} v^{cd}_{kl}}{\Delta\varepsilon^{ij}_{ab}\Delta\varepsilon^{ij}_{cd}\Delta\varepsilon^{kl}_{cd}}$	$\frac{1}{16}\sum_{i,j,k,l,a,b,c,d} \frac{v^{ij}_{ab} v^{kl}_{ij} v^{ab}_{cd} v^{cd}_{kl}}{\Delta\varepsilon^{ij}_{ab}\Delta\varepsilon^{kl}_{ab}\Delta\varepsilon^{kl}_{cd}}$
Step F3	$\frac{1}{4}\sum_{i,j,k,l,m,a,b,c} \frac{v^{ij}_{ab} v^{kb}_{ij} v^{lm}_{kc} v^{ac}_{lm}}{\Delta\varepsilon^{ij}_{ab}\Delta\varepsilon^{k}_{a}\Delta\varepsilon^{lm}_{ac}}$	$\frac{1}{16}\sum_{i,j,k,l,a,b,c,d} \frac{v^{ij}_{ab} v^{ab}_{cd} v^{kl}_{ij} v^{cd}_{kl}}{\Delta\varepsilon^{ij}_{ab}\Delta\varepsilon^{ij}_{cd}\Delta\varepsilon^{kl}_{cd}}$	$\frac{1}{16}\sum_{i,j,k,l,a,b,c,d} \frac{v^{ij}_{ab} v^{kl}_{ij} v^{ab}_{cd} v^{cd}_{kl}}{\Delta\varepsilon^{ij}_{ab}\Delta\varepsilon^{kl}_{ab}\Delta\varepsilon^{kl}_{cd}}$
	C.3(c3)	C.3(d1)	C.3(d2)
Step F1	$\sum_{i,j,k,l,a,b,c,d} \frac{v^{ij}_{ab} v^{ak}_{cj} v^{lb}_{id} v^{cd}_{lk}}{\Delta\varepsilon^{ij}_{ab}\Delta\varepsilon^{ik}_{cb}\Delta\varepsilon^{lk}_{cd}}$	$\sum_{i,j,k,a,b,c,d,e} \frac{v^{ij}_{ab} v^{ab}_{cd} v^{kd}_{ie} v^{ce}_{kj}}{\Delta\varepsilon^{ij}_{ab}\Delta\varepsilon^{ij}_{cd}\Delta\varepsilon^{kj}_{ce}}$	$\sum_{i,j,k,a,b,c,d,e} \frac{v^{ij}_{ab} v^{kb}_{ic} v^{ac}_{de} v^{de}_{kj}}{\Delta\varepsilon^{ij}_{ab}\Delta\varepsilon^{kj}_{ac}\Delta\varepsilon^{kj}_{de}}$
Step F2	$\sum_{i,j,k,l,a,b,c,d} \frac{v^{ij}_{ab} v^{ak}_{cj} v^{lb}_{id} v^{cd}_{lk}}{\Delta\varepsilon^{ij}_{ab}\Delta\varepsilon^{ik}_{cb}\Delta\varepsilon^{lk}_{cd}}$	$\frac{1}{2}\sum_{i,j,k,a,b,c,d,e} \frac{v^{ij}_{ab} v^{ab}_{cd} v^{kd}_{ie} v^{ce}_{kj}}{\Delta\varepsilon^{ij}_{ab}\Delta\varepsilon^{ij}_{cd}\Delta\varepsilon^{kj}_{ce}}$	$\frac{1}{2}\sum_{i,j,k,a,b,c,d,e} \frac{v^{ij}_{ab} v^{kb}_{ic} v^{ac}_{de} v^{de}_{kj}}{\Delta\varepsilon^{ij}_{ab}\Delta\varepsilon^{kj}_{ac}\Delta\varepsilon^{kj}_{de}}$
Step F3	$\sum_{i,j,k,l,a,b,c,d} \frac{v^{ij}_{ab} v^{ak}_{cj} v^{lb}_{id} v^{cd}_{lk}}{\Delta\varepsilon^{ij}_{ab}\Delta\varepsilon^{ik}_{cb}\Delta\varepsilon^{lk}_{cd}}$	$-\frac{1}{2}\sum_{i,j,k,a,b,c,d,e} \frac{v^{ij}_{ab} v^{ab}_{cd} v^{kd}_{ie} v^{ce}_{kj}}{\Delta\varepsilon^{ij}_{ab}\Delta\varepsilon^{ij}_{cd}\Delta\varepsilon^{kj}_{ce}}$	$-\frac{1}{2}\sum_{i,j,k,a,b,c,d,e} \frac{v^{ij}_{ab} v^{kb}_{ic} v^{ac}_{de} v^{de}_{kj}}{\Delta\varepsilon^{ij}_{ab}\Delta\varepsilon^{kj}_{ac}\Delta\varepsilon^{kj}_{de}}$
	C.3(d3)	C.3(d4)	C.3(d5)
Step F1	$\sum_{i,j,k,l,m,a,b,c} \frac{v^{ij}_{ab} v^{kl}_{ij} v^{am}_{cl} v^{cb}_{km}}{\Delta\varepsilon^{ij}_{ab}\Delta\varepsilon^{kl}_{ab}\Delta\varepsilon^{km}_{cb}}$	$\sum_{i,j,k,l,m,a,b,c} \frac{v^{ij}_{ab} v^{ak}_{cj} v^{lm}_{ik} v^{cb}_{lm}}{\Delta\varepsilon^{ij}_{ab}\Delta\varepsilon^{ik}_{cb}\Delta\varepsilon^{lm}_{cb}}$	$\sum_{i,j,k,l,a,b,c,d} \frac{v^{ij}_{ab} v^{ak}_{ci} v^{cl}_{dj} v^{db}_{kl}}{\Delta\varepsilon^{ij}_{ab}\Delta\varepsilon^{kj}_{cb}\Delta\varepsilon^{kl}_{db}}$
Step F2	$\frac{1}{2}\sum_{i,j,k,l,m,a,b,c} \frac{v^{ij}_{ab} v^{kl}_{ij} v^{am}_{cl} v^{cb}_{km}}{\Delta\varepsilon^{ij}_{ab}\Delta\varepsilon^{kl}_{ab}\Delta\varepsilon^{km}_{cb}}$	$\frac{1}{2}\sum_{i,j,k,l,m,a,b,c} \frac{v^{ij}_{ab} v^{ak}_{cj} v^{lm}_{ik} v^{cb}_{lm}}{\Delta\varepsilon^{ij}_{ab}\Delta\varepsilon^{ik}_{cb}\Delta\varepsilon^{lm}_{cb}}$	$\sum_{i,j,k,l,a,b,c,d} \frac{v^{ij}_{ab} v^{ak}_{ci} v^{cl}_{dj} v^{db}_{kl}}{\Delta\varepsilon^{ij}_{ab}\Delta\varepsilon^{kj}_{cb}\Delta\varepsilon^{kl}_{db}}$
Step F3	$-\frac{1}{2}\sum_{i,j,k,l,m,a,b,c} \frac{v^{ij}_{ab} v^{kl}_{ij} v^{am}_{cl} v^{cb}_{km}}{\Delta\varepsilon^{ij}_{ab}\Delta\varepsilon^{kl}_{ab}\Delta\varepsilon^{km}_{cb}}$	$-\frac{1}{2}\sum_{i,j,k,l,m,a,b,c} \frac{v^{ij}_{ab} v^{ak}_{cj} v^{lm}_{ik} v^{cb}_{lm}}{\Delta\varepsilon^{ij}_{ab}\Delta\varepsilon^{ik}_{cb}\Delta\varepsilon^{lm}_{cb}}$	$\sum_{i,j,k,l,a,b,c,d} \frac{v^{ij}_{ab} v^{ak}_{ci} v^{cl}_{dj} v^{db}_{kl}}{\Delta\varepsilon^{ij}_{ab}\Delta\varepsilon^{kj}_{cb}\Delta\varepsilon^{kl}_{db}}$

表 C.1　ダイアグラムから四次摂動エネルギーの表式への変換（つづき）

	C.3(d6)	C.3(e1)	C.3(e2)
Step F1	$\sum_{i,j,k,l,a,b,c,d}\frac{v^{ij}_{ab}v^{ak}_{ci}v^{lb}_{kd}v^{cd}_{lj}}{\Delta\varepsilon^{ij}_{ab}\Delta\varepsilon^{kj}_{cb}\Delta\varepsilon^{jl}_{cd}}$	$\sum_{i,j,a,b,c,d,e,f}\frac{v^{ij}_{ab}v^{ab}_{cd}v^{cd}_{ef}v^{ef}_{ij}}{\Delta\varepsilon^{ij}_{ab}\Delta\varepsilon^{ij}_{cd}\Delta\varepsilon^{ij}_{ef}}$	$\sum_{i,j,k,l,m,n,a,b}\frac{v^{ij}_{ab}v^{kl}_{ij}v^{mn}_{kl}v^{ab}_{mn}}{\Delta\varepsilon^{ij}_{ab}\Delta\varepsilon^{kl}_{ab}\Delta\varepsilon^{mn}_{ab}}$
Step F2	$\sum_{i,j,k,l,a,b,c,d}\frac{v^{ij}_{ab}v^{ak}_{ci}v^{lb}_{kd}v^{cd}_{lj}}{\Delta\varepsilon^{ij}_{ab}\Delta\varepsilon^{kj}_{cb}\Delta\varepsilon^{jl}_{cd}}$	$\frac{1}{16}\sum_{i,j,a,b,c,d,e,f}\frac{v^{ij}_{ab}v^{ab}_{cd}v^{cd}_{ef}v^{ef}_{ij}}{\Delta\varepsilon^{ij}_{ab}\Delta\varepsilon^{ij}_{cd}\Delta\varepsilon^{ij}_{ef}}$	$\frac{1}{16}\sum_{i,j,k,l,m,n,a,b}\frac{v^{ij}_{ab}v^{kl}_{ij}v^{mn}_{kl}v^{ab}_{mn}}{\Delta\varepsilon^{ij}_{ab}\Delta\varepsilon^{kl}_{ab}\Delta\varepsilon^{mn}_{ab}}$
Step F3	$\sum_{i,j,k,l,a,b,c,d}\frac{v^{ij}_{ab}v^{ak}_{ci}v^{lb}_{kd}v^{cd}_{lj}}{\Delta\varepsilon^{ij}_{ab}\Delta\varepsilon^{kj}_{cb}\Delta\varepsilon^{jl}_{cd}}$	$\frac{1}{16}\sum_{i,j,a,b,c,d,e,f}\frac{v^{ij}_{ab}v^{ab}_{cd}v^{cd}_{ef}v^{ef}_{ij}}{\Delta\varepsilon^{ij}_{ab}\Delta\varepsilon^{ij}_{cd}\Delta\varepsilon^{ij}_{ef}}$	$\frac{1}{16}\sum_{i,j,k,l,m,n,a,b}\frac{v^{ij}_{ab}v^{kl}_{ij}v^{mn}_{kl}v^{ab}_{mn}}{\Delta\varepsilon^{ij}_{ab}\Delta\varepsilon^{kl}_{ab}\Delta\varepsilon^{mn}_{ab}}$
	C.3(e3)	C.3(f1)	C.3(f2)
Step F1	$\sum_{i,j,k,l,a,b,c,d}\frac{v^{ij}_{ab}v^{kb}_{ic}v^{lc}_{kd}v^{ad}_{lj}}{\Delta\varepsilon^{ij}_{ab}\Delta\varepsilon^{kj}_{ac}\Delta\varepsilon^{lj}_{ad}}$	$\sum_{i,j,k,l,a,b,c,d}\frac{v^{ij}_{ab}v^{bk}_{cd}v^{al}_{ij}v^{cd}_{lk}}{\Delta\varepsilon^{ij}_{ab}\Delta\varepsilon^{ijk}_{acd}\Delta\varepsilon^{lk}_{cd}}$	$\sum_{i,j,k,l,a,b,c,d}\frac{v^{ij}_{ab}v^{kl}_{jc}v^{ab}_{id}v^{dc}_{kl}}{\Delta\varepsilon^{ij}_{ab}\Delta\varepsilon^{ikl}_{abc}\Delta\varepsilon^{kl}_{dc}}$
Step F2	$\sum_{i,j,k,l,a,b,c,d}\frac{v^{ij}_{ab}v^{kb}_{ic}v^{lc}_{kd}v^{ad}_{lj}}{\Delta\varepsilon^{ij}_{ab}\Delta\varepsilon^{kj}_{ac}\Delta\varepsilon^{lj}_{ad}}$	$\frac{1}{4}\sum_{i,j,k,l,a,b,c,d}\frac{v^{ij}_{ab}v^{bk}_{cd}v^{al}_{ij}v^{cd}_{lk}}{\Delta\varepsilon^{ij}_{ab}\Delta\varepsilon^{ijk}_{acd}\Delta\varepsilon^{lk}_{cd}}$	$\frac{1}{4}\sum_{i,j,k,l,a,b,c,d}\frac{v^{ij}_{ab}v^{kl}_{jc}v^{ab}_{id}v^{dc}_{kl}}{\Delta\varepsilon^{ij}_{ab}\Delta\varepsilon^{ikl}_{abc}\Delta\varepsilon^{kl}_{dc}}$
Step F3	$\sum_{i,j,k,l,a,b,c,d}\frac{v^{ij}_{ab}v^{kb}_{ic}v^{lc}_{kd}v^{ad}_{lj}}{\Delta\varepsilon^{ij}_{ab}\Delta\varepsilon^{kj}_{ac}\Delta\varepsilon^{lj}_{ad}}$	$-\frac{1}{4}\sum_{i,j,k,l,a,b,c,d}\frac{v^{ij}_{ab}v^{bk}_{cd}v^{al}_{ij}v^{cd}_{lk}}{\Delta\varepsilon^{ij}_{ab}\Delta\varepsilon^{ijk}_{acd}\Delta\varepsilon^{lk}_{cd}}$	$-\frac{1}{4}\sum_{i,j,k,l,a,b,c,d}\frac{v^{ij}_{ab}v^{kl}_{jc}v^{ab}_{id}v^{dc}_{kl}}{\Delta\varepsilon^{ij}_{ab}\Delta\varepsilon^{ikl}_{abc}\Delta\varepsilon^{kl}_{dc}}$
	C.3(g1)	C.3(g2)	C.3(g3)
Step F1	$\sum_{i,j,k,a,b,c,d,e}\frac{v^{ij}_{ab}v^{bk}_{cd}v^{ac}_{ie}v^{ed}_{jk}}{\Delta\varepsilon^{ij}_{ab}\Delta\varepsilon^{ijk}_{acd}\Delta\varepsilon^{jk}_{ed}}$	$\sum_{i,j,k,l,m,a,b,c}\frac{v^{ij}_{ab}v^{kl}_{jc}v^{am}_{ik}v^{bc}_{ml}}{\Delta\varepsilon^{ij}_{ab}\Delta\varepsilon^{ikl}_{abc}\Delta\varepsilon^{ml}_{bc}}$	$\sum_{i,j,k,l,a,b,c,d}\frac{v^{ij}_{ab}v^{ka}_{cd}v^{dl}_{ij}v^{cb}_{kl}}{\Delta\varepsilon^{ij}_{ab}\Delta\varepsilon^{kij}_{cdb}\Delta\varepsilon^{kl}_{cb}}$
Step F2	$\sum_{i,j,k,a,b,c,d,e}\frac{v^{ij}_{ab}v^{bk}_{cd}v^{ac}_{ie}v^{ed}_{jk}}{\Delta\varepsilon^{ij}_{ab}\Delta\varepsilon^{ijk}_{acd}\Delta\varepsilon^{jk}_{ed}}$	$\sum_{i,j,k,l,m,a,b,c}\frac{v^{ij}_{ab}v^{kl}_{jc}v^{am}_{ik}v^{bc}_{ml}}{\Delta\varepsilon^{ij}_{ab}\Delta\varepsilon^{ikl}_{abc}\Delta\varepsilon^{ml}_{bc}}$	$\frac{1}{2}\sum_{i,j,k,l,a,b,c,d}\frac{v^{ij}_{ab}v^{ka}_{cd}v^{dl}_{ij}v^{cb}_{kl}}{\Delta\varepsilon^{ij}_{ab}\Delta\varepsilon^{kij}_{cdb}\Delta\varepsilon^{kl}_{cb}}$
Step F3	$\sum_{i,j,k,a,b,c,d,e}\frac{v^{ij}_{ab}v^{bk}_{cd}v^{ac}_{ie}v^{ed}_{jk}}{\Delta\varepsilon^{ij}_{ab}\Delta\varepsilon^{ijk}_{acd}\Delta\varepsilon^{jk}_{ed}}$	$\sum_{i,j,k,l,m,a,b,c}\frac{v^{ij}_{ab}v^{kl}_{jc}v^{am}_{ik}v^{bc}_{ml}}{\Delta\varepsilon^{ij}_{ab}\Delta\varepsilon^{ikl}_{abc}\Delta\varepsilon^{ml}_{bc}}$	$-\frac{1}{2}\sum_{i,j,k,l,a,b,c,d}\frac{v^{ij}_{ab}v^{ka}_{cd}v^{dl}_{ij}v^{cb}_{kl}}{\Delta\varepsilon^{ij}_{ab}\Delta\varepsilon^{kij}_{cdb}\Delta\varepsilon^{kl}_{cb}}$
	C.3(g4)	C.3(g5)	C.3(g6)
Step F1	$\sum_{i,j,k,l,a,b,c,d}\frac{v^{ij}_{ab}v^{kl}_{cj}v^{ac}_{id}v^{db}_{kl}}{\Delta\varepsilon^{ij}_{ab}\Delta\varepsilon^{ikl}_{acb}\Delta\varepsilon^{kl}_{db}}$	$\sum_{i,j,k,l,a,b,c,d}\frac{v^{ij}_{ab}v^{kl}_{ci}v^{ab}_{ld}v^{cd}_{kj}}{\Delta\varepsilon^{ij}_{ab}\Delta\varepsilon^{klj}_{cab}\Delta\varepsilon^{kj}_{cd}}$	$\sum_{i,j,k,l,a,b,c,d}\frac{v^{ij}_{ab}v^{kb}_{cd}v^{al}_{ik}v^{cd}_{lj}}{\Delta\varepsilon^{ij}_{ab}\Delta\varepsilon^{ikj}_{acd}\Delta\varepsilon^{lj}_{cd}}$
Step F2	$\frac{1}{2}\sum_{i,j,k,l,a,b,c,d}\frac{v^{ij}_{ab}v^{kl}_{cj}v^{ac}_{id}v^{db}_{kl}}{\Delta\varepsilon^{ij}_{ab}\Delta\varepsilon^{ikl}_{acb}\Delta\varepsilon^{kl}_{db}}$	$\frac{1}{2}\sum_{i,j,k,l,a,b,c,d}\frac{v^{ij}_{ab}v^{kl}_{ci}v^{ab}_{ld}v^{cd}_{kj}}{\Delta\varepsilon^{ij}_{ab}\Delta\varepsilon^{klj}_{cab}\Delta\varepsilon^{kj}_{cd}}$	$\frac{1}{2}\sum_{i,j,k,l,a,b,c,d}\frac{v^{ij}_{ab}v^{kb}_{cd}v^{al}_{ik}v^{cd}_{lj}}{\Delta\varepsilon^{ij}_{ab}\Delta\varepsilon^{ikj}_{acd}\Delta\varepsilon^{lj}_{cd}}$
Step F3	$-\frac{1}{2}\sum_{i,j,k,l,a,b,c,d}\frac{v^{ij}_{ab}v^{kl}_{cj}v^{ac}_{id}v^{db}_{kl}}{\Delta\varepsilon^{ij}_{ab}\Delta\varepsilon^{ikl}_{acb}\Delta\varepsilon^{kl}_{db}}$	$-\frac{1}{2}\sum_{i,j,k,l,a,b,c,d}\frac{v^{ij}_{ab}v^{kl}_{ci}v^{ab}_{ld}v^{cd}_{kj}}{\Delta\varepsilon^{ij}_{ab}\Delta\varepsilon^{klj}_{cab}\Delta\varepsilon^{kj}_{cd}}$	$-\frac{1}{2}\sum_{i,j,k,l,a,b,c,d}\frac{v^{ij}_{ab}v^{kb}_{cd}v^{al}_{ik}v^{cd}_{lj}}{\Delta\varepsilon^{ij}_{ab}\Delta\varepsilon^{ikj}_{acd}\Delta\varepsilon^{lj}_{cd}}$

表 C.1　ダイアグラムから四次摂動エネルギーの表式への変換（つづき）

	C.3(h1)	C.3(h2)	C.3(h3)
Step F1	$\sum_{i,j,k,a,b,c,d,e} \frac{v_{ab}^{ij} v_{cd}^{ak} v_{ke}^{db} v_{ij}^{ce}}{\Delta\varepsilon_{ab}^{ij} \Delta\varepsilon_{cdb}^{ikj} \Delta\varepsilon_{ce}^{ij}}$	$\sum_{i,j,k,l,m,a,b,c} \frac{v_{ab}^{ij} v_{ic}^{kl} v_{lj}^{cm} v_{km}^{ab}}{\Delta\varepsilon_{ab}^{ij} \Delta\varepsilon_{acb}^{klj} \Delta\varepsilon_{ab}^{km}}$	$\sum_{i,j,k,a,b,c,d,e} \frac{v_{ab}^{ij} v_{cd}^{ka} v_{ei}^{cd} v_{kj}^{eb}}{\Delta\varepsilon_{ab}^{ij} \Delta\varepsilon_{cdb}^{kij} \Delta\varepsilon_{eb}^{kj}}$
Step F2	$\frac{1}{2} \sum_{i,j,k,a,b,c,d,e} \frac{v_{ab}^{ij} v_{cd}^{ak} v_{ke}^{db} v_{ij}^{ce}}{\Delta\varepsilon_{ab}^{ij} \Delta\varepsilon_{cdb}^{ikj} \Delta\varepsilon_{ce}^{ij}}$	$\frac{1}{2} \sum_{i,j,k,l,m,a,b,c} \frac{v_{ab}^{ij} v_{ic}^{kl} v_{lj}^{cm} v_{km}^{ab}}{\Delta\varepsilon_{ab}^{ij} \Delta\varepsilon_{acb}^{klj} \Delta\varepsilon_{ab}^{km}}$	$\frac{1}{2} \sum_{i,j,k,a,b,c,d,e} \frac{v_{ab}^{ij} v_{cd}^{ka} v_{ei}^{cd} v_{kj}^{eb}}{\Delta\varepsilon_{ab}^{ij} \Delta\varepsilon_{cdb}^{kij} \Delta\varepsilon_{eb}^{kj}}$
Step F3	$\frac{1}{2} \sum_{i,j,k,a,b,c,d,e} \frac{v_{ab}^{ij} v_{cd}^{ak} v_{ke}^{db} v_{ij}^{ce}}{\Delta\varepsilon_{ab}^{ij} \Delta\varepsilon_{cdb}^{ikj} \Delta\varepsilon_{ce}^{ij}}$	$\frac{1}{2} \sum_{i,j,k,l,m,a,b,c} \frac{v_{ab}^{ij} v_{ic}^{kl} v_{lj}^{cm} v_{km}^{ab}}{\Delta\varepsilon_{ab}^{ij} \Delta\varepsilon_{acb}^{klj} \Delta\varepsilon_{ab}^{km}}$	$\frac{1}{2} \sum_{i,j,k,a,b,c,d,e} \frac{v_{ab}^{ij} v_{cd}^{ka} v_{ei}^{cd} v_{kj}^{eb}}{\Delta\varepsilon_{ab}^{ij} \Delta\varepsilon_{cdb}^{kij} \Delta\varepsilon_{eb}^{kj}}$

	C.3(h4)	C.3(h5)	C.3(h6)
Step F1	$\sum_{i,j,k,l,m,a,b,c} \frac{v_{ab}^{ij} v_{ci}^{kl} v_{kl}^{ma} v_{mj}^{cb}}{\Delta\varepsilon_{ab}^{ij} \Delta\varepsilon_{cab}^{klj} \Delta\varepsilon_{cb}^{mj}}$	$\sum_{i,j,k,l,a,b,c,d} \frac{v_{ab}^{ij} v_{cd}^{ak} v_{kj}^{dl} v_{il}^{cb}}{\Delta\varepsilon_{ab}^{ij} \Delta\varepsilon_{cdb}^{ikj} \Delta\varepsilon_{cb}^{il}}$	$\sum_{i,j,k,l,a,b,c,d} \frac{v_{ab}^{ij} v_{ic}^{kl} v_{ld}^{cb} v_{kj}^{ad}}{\Delta\varepsilon_{ab}^{ij} \Delta\varepsilon_{acb}^{klj} \Delta\varepsilon_{ad}^{kj}}$
Step F2	$\frac{1}{2} \sum_{i,j,k,l,m,a,b,c} \frac{v_{ab}^{ij} v_{ci}^{kl} v_{kl}^{ma} v_{mj}^{cb}}{\Delta\varepsilon_{ab}^{ij} \Delta\varepsilon_{cab}^{klj} \Delta\varepsilon_{cb}^{mj}}$	$\sum_{i,j,k,l,a,b,c,d} \frac{v_{ab}^{ij} v_{cd}^{ak} v_{kj}^{dl} v_{il}^{cb}}{\Delta\varepsilon_{ab}^{ij} \Delta\varepsilon_{cdb}^{ikj} \Delta\varepsilon_{cb}^{il}}$	$\sum_{i,j,k,l,a,b,c,d} \frac{v_{ab}^{ij} v_{ic}^{kl} v_{ld}^{cb} v_{kj}^{ad}}{\Delta\varepsilon_{ab}^{ij} \Delta\varepsilon_{acb}^{klj} \Delta\varepsilon_{ad}^{kj}}$
Step F3	$\frac{1}{2} \sum_{i,j,k,l,m,a,b,c} \frac{v_{ab}^{ij} v_{ci}^{kl} v_{kl}^{ma} v_{mj}^{cb}}{\Delta\varepsilon_{ab}^{ij} \Delta\varepsilon_{cab}^{klj} \Delta\varepsilon_{cb}^{mj}}$	$-\sum_{i,j,k,l,a,b,c,d} \frac{v_{ab}^{ij} v_{cd}^{ak} v_{kj}^{dl} v_{il}^{cb}}{\Delta\varepsilon_{ab}^{ij} \Delta\varepsilon_{cdb}^{ikj} \Delta\varepsilon_{cb}^{il}}$	$-\sum_{i,j,k,l,a,b,c,d} \frac{v_{ab}^{ij} v_{ic}^{kl} v_{ld}^{cb} v_{kj}^{ad}}{\Delta\varepsilon_{ab}^{ij} \Delta\varepsilon_{acb}^{klj} \Delta\varepsilon_{ad}^{kj}}$

	C.3(i1)	C.3(i2)	C.3(j1)
Step F1	$\sum_{i,j,k,a,b,c,d,e} \frac{v_{ab}^{ij} v_{cd}^{kb} v_{ke}^{cd} v_{ij}^{ae}}{\Delta\varepsilon_{ab}^{ij} \Delta\varepsilon_{acd}^{ikj} \Delta\varepsilon_{ae}^{ij}}$	$\sum_{i,j,k,l,m,a,b,c} \frac{v_{ab}^{ij} v_{cj}^{kl} v_{kl}^{cm} v_{im}^{ab}}{\Delta\varepsilon_{ab}^{ij} \Delta\varepsilon_{acb}^{ikl} \Delta\varepsilon_{ab}^{im}}$	$\sum_{i,j,k,l,a,b,c,d} \frac{v_{ab}^{ij} v_{cd}^{kl} v_{ik}^{ab} v_{jl}^{cd}}{\Delta\varepsilon_{ab}^{ij} \Delta\varepsilon_{abcd}^{ijkl} \Delta\varepsilon_{cd}^{jl}}$
Step F2	$\frac{1}{4} \sum_{i,j,k,a,b,c,d,e} \frac{v_{ab}^{ij} v_{cd}^{kb} v_{ke}^{cd} v_{ij}^{ae}}{\Delta\varepsilon_{ab}^{ij} \Delta\varepsilon_{acd}^{ikj} \Delta\varepsilon_{ae}^{ij}}$	$\frac{1}{4} \sum_{i,j,k,l,m,a,b,c} \frac{v_{ab}^{ij} v_{cj}^{kl} v_{kl}^{cm} v_{im}^{ab}}{\Delta\varepsilon_{ab}^{ij} \Delta\varepsilon_{acb}^{ikl} \Delta\varepsilon_{ab}^{im}}$	$\frac{1}{4} \sum_{i,j,k,l,a,b,c,d} \frac{v_{ab}^{ij} v_{cd}^{kl} v_{ik}^{ab} v_{jl}^{cd}}{\Delta\varepsilon_{ab}^{ij} \Delta\varepsilon_{abcd}^{ijkl} \Delta\varepsilon_{cd}^{jl}}$
Step F3	$\frac{1}{4} \sum_{i,j,k,a,b,c,d,e} \frac{v_{ab}^{ij} v_{cd}^{kb} v_{ke}^{cd} v_{ij}^{ae}}{\Delta\varepsilon_{ab}^{ij} \Delta\varepsilon_{acd}^{ikj} \Delta\varepsilon_{ae}^{ij}}$	$\frac{1}{4} \sum_{i,j,k,l,m,a,b,c} \frac{v_{ab}^{ij} v_{cj}^{kl} v_{kl}^{cm} v_{im}^{ab}}{\Delta\varepsilon_{ab}^{ij} \Delta\varepsilon_{acb}^{ikl} \Delta\varepsilon_{ab}^{im}}$	$-\frac{1}{4} \sum_{i,j,k,l,a,b,c,d} \frac{v_{ab}^{ij} v_{cd}^{kl} v_{ik}^{ab} v_{jl}^{cd}}{\Delta\varepsilon_{ab}^{ij} \Delta\varepsilon_{abcd}^{ijkl} \Delta\varepsilon_{cd}^{jl}}$

	C.3(j2)	C.3(k1)	C.3(k2)
Step F1	$\sum_{i,j,k,l,a,b,c,d} \frac{v_{ab}^{ij} v_{cd}^{kl} v_{ij}^{ac} v_{kl}^{bd}}{\Delta\varepsilon_{ab}^{ij} \Delta\varepsilon_{abcd}^{ijkl} \Delta\varepsilon_{bd}^{kl}}$	$\sum_{i,j,k,l,a,b,c,d} \frac{v_{ab}^{ij} v_{cd}^{kl} v_{kl}^{ab} v_{ij}^{cd}}{\Delta\varepsilon_{ab}^{ij} \Delta\varepsilon_{acdb}^{iklj} \Delta\varepsilon_{cd}^{ij}}$	$\sum_{i,j,k,l,a,b,c,d} \frac{v_{ab}^{ij} v_{cd}^{kl} v_{ij}^{cd} v_{kl}^{ab}}{\Delta\varepsilon_{ab}^{ij} \Delta\varepsilon_{acdb}^{iklj} \Delta\varepsilon_{ab}^{kl}}$
Step F2	$\frac{1}{4} \sum_{i,j,k,l,a,b,c,d} \frac{v_{ab}^{ij} v_{cd}^{kl} v_{ij}^{ac} v_{kl}^{bd}}{\Delta\varepsilon_{ab}^{ij} \Delta\varepsilon_{abcd}^{ijkl} \Delta\varepsilon_{bd}^{kl}}$	$\frac{1}{16} \sum_{i,j,k,l,a,b,c,d} \frac{v_{ab}^{ij} v_{cd}^{kl} v_{kl}^{ab} v_{ij}^{cd}}{\Delta\varepsilon_{ab}^{ij} \Delta\varepsilon_{acdb}^{iklj} \Delta\varepsilon_{cd}^{ij}}$	$\frac{1}{16} \sum_{i,j,k,l,a,b,c,d} \frac{v_{ab}^{ij} v_{cd}^{kl} v_{ij}^{cd} v_{kl}^{ab}}{\Delta\varepsilon_{ab}^{ij} \Delta\varepsilon_{acdb}^{iklj} \Delta\varepsilon_{ab}^{kl}}$
Step F3	$-\frac{1}{4} \sum_{i,j,k,l,a,b,c,d} \frac{v_{ab}^{ij} v_{cd}^{kl} v_{ij}^{ac} v_{kl}^{bd}}{\Delta\varepsilon_{ab}^{ij} \Delta\varepsilon_{abcd}^{ijkl} \Delta\varepsilon_{bd}^{kl}}$	$\frac{1}{16} \sum_{i,j,k,l,a,b,c,d} \frac{v_{ab}^{ij} v_{cd}^{kl} v_{kl}^{ab} v_{ij}^{cd}}{\Delta\varepsilon_{ab}^{ij} \Delta\varepsilon_{acdb}^{iklj} \Delta\varepsilon_{cd}^{ij}}$	$\frac{1}{16} \sum_{i,j,k,l,a,b,c,d} \frac{v_{ab}^{ij} v_{cd}^{kl} v_{ij}^{cd} v_{kl}^{ab}}{\Delta\varepsilon_{ab}^{ij} \Delta\varepsilon_{acdb}^{iklj} \Delta\varepsilon_{ab}^{kl}}$

表 C.1　ダイアグラムから四次摂動エネルギーの表式への変換（つづき）

	C.3(k3)	C.3(l1)	C.3(l2)
Step F1	$\sum_{i,j,k,l,a,b,c,d} \frac{v^{ij}_{ab}v^{kl}_{cd}v^{db}_{lj}v^{ac}_{ik}}{\Delta\varepsilon^{ij}_{ab}\Delta\varepsilon^{iklj}_{acdb}\Delta\varepsilon^{ik}_{ac}}$	$\sum_{i,j,k,l,a,b,c,d} \frac{v^{ij}_{ab}v^{kl}_{cd}v^{bd}_{kl}v^{ac}_{ij}}{\Delta\varepsilon^{ij}_{ab}\Delta\varepsilon^{ijkl}_{abcd}\Delta\varepsilon^{ij}_{ac}}$	$\sum_{i,j,k,l,a,b,c,d} \frac{v^{ij}_{ab}v^{kl}_{cd}v^{cd}_{jl}v^{ab}_{ik}}{\Delta\varepsilon^{ij}_{ab}\Delta\varepsilon^{ijkl}_{abcd}\Delta\varepsilon^{ik}_{ab}}$
Step F2	$\sum_{i,j,k,l,a,b,c,d} \frac{v^{ij}_{ab}v^{kl}_{cd}v^{db}_{lj}v^{ac}_{ik}}{\Delta\varepsilon^{ij}_{ab}\Delta\varepsilon^{iklj}_{acdb}\Delta\varepsilon^{ik}_{ac}}$	$\frac{1}{4}\sum_{i,j,k,l,a,b,c,d} \frac{v^{ij}_{ab}v^{kl}_{cd}v^{bd}_{kl}v^{ac}_{ij}}{\Delta\varepsilon^{ij}_{ab}\Delta\varepsilon^{ijkl}_{abcd}\Delta\varepsilon^{ij}_{ac}}$	$\frac{1}{4}\sum_{i,j,k,l,a,b,c,d} \frac{v^{ij}_{ab}v^{kl}_{cd}v^{cd}_{jl}v^{ab}_{ik}}{\Delta\varepsilon^{ij}_{ab}\Delta\varepsilon^{ijkl}_{abcd}\Delta\varepsilon^{ik}_{ab}}$
Step F3	$\sum_{i,j,k,l,a,b,c,d} \frac{v^{ij}_{ab}v^{kl}_{cd}v^{db}_{lj}v^{ac}_{ik}}{\Delta\varepsilon^{ij}_{ab}\Delta\varepsilon^{iklj}_{acdb}\Delta\varepsilon^{ik}_{ac}}$	$-\frac{1}{4}\sum_{i,j,k,l,a,b,c,d} \frac{v^{ij}_{ab}v^{kl}_{cd}v^{bd}_{kl}v^{ac}_{ij}}{\Delta\varepsilon^{ij}_{ab}\Delta\varepsilon^{ijkl}_{abcd}\Delta\varepsilon^{ij}_{ac}}$	$-\frac{1}{4}\sum_{i,j,k,l,a,b,c,d} \frac{v^{ij}_{ab}v^{kl}_{cd}v^{cd}_{jl}v^{ab}_{ik}}{\Delta\varepsilon^{ij}_{ab}\Delta\varepsilon^{ijkl}_{abcd}\Delta\varepsilon^{ik}_{ab}}$

よって，ダイアグラムから正準 HF 法に基づく四次摂動エネルギーは以下の作業方程式が導かれる．

$$
\begin{aligned}
E_0^{(4)} = &-\frac{1}{4}\sum_{i,j,k,l,a,b,c,d}\frac{v^{ij}_{ab}v^{ab}_{cj}v^{kl}_{id}v^{cd}_{kl}}{\Delta\varepsilon^{ij}_{ab}\Delta\varepsilon^{i}_{c}\Delta\varepsilon^{kl}_{cd}} -\frac{1}{4}\sum_{i,j,k,l,a,b,c,d}\frac{v^{ij}_{ab}v^{kb}_{ij}v^{al}_{cd}v^{cd}_{kl}}{\Delta\varepsilon^{ij}_{ab}\Delta\varepsilon^{k}_{a}\Delta\varepsilon^{kl}_{cd}} +\frac{1}{4}\sum_{i,j,k,a,b,c,d,e}\frac{v^{ij}_{ab}v^{ab}_{cj}v^{ck}_{de}v^{de}_{ik}}{\Delta\varepsilon^{ij}_{ab}\Delta\varepsilon^{i}_{c}\Delta\varepsilon^{ik}_{de}} \\
&+\frac{1}{4}\sum_{i,j,k,l,m,a,b,c}\frac{v^{ij}_{ab}v^{kb}_{ij}v^{lm}_{kc}v^{ac}_{lm}}{\Delta\varepsilon^{ij}_{ab}\Delta\varepsilon^{k}_{a}\Delta\varepsilon^{lm}_{ac}} +\frac{1}{16}\sum_{i,j,k,l,a,b,c,d}\frac{v^{ij}_{ab}v^{ab}_{cd}v^{kl}_{ij}v^{cd}_{kl}}{\Delta\varepsilon^{ij}_{ab}\Delta\varepsilon^{ij}_{cd}\Delta\varepsilon^{kl}_{cd}} +\frac{1}{16}\sum_{i,j,k,l,a,b,c,d}\frac{v^{ij}_{ab}v^{kl}_{ij}v^{ab}_{cd}v^{cd}_{kl}}{\Delta\varepsilon^{ij}_{ab}\Delta\varepsilon^{kl}_{ab}\Delta\varepsilon^{kl}_{cd}} \\
&+\sum_{i,j,k,l,a,b,c,d}\frac{v^{ij}_{ab}v^{ak}_{cj}v^{lb}_{id}v^{cd}_{lk}}{\Delta\varepsilon^{ij}_{ab}\Delta\varepsilon^{ik}_{cb}\Delta\varepsilon^{lk}_{cd}} -\frac{1}{2}\sum_{i,j,k,a,b,c,d,e}\frac{v^{ij}_{ab}v^{ab}_{cd}v^{kd}_{ie}v^{ce}_{kj}}{\Delta\varepsilon^{ij}_{ab}\Delta\varepsilon^{ij}_{cd}\Delta\varepsilon^{kj}_{ce}} -\frac{1}{2}\sum_{i,j,k,a,b,c,d,e}\frac{v^{ij}_{ab}v^{kb}_{ic}v^{ac}_{de}v^{de}_{kj}}{\Delta\varepsilon^{ij}_{ab}\Delta\varepsilon^{kj}_{ac}\Delta\varepsilon^{kj}_{de}} \\
&-\frac{1}{2}\sum_{i,j,k,l,m,a,b,c}\frac{v^{ij}_{ab}v^{kl}_{ij}v^{am}_{cl}v^{cb}_{km}}{\Delta\varepsilon^{ij}_{ab}\Delta\varepsilon^{kl}_{ab}\Delta\varepsilon^{km}_{cb}} -\frac{1}{2}\sum_{i,j,k,l,m,a,b,c}\frac{v^{ij}_{ab}v^{ak}_{cj}v^{lm}_{ik}v^{cb}_{lm}}{\Delta\varepsilon^{ij}_{ab}\Delta\varepsilon^{ik}_{cb}\Delta\varepsilon^{lm}_{cb}} +\sum_{i,j,k,l,a,b,c,d}\frac{v^{ij}_{ab}v^{ak}_{ci}v^{cl}_{dj}v^{db}_{kl}}{\Delta\varepsilon^{ij}_{ab}\Delta\varepsilon^{kj}_{cb}\Delta\varepsilon^{kl}_{db}} \\
&+\sum_{i,j,k,l,a,b,c,d}\frac{v^{ij}_{ab}v^{ak}_{ci}v^{lb}_{kd}v^{cd}_{lj}}{\Delta\varepsilon^{ij}_{ab}\Delta\varepsilon^{kj}_{cb}\Delta\varepsilon^{jl}_{cd}} +\frac{1}{16}\sum_{i,j,a,b,c,d,e,f}\frac{v^{ij}_{ab}v^{ab}_{cd}v^{cd}_{ef}v^{ef}_{ij}}{\Delta\varepsilon^{ij}_{ab}\Delta\varepsilon^{ij}_{cd}\Delta\varepsilon^{ij}_{ef}} +\frac{1}{16}\sum_{i,j,k,l,m,n,a,b}\frac{v^{ij}_{ab}v^{kl}_{ij}v^{mn}_{kl}v^{ab}_{mn}}{\Delta\varepsilon^{ij}_{ab}\Delta\varepsilon^{kl}_{ab}\Delta\varepsilon^{mn}_{ab}} \\
&+\sum_{i,j,k,l,a,b,c,d}\frac{v^{ij}_{ab}v^{kb}_{ic}v^{lc}_{kd}v^{ad}_{lj}}{\Delta\varepsilon^{ij}_{ab}\Delta\varepsilon^{kj}_{ac}\Delta\varepsilon^{lj}_{ad}} -\frac{1}{4}\sum_{i,j,k,l,a,b,c,d}\frac{v^{ij}_{ab}v^{bk}_{cd}v^{al}_{ij}v^{cd}_{lk}}{\Delta\varepsilon^{ij}_{ab}\Delta\varepsilon^{ijk}_{acd}\Delta\varepsilon^{lk}_{cd}} -\frac{1}{4}\sum_{i,j,k,l,a,b,c,d}\frac{v^{ij}_{ab}v^{kl}_{jc}v^{ab}_{id}v^{dc}_{kl}}{\Delta\varepsilon^{ij}_{ab}\Delta\varepsilon^{ikl}_{abc}\Delta\varepsilon^{kl}_{dc}} \\
&+\sum_{i,j,k,a,b,c,d,e}\frac{v^{ij}_{ab}v^{bk}_{cd}v^{ac}_{ie}v^{ed}_{jk}}{\Delta\varepsilon^{ij}_{ab}\Delta\varepsilon^{ijk}_{acd}\Delta\varepsilon^{jk}_{ed}} +\sum_{i,j,k,l,m,a,b,c}\frac{v^{ij}_{ab}v^{kl}_{jc}v^{am}_{ik}v^{bc}_{ml}}{\Delta\varepsilon^{ij}_{ab}\Delta\varepsilon^{ikl}_{abc}\Delta\varepsilon^{ml}_{bc}} -\frac{1}{2}\sum_{i,j,k,l,a,b,c,d}\frac{v^{ij}_{ab}v^{ka}_{cd}v^{dl}_{ij}v^{cb}_{kl}}{\Delta\varepsilon^{ij}_{ab}\Delta\varepsilon^{kij}_{cdb}\Delta\varepsilon^{kl}_{cb}} \\
&-\frac{1}{2}\sum_{i,j,k,l,a,b,c,d}\frac{v^{ij}_{ab}v^{kl}_{cj}v^{ac}_{id}v^{db}_{kl}}{\Delta\varepsilon^{ij}_{ab}\Delta\varepsilon^{ikl}_{acb}\Delta\varepsilon^{kl}_{db}} -\frac{1}{2}\sum_{i,j,k,l,a,b,c,d}\frac{v^{ij}_{ab}v^{kl}_{ci}v^{ab}_{ld}v^{cd}_{kj}}{\Delta\varepsilon^{ij}_{ab}\Delta\varepsilon^{klj}_{cab}\Delta\varepsilon^{kj}_{cd}} -\frac{1}{2}\sum_{i,j,k,l,a,b,c,d}\frac{v^{ij}_{ab}v^{kb}_{cd}v^{al}_{ik}v^{cd}_{lj}}{\Delta\varepsilon^{ij}_{ab}\Delta\varepsilon^{ikj}_{acd}\Delta\varepsilon^{lj}_{cd}} \\
&+\frac{1}{2}\sum_{i,j,k,a,b,c,d,e}\frac{v^{ij}_{ab}v^{ak}_{cd}v^{db}_{ke}v^{ce}_{ij}}{\Delta\varepsilon^{ij}_{ab}\Delta\varepsilon^{ikj}_{cdb}\Delta\varepsilon^{ij}_{ce}} +\frac{1}{2}\sum_{i,j,k,l,m,a,b,c}\frac{v^{ij}_{ab}v^{kl}_{ic}v^{cm}_{lj}v^{ab}_{km}}{\Delta\varepsilon^{ij}_{ab}\Delta\varepsilon^{klj}_{acb}\Delta\varepsilon^{km}_{ab}} +\frac{1}{2}\sum_{i,j,k,a,b,c,d,e}\frac{v^{ij}_{ab}v^{ka}_{cd}v^{cd}_{ei}v^{eb}_{kj}}{\Delta\varepsilon^{ij}_{ab}\Delta\varepsilon^{kij}_{cdb}\Delta\varepsilon^{kj}_{eb}} \\
&+\frac{1}{2}\sum_{i,j,k,l,m,a,b,c}\frac{v^{ij}_{ab}v^{kl}_{ci}v^{ma}_{kl}v^{cb}_{mj}}{\Delta\varepsilon^{ij}_{ab}\Delta\varepsilon^{klj}_{cab}\Delta\varepsilon^{mj}_{cb}} -\sum_{i,j,k,l,a,b,c,d}\frac{v^{ij}_{ab}v^{ak}_{cd}v^{dl}_{kj}v^{cb}_{il}}{\Delta\varepsilon^{ij}_{ab}\Delta\varepsilon^{ikj}_{cdb}\Delta\varepsilon^{il}_{cb}} -\sum_{i,j,k,l,a,b,c,d}\frac{v^{ij}_{ab}v^{kl}_{ic}v^{cb}_{ld}v^{ad}_{kj}}{\Delta\varepsilon^{ij}_{ab}\Delta\varepsilon^{klj}_{acb}\Delta\varepsilon^{kj}_{ad}} \\
&+\frac{1}{4}\sum_{i,j,k,a,b,c,d,e}\frac{v^{ij}_{ab}v^{kb}_{cd}v^{cd}_{ke}v^{ae}_{ij}}{\Delta\varepsilon^{ij}_{ab}\Delta\varepsilon^{ikj}_{acd}\Delta\varepsilon^{ij}_{ae}} +\frac{1}{4}\sum_{i,j,k,l,m,a,b,c}\frac{v^{ij}_{ab}v^{kl}_{cj}v^{cm}_{kl}v^{ab}_{im}}{\Delta\varepsilon^{ij}_{ab}\Delta\varepsilon^{ikl}_{acb}\Delta\varepsilon^{im}_{ab}} -\frac{1}{4}\sum_{i,j,k,l,a,b,c,d}\frac{v^{ij}_{ab}v^{kl}_{cd}v^{ab}_{ik}v^{cd}_{jl}}{\Delta\varepsilon^{ij}_{ab}\Delta\varepsilon^{ijkl}_{abcd}\Delta\varepsilon^{jl}_{cd}} \\
&-\frac{1}{4}\sum_{i,j,k,l,a,b,c,d}\frac{v^{ij}_{ab}v^{kl}_{cd}v^{ac}_{ij}v^{bd}_{kl}}{\Delta\varepsilon^{ij}_{ab}\Delta\varepsilon^{ijkl}_{abcd}\Delta\varepsilon^{kl}_{bd}} +\frac{1}{16}\sum_{i,j,k,l,a,b,c,d}\frac{v^{ij}_{ab}v^{kl}_{cd}v^{ab}_{kl}v^{cd}_{ij}}{\Delta\varepsilon^{ij}_{ab}\Delta\varepsilon^{iklj}_{acdb}\Delta\varepsilon^{ij}_{cd}} +\frac{1}{16}\sum_{i,j,k,l,a,b,c,d}\frac{v^{ij}_{ab}v^{kl}_{cd}v^{cd}_{ij}v^{ab}_{kl}}{\Delta\varepsilon^{ij}_{ab}\Delta\varepsilon^{iklj}_{acdb}\Delta\varepsilon^{kl}_{ab}} \\
&+\sum_{i,j,k,l,a,b,c,d}\frac{v^{ij}_{ab}v^{kl}_{cd}v^{db}_{lj}v^{ac}_{ik}}{\Delta\varepsilon^{ij}_{ab}\Delta\varepsilon^{iklj}_{acdb}\Delta\varepsilon^{ik}_{ac}} -\frac{1}{4}\sum_{i,j,k,l,a,b,c,d}\frac{v^{ij}_{ab}v^{kl}_{cd}v^{bd}_{kl}v^{ac}_{ij}}{\Delta\varepsilon^{ij}_{ab}\Delta\varepsilon^{ijkl}_{abcd}\Delta\varepsilon^{ij}_{ac}} -\frac{1}{4}\sum_{i,j,k,l,a,b,c,d}\frac{v^{ij}_{ab}v^{kl}_{cd}v^{cd}_{jl}v^{ab}_{ik}}{\Delta\varepsilon^{ij}_{ab}\Delta\varepsilon^{ijkl}_{abcd}\Delta\varepsilon^{ik}_{ab}}
\end{aligned}
\tag{C.1}
$$

索　引

【和文】

あ　行

か　行

さ　行

た　行

な　行

は　行

や　行

ら　行

わ　行

【欧文】

A

B

C

D

E

F

G

H

I

K

L

M

N

O

P

Q

R

S

著者略歴

中井 浩巳（なかい・ひろみ）
早稲田大学 先進理工学部 化学・生命化学科 教授
1965 年奈良県生まれ．1987 年京都大学工学部卒業，1992 年京都大学大学院工学研究科博士課程修了（博士（工学）取得）．その後，京都大学助手，早稲田大学理工学部専任講師，助教授，教授を経て 2006 年より現職．2014 年より英国王立化学会フェロー（FRSC）．2023 年より国際量子分子科学アカデミー（IAQMS）メンバー．専門は物理化学，理論化学，量子化学，電子状態理論．趣味はテニス．

吉川 武司（よしかわ・たけし）
東邦大学 薬学部 薬学科 准教授
1984 年広島県生まれ．2010 年早稲田大学理工学部卒業，2015 年早稲田大学大学院先進理工学研究科博士課程修了（博士（理学）取得）．その後，早稲田大学先進理工学部助手，助教，講師を経て 2020 年より現職．専門は理論化学，量子化学，大規模計算理論．

手で解く量子化学Ⅲ
第二量子化・ダイアグラム 編

令和 7 年 1 月 30 日 発 行

著作者 中 井 浩 巳
吉 川 武 司

発行者 池 田 和 博

発行所 丸善出版株式会社
〒101-0051 東京都千代田区神田神保町二丁目17番
編集：電話(03)3512-3263／FAX(03)3512-3272
営業：電話(03)3512-3256／FAX(03)3512-3270
https://www.maruzen-publishing.co.jp

組版印刷・創栄図書印刷株式会社／製本・株式会社 松岳社

ISBN 978-4-621-31044-1 C 3043 Printed in Japan